“十二五”职业教育国家规划教材

新世纪高职高专数控技术应用类课程规划教材

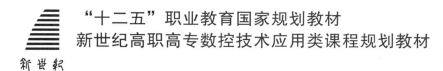

U0620989

典型零件设计与数控加工

DIANXING LINGJIAN SHEJI YU SHUKONG JIAGONG

新世纪高职高专教材编审委员会 组编

主 编 胡宗政

副主编 王 飙 倪春杰 李珊珊

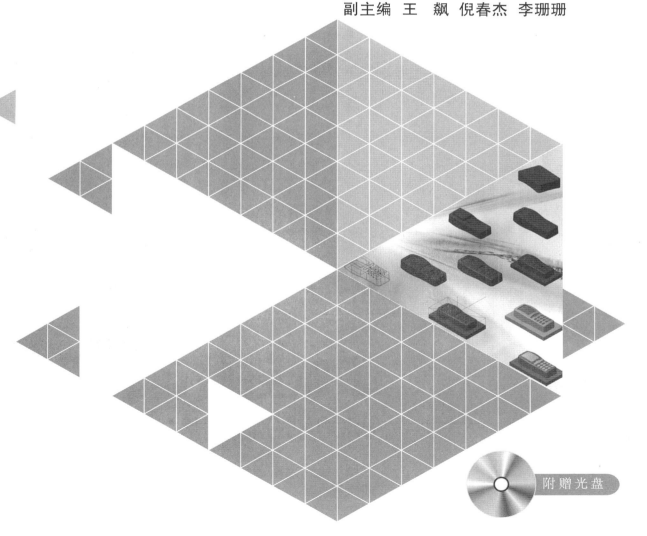

附赠光盘

 大连理工大学出版社

图书在版编目(CIP)数据

典型零件设计与数控加工 / 胡宗政主编. — 大连：
大连理工大学出版社，2014.6
新世纪高职高专数控技术应用类课程规划教材
ISBN 978-7-5611-8767-8

Ⅰ．①典… Ⅱ．①胡… Ⅲ．①机械元件－机械设计－
高等学校－教材②数控机床－加工工艺－高等职业教育－
教材 Ⅳ．①TH13②TG659

中国版本图书馆 CIP 数据核字(2014)第 030158 号

大连理工大学出版社出版

地址：大连市软件园路 80 号　邮政编码：116023
发行：0411-84708842　邮购：0411-84703636　传真：0411-84701466
E-mail：dutp@dutp.cn　URL：http://www.dutp.cn
大连美跃彩色印刷有限公司印刷　　大连理工大学出版社发行

幅面尺寸：185mm×260mm　　印张：18.75　　字数：456 千字
附件：光盘 1 张
2014 年 6 月第 1 版　　　　2014 年 6 月第 1 次印刷

责任编辑：孔泳滔　　　　　　　　责任校对：程振明
封面设计：张　莹

ISBN 978-7-5611-8767-8　　　　　　　　定价：43.00 元

总　序

　　我们已经进入了一个新的充满机遇与挑战的时代,我们已经跨入了 21 世纪的门槛。

　　20 世纪与 21 世纪之交的中国,高等教育体制正经历着一场缓慢而深刻的革命,我们正在对传统的普通高等教育的培养目标与社会发展的现实需要不相适应的现状作历史性的反思与变革的尝试。

　　20 世纪最后的几年里,高等职业教育的迅速崛起,是影响高等教育体制变革的一件大事。在短短的几年时间里,普通中专教育、普通高专教育全面转轨,以高等职业教育为主导的各种形式的培养应用型人才的教育发展到与普通高等教育等量齐观的地步,其来势之迅猛,发人深思。

　　无论是正在缓慢变革着的普通高等教育,还是迅速推进着的培养应用型人才的高职教育,都向我们提出了一个同样的严肃问题:中国的高等教育为谁服务,是为教育发展自身,还是为包括教育在内的大千社会? 答案肯定而且唯一,那就是教育也置身其中的现实社会。

　　由此又引发出高等教育的目的问题。既然教育必须服务于社会,它就必须按照不同领域的社会需要来完成自己的教育过程。换言之,教育资源必须按照社会划分的各个专业(行业)领域(岗位群)的需要实施配置,这就是我们长期以来明乎其理而疏于力行的学以致用问题,这就是我们长期以来未能给予足够关注的教育目的问题。

　　众所周知,整个社会由其发展所需要的不同部门构成,包括公共管理部门如国家机构、基础建设部门如教育研究机构和各种实业部门如工业部门、商业部门,等等。每一个部门又可作更为具体的划分,直至同它所需要的各种专门人才相对应。教育如果不能按照实际需要完成各种专门人才培养的目标,就不能很好地完成社会分工所赋予它的使命,而教育作为社会分工的一种独立存在就应受到质疑(在市场经济条件下尤其如此)。可以断言,按照社会的各种不同需要培养各种直接有用人才,是教育体制变革的终极目的。

随着教育体制变革的进一步深入,高等院校的设置是否会同社会对人才类型的不同需要一一对应,我们姑且不论,但高等教育走应用型人才培养的道路和走研究型(也是一种特殊应用)人才培养的道路,学生们根据自己的偏好各取所需,始终是一个理性运行的社会状态下高等教育正常发展的途径。

高等职业教育的崛起,既是高等教育体制变革的结果,也是高等教育体制变革的一个阶段性表征。它的进一步发展,必将极大地推进中国教育体制变革的进程。作为一种应用型人才培养的教育,它从专科层次起步,进而应用本科教育、应用硕士教育、应用博士教育……当应用型人才培养的渠道贯通之时,也许就是我们迎接中国教育体制变革的成功之日。从这一意义上说,高等职业教育的崛起,正是在为必然会取得最后成功的教育体制变革奠基。

高等职业教育还刚刚开始自己发展道路的探索过程,它要全面达到应用型人才培养的正常理性发展状态,直至可以和现存的(同时也正处在变革分化过程中的)研究型人才培养的教育并驾齐驱,还需要假以时日;还需要政府教育主管部门的大力推进,需要人才需求市场的进一步完善发育,尤其需要高职教学单位及其直接相关部门肯于做长期的坚忍不拔的努力。新世纪高职高专教材编审委员会就是由全国100余所高职高专院校和出版单位组成的、旨在以推动高职高专教材建设来推进高等职业教育这一变革过程的联盟共同体。

在宏观层面上,这个联盟始终会以推动高职高专教材的特色建设为己任,始终会从高职高专教学单位实际教学需要出发,以其对高职教育发展的前瞻性的总体把握,以其纵览全国高职高专教材市场需求的广阔视野,以其创新的理念与创新的运作模式,通过不断深化的教材建设过程,总结高职高专教学成果,探索高职高专教材建设规律。

在微观层面上,我们将充分依托众多高职高专院校联盟的互补优势和丰裕的人才资源优势,从每一个专业领域、每一种教材入手,突破传统的片面追求理论体系严整性的意识限制,努力凸现高职教育职业能力培养的本质特征,在不断构建特色教材建设体系的过程中,逐步形成自己的品牌优势。

新世纪高职高专教材编审委员会在推进高职高专教材建设事业的过程中,始终得到了各级教育主管部门以及各相关院校相关部门的热忱支持和积极参与,对此我们谨致深深谢意,也希望一切关注、参与高职教育发展的同道朋友,在共同推动高职教育发展、进而推动高等教育体制变革的进程中,和我们携手并肩,共同担负起这一具有开拓性挑战意义的历史重任。

新世纪高职高专教材编审委员会

2001 年 8 月 18 日

前　言

　　《典型零件设计与数控加工》是"十二五"职业教育国家规划教材,也是新世纪高职高专教材编审委员会组编的数控技术应用类课程规划教材之一。

　　数控技术和数控装备是制造工业现代化的重要基础。我国目前正处于从制造大国向制造强国转变的关键时期,数控技术与装备的发展得到了高度重视。数控加工技术是传统机械制造技术和现代计算机技术融合起来的现代制造技术,其相关专业既包含了一般机械加工的工艺知识,也涉及编程知识,是一门技术含量较高的复合型专业。以就业为导向,以专业理论技术为基础,以胜任岗位要求为具体目的,以培养毕业生的专业技术应用能力和可持续发展能力为目标,有效培养大量具备较高素质的实用型、复合型高技能数控人才,是高等职业教育义不容辞的重任。为了更好地服务于高等职业教育,结合近年来教改与误改成果,我们组织编写了《典型零件设计与数控加工》教材。

　　本教材的编写以《高等职业学校专业教学标准(试行)》为依据,以岗位(群)所必需的知识、能力和职业素质要求为出发点,把握本课程在相关专业知识体系中的性质、地位以及相关知识点和技能点,以"必需、够用"为原则,以职业技能与职业素养的培养为核心,以数控加工实际工作过程为主线,以实际生产中的典型零件为载体,紧密结合国家职业资格鉴定要求,借助于 MasterCAM 编程软件以及数控加工仿真软件,按照由浅入深、由易到难、循序渐进的认知规律,基于实际生产中解决问题的一般步骤及完整工作过程,设立八个学习情境,每个学习情境由"情境设计""工作任务""相关知识""知识拓展""任务检查"构成,教学内容涵盖零件的工艺设计、三维建模、CAM 自动编程、测绘、二维图样设计、常见主流 CAD/CAM 软件之间的数据交换、数控仿真等职业工作过程,充分体现了任务引领特色,体现了工学结合的特征。本教材的主要特色如下:

　　1. 适应岗位技能需求,体现职业教育特色

　　本教材以现代数控加工车间零件生产流程为主线,以显式工作任务为驱动,采用灵活多样的教学方法,方便"做中学、学中做"。

2.数控加工工艺分析和编程相结合

本教材把工艺的学习和编程加工课程融为一体，在具体的零件编程中体现工艺内容，有利于加深学生对工艺问题的理解，提高其学习效率。

3.以工作任务为载体，构建学习情境

本教材以实际生产中的典型零件为载体，以完成典型零件编程加工为总任务，以实际生产过程的具体分工为具体任务进行编写，借助于 MasterCAM 编程软件以及数控加工仿真软件设立特定的学习情境。

4.基于综合能力培养的考核内容和方式

本教材通过"任务检查"环节细化了考核内容和考核指标，课程考核涵盖任务全过程，注重对学生数控机床基本应用能力的训练，注重对从图纸阅读、产品造型、工艺设计到自动编程与仿真等专业能力的考核，注重对运用计算机、网络等工具查找技术信息、解决数控应用问题、与他人合作学习、共享成果等素质能力的考核，注重对学生的创新思维和实际分析、解决问题能力的考核。

本教材由兰州职业技术学院胡宗政任主编，白银矿冶职业技术学院王飙、兰州石化职业技术学院倪春杰、兰州职业技术学院李珊珊任副主编，兰州职业技术学院任颜华、巴宝莲，沈阳理工大学梁振刚等参与了教材编写工作。具体编写分工如下：任颜华编写学习情境一，胡宗政编写学习情境二，巴宝莲编写学习情境三、五，梁振刚编写学习情境四，李珊珊编写学习情境六、七，王飙编写学习情境八，倪春杰参与了部分内容的编写。全书由胡宗政负责统稿和定稿。天水星火机床有限责任公司张效忠高级工程师提供了全面的技术指导，在此深表感谢！

本教材既可以作为高职高专数控技术应用类相关专业的教材使用，也可供有关工程技术人员参考和相关人员自学使用。由于编者经验不足，加之水平有限，书中疏漏之处在所难免，恳请广大读者批评指正！编者在编写过程中参阅了大量国内外同行的著作、文献资料等，在此一并表示感谢！

编 者

2014 年 6 月

所有意见和建议请发往：dutpgz@163.com

欢迎访问教材服务网站：http://www.dutpbook.com

联系电话：0411-84706676　84707424

目录

内容导读

　　《典型零件设计与数控加工》是数控技术及相关专业的主干专业课程,它主要包括零件造型设计、数控程序自动编制、数控加工工艺设计、加工质量检验等内容。通过学习本课程,学生能够应用 MasterCAM 完成中等复杂程度零件的二维、三维及实体构图,选择刀具和加工方法,后置处理,生成数控加工程序,以及零件仿真加工。本课程主要培养学生采用专业软件设计中等复杂零件并完成数控加工的自动编程能力,培养学生机械加工工艺的编制、实施能力以及零件加工质量分析的初步能力,使学生具备查阅资料,搜集信息,发现、分析和解决问题的可持续长远发展能力。

　　本教材以岗位(群)所必备的知识、能力和职业素质为依据,设计了八个学习情境,每个学习情境均基于一个完整的工作过程,教学内容涵盖零件的工艺设计、三维建模、CAM 自动编程、测绘、二维图样设计、常见主流 CAD/CAM 软件之间的数据交换、数控仿真等职业工作过程,通过有限的载体体现教学内容的工学结合特征,旨在使学生在有限的学习时间内,获得利用 CAD/CAM 技术、数控仿真技术进行零件加工的综合能力,尽可能满足初始工作岗位及岗位升迁的需要。学习情境与知识点见表 0-1。

表 0-1　　　　　　　　　　　　　　　　学习情境与知识点

序号	学习情境	知识点
一	椭圆模板零件数控加工	1. 数控加工工艺的制订 2. 系统工作界面、坐标系及视图操作、构图平面的设置、工作深度的设置 3. 文件管理 4. 曲线造型(点、直线、圆弧、椭圆、多边形) 5. 曲线编辑(删除、修整、转换) 6. 刀具的设置与选择(刀具设定、刀具管理器、刀具过滤器、定义刀具、刀具参数) 7. 程序坐标设定 8. 轮廓铣削加工(共同参数设置、常用参数设置、刀具参数设置、轮廓参数设置、创建轮廓铣削加工的刀具轨迹) 9. 加工模拟、NC 程序优化、加工报表的生成

续表

序号	学习情境	知识点
二	盖板零件造型设计与数控加工	1.图层管理 2.曲线造型与编辑(矩形绘制、倒角及倒圆角、阵列、旋转、镜像、比例缩放、补正、投影、拖拽) 3.实体的挤出 4.机床设备选择、工件设置、材料设置 5.挖槽铣削加工(挖槽铣削加工参数设置、挖槽加工类型选择、粗加工参数设置、精加工参数设置、创建挖槽铣削加工的刀具轨迹) 6.加工操作管理与后处理
三	支座零件造型设计与数控加工	1.实体编辑(倒圆角、倒角、布尔运算) 2.基本实体 3.旋转实体 4.平面铣削加工(设置平面铣削参数、创建平面铣削加工的刀具轨迹) 5.孔位加工(选择钻削点、钻孔循环方式、设定孔位加工参数、创建孔位加工刀具轨迹)
四	密码器外壳型芯设计与数控加工	1.扫描实体、举升实体 2.牵引曲面、旋转曲面、扫描曲面、直纹/举升曲面等 3.曲面铣削加工概述、曲面加工的公共参数设置 4.曲面挖槽粗加工 5.等高外形精加工 6.平行铣精加工 7.交线清角精加工 8.陡斜面式精加工
五	手机模具造型设计与数控加工	1.编辑实体(实体修剪、实体抽壳、薄片实体加厚、移动实体表面、牵引实体)由曲面生成实体 2.等高线粗加工 3.曲面平行铣粗加工 4.浅平面式精加工 5.残料清角式精加工
六	旋钮凸模造型设计与数控加工	1.曲面曲线(单一边界曲线、所有边界曲线、常数参数曲线、曲面流线、动态曲线、剖切线、曲面曲线、分模曲线、交线) 2.绘制三维曲面模型(曲面补正、网格曲面、平面修剪、围篱曲面、挤出曲面、实体转为曲面) 3.曲面流线粗加工 4.曲面放射状粗加工、曲面放射状精加工 5.流线式精加工 6.曲面投影粗、精加工 7.刀具路径转换
七	香皂盒盖凸模造型设计与数控加工	1.编辑曲面(曲面倒圆角、曲面修剪、曲面延伸、恢复修剪曲面、曲面熔接、填补内孔) 2.曲面残料粗加工 3.曲面钻削式粗加工 4.环绕等距式精加工 5.熔接式精加工
八	薄壁零件造型设计与数控加工	1.实体管理器、UG 与 MasterCAM、AutoCAD 与 MasterCAM 数据转换、三维零件模型转换为二维模型 2.图素分析 3.零件视图方向的转换 4.加工工艺的优化

椭圆模板零件数控加工

情境设计

情境描述

如图 1-1 所示椭圆模板零件,材料为 HT300,单件加工,要求进行数控加工程序编制并模拟加工

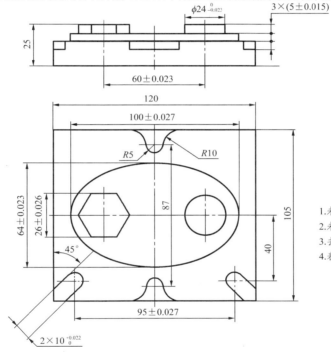

图 1-1　椭圆模板零件图

技术要求

1. 未注尺寸公差按IT12级。
2. 未注几何公差按8级。
3. 去除毛刺飞边。
4. 表面粗糙度 Ra 3.2 μm。

学习任务

1. 查阅机械加工工艺手册、数控铣床编程及操作手册等,分析零件信息,确定毛坯形状、大小、确定加工工序。
2. 确定加工工艺,编制加工工艺文件。
3. 运用 MasterCAM 创建二维模型,编制刀具路径,生成加工程序。
4. 运用仿真软件进行模拟验证

学习目标	知识目标： 1.熟悉 CAD/CAM 编程的一般步骤。 　2.熟悉 MasterCAM 二维图形基本操作。 　3.熟练掌握 MasterCAM 外形铣削刀具路径的编制。 能力目标： 　1.会填写加工工艺卡及编制加工程序单。 　2.会运用 MasterCAM 完成二维造型并编制刀具路径。 　3.会校验刀具路径。 　4.会输出加工程序并生成加工报表。 素质目标： 　1.培养与人沟通、与人交往的能力以及团队合作精神。 　2.树立安全文明生产的职业意识，养成勤俭节约的良好习惯
教学资源	1.椭圆模板零件图、刀具卡、数控加工工序卡、加工程序说明书、机械加工工艺手册等。 2.MasterCAM 等 CAD/CAM。 3.通用计算机、课件、黑板、多媒体投影设备、网络化教学环境等。 4.零件加工视频文件
教学方法	具体方法：讲授法、案例分析法、小组协调学习法。 组织形式：创设学习情境，明确学习任务，在教师协调下学生自愿分组并分工；提出资讯建议，提供获取资讯的方法与途径等信息
学习方法	1.资讯：零件分析，工艺与程序编制、加工成本的确定等。 2.计划：CAM 模型的创建，数控加工工艺规程的制定（编制数控加工工艺卡），数控加工程序的编制，生成程序清单并仿真校验，制订总体工作计划等。 3.决策：制定工艺过程，确定加工设备、毛坯大小、装夹方法并选用刀具。 4.实施：运用 MasterCAM 完成零件实体造型，编制零件数控加工程序；输出程序并校验。 5.检查：CAM 模型的准确性检查、数控加工刀具路径的合理性检查，数控加工仿真检查。 6.评估：小组成果展示，分析、反思工作过程并交流，总结成功与失败的经验和教训

	序号	名称	数量	格式	内容及要求
学习成果	1	椭圆模板 CAM 模型文件	1	.MCX	熟练、正确地完成椭圆模板零件 CAM 模型设计，做到尺寸正确，特征完整
	2	椭圆模板数控加工工序卡	1	.doc	工艺方案合理、经济、高效，适应现有加工条件，可以保证加工表面的加工精度和表面粗糙度要求
	3	椭圆模板加工刀具卡	1	.doc	完整反映所用刀具的名称、编号、规格、长度和半径补偿值以及所用刀柄的型号等内容
	4	椭圆模板刀具路径文件	1	.MCX	正确、合理地选择相关命令，生成椭圆模板零件的刀具路径
	5	加工程序说明书	1	.doc	选择合适的后处理程序，生成适合数控机床的加工程序
	6	椭圆模板仿真结果文件	1	.pj 或 .vpj	启动仿真软件，完成模拟加工
	7	任务学习小结	1	.doc	技术文档归档；检查学习成果，书面总结学习过程

注：资讯、计划、决策、实施、检查、评估根据实际情况取舍，但应体现教学过程。

一、椭圆模板零件的加工工艺分析

1. 结构分析

椭圆模板零件的外形轮廓主要由直线、圆弧、槽等构成,图中尺寸标注清晰。只要建立如图 1-1 所示俯视图的二维外形模型,根据二维外形模型,结合编程参数中 Z 轴的深度(从主视图中获得),生成零件的二维加工刀具路径,经过后处理,产生 NC 加二程序,就可以在数控铣床或加工中心上加工该零件。加工过程中,X、Y 方向两轴做进给运动,Z 轴不做进给运动。

2. 技术要求

加工的难点主要在盖板轮廓外形以及腔槽部分,这些部位的尺寸精度、表面粗糙度要求较高,须采用数控加工;材料为 HT300,是典型的脆性材料,要求刀具具有较高的强度和冲击韧性,这里选择高速钢刀具。

3. 设备选择

该零件结构简单,单件生产,所需刀具不多,选择数控铣床(MVC650,FANUC 0i M)进行加工。零件的加工工艺路径参考机械加工工艺卡片。

4. 装夹方案

该零件外形规则,采用机用平口钳一次装夹。装夹时需要找正钳口,合理选择垫铁,保证工件至少高出钳口 15 mm。

5. 机械加工工艺卡(表 1-1)

6. 数控加工工序卡(表 1-2)

7. 数控加工刀具卡(表 1-3)

表 1-1　　　　　　　　　　　　　　　机械加工工艺卡

××学院		机械加工工艺卡		产品型号		零件图号		1-1		
				产品名称		零件名称	椭圆模板	共 1 页	第 1 页	
材料	HT300	毛坯种类	型材	毛坯尺寸/mm	120×105×26	每毛坯可制件数	1	每台件数		备注
工序号	工序名称	工序内容		车间	设备	工艺装备		工时/min		
								准终	单件	
10	锯	下料		钳工车间	G7025			30		
20	铣	粗铣四方表面,保证高度 26±0.5 mm		机加车间	X5032A	平口钳、高速钢铣刀		15		
30	铣	精铣毛坯外形,保证尺寸 120 mm×105 mm;精铣上表面,保证高度方向 25 mm		机加车间	X5032A	平口钳、高速钢铣刀		15		
40	铣	粗、精铣凸台特征		数控车间	MVC650	平口钳、高速钢铣刀		15		

续表

工序号	工序名称	工序内容	车间	设备	工艺装备	工时/min 准终	工时/min 单件
50	钳	去除全部毛刺	钳工车间		台虎钳、锉刀等	0	
60	检	按图纸要求全面检验	钳工车间		游标卡尺、深度尺等	3	

					设计（日期）	校对（日期）	审核（日期）	标准化（日期）	会签（日期）
标记	处数	更改文件号	签字	日期	标记　处数　更改文件号　签字　日期				

表 1-2　　　　　　　　　　　　　数控加工工序卡

××学院	数控加工工序卡		产品型号		零件图号	1-1
			产品名称		零件名称	椭圆模板
材料牌号 HT300	毛坯种类	型材	毛坯尺寸/mm 120×105×26		备注	
工序号	工序名称	设备名称	设备型号	程序编号	夹具代号	夹具名称	冷却液	车间
40	精铣	数控铣床	MVC650			平口钳	乳化液	数控车间

工步号	工步内容	刀具号	刀具	量、检具	主轴转速/(r·min⁻¹)	进给速度/(mm·min⁻¹)	背吃刀量/mm	备注
1	粗铣椭圆凸台	T01	ϕ20 mm 平底刀	游标卡尺	500	80	3	
2	粗铣六边形、圆	T01	ϕ20 mm 平底刀	游标卡尺	500	80	3	
3	精铣六边形、圆	T02	ϕ16 mm 平底刀	游标卡尺	800	100	4.8	
4	精铣椭圆凸台	T02	ϕ16 mm 平底刀	游标卡尺	800	100	4.8	
5	粗铣四个凹槽	T03	ϕ8 mm 平底刀	游标卡尺	1 000	120	2	
6	精铣四个凹槽	T03	ϕ8 mm 平底刀	游标卡尺	1 000	120	4.8	
编制		审核				共　页　第　页		

表 1-3　　　　　　　　　　　　　数控加工刀具卡

××学院	数控加工刀具卡		产品型号		零件图号	1-1
			产品名称		零件名称	椭圆模板
材料 HT300	毛坯种类	型材	毛坯尺寸/mm	120×105×26	备注	
工序号	工序名称	设备名称	设备型号	程序编号	夹具代号	夹具名称	冷却液	车间
40	精铣	数控铣床	MVC650			3 爪卡盘	乳化液	数控车间

工步号	刀具号	刀具名称	刀具规格	刀具参数 直径/mm	刀具参数 长度/mm	刀柄型号	刀补地址 半径/mm	刀补地址 长度/mm	换刀方式
1	T01	D20R0 平底刀	ϕ20	20	82	BT40、ER32	D1	H1	自动
2	T02	D16R0 平底刀	ϕ16	16	82	BT40、ER32	D2	H2	自动
3	T03	D8R0 平底刀	ϕ8	8	70	BT40、ER32	D3	H3	自动
编制		审核		批准			共　页　第　页		

二、椭圆模板零件 CAM 模型设计

1. 启动系统

（1）启动 MasterCAM，进入工作界面。

2. 绘制外形轮廓线

（1）单击"直线"命令按钮✎，弹出如图 1-2 所示"直线"操作栏。系统提示指定第一个端点，按空格键，在自动抓点对话框中输入"－60,52.5"，按 Enter 键确认，选择操作栏中的"垂直线"按钮⬍，在操作栏🔲 按钮后的文本框中输入线段长度"105"，按 Enter 键确认，向下移动鼠标到适当位置，单击鼠标左键，单击"应用"按钮➕，完成垂直线的绘制，如图 1-3 所示。

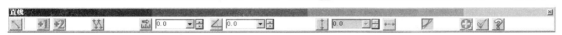

图 1-2 "直线"操作

（2）不退出直线绘制命令，在绘图区捕捉刚才所绘线段的端点 A（见图 1-3），单击操作栏"水平线"按钮↔，在操作栏 🔲 按钮后的文本框中输入线段长度"120"，按 Enter 键确认，向右移动鼠标到适当位置，单击鼠标左键，完成水平线的绘制，单击"应用"按钮➕，完成水平线绘制，如图 1-4 所示。同样方法绘制其他直线，结果如图 1-5 所示，最后单击✅按钮，退出"直线"命令。

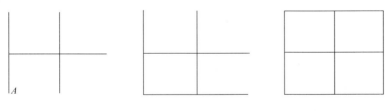

图 1-3 绘制垂直线　　　图 1-4 绘制水平线　　　图 1-5 绘制矩形轮廓

3. 绘制槽的轮廓

（1）单击操作栏中的"圆"命令按钮⊕，弹出如图 1-6 所示"编辑圆心点"操作栏，系统提示"请输入圆心点"，按空格键，在自动抓点对话框中输入"0,43.5"，按 Enter 键确认，在操作栏⊙按钮后的文本框中输入半径"5"，按 Enter 键确认，单击"应用"按钮➕，绘制半径为 5 mm 的圆，如图 1-7 所示。

图 1-6 "编辑圆心点"操作栏

（2）单击主菜单【绘图】→【绘弧】→【切弧】命令，弹出"切弧"操作栏，选择"两物体切弧"按钮▱，在操作栏设置切弧半径为"10"，按 Enter 键确认，依次选择图 1-7 所示直线 L_1 和圆，选择要保留的圆弧，单击"应用"按钮➕，结果如图 1-8 所示。同样方法绘制另一侧圆弧，结果如图 1-9 所示。最后单击✅按钮，退出"切弧"命令。

（3）单击修剪命令按钮✂，在操作栏中单击▦按钮，选择三物体修剪方式，依次单击如图 1-9 所示 A、C、B 处，单击✅按钮，结果如图 1-10 所示。用同样方法绘制另一侧。

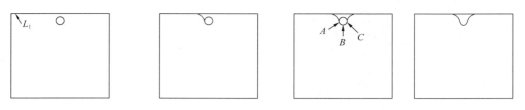

图 1-7　绘制 $R5$ mm 的圆　　图 1-8　绘制 $R10$ mm 圆弧　　图 1-9　绘制的圆弧　　图 1-10　修剪轮廓

（4）参照前述步骤，以（−47.5，−40）为圆心绘制 $\phi10$ mm 的圆。

（5）单击"直线"命令按钮 ✎，在绘图区域选取 $\phi10$ mm 圆的圆心，在"直线"操作栏输入角度"225"，绘制如图 1-11 所示直线。单击主菜单【绘图】→【绘线】→【绘制平行线】命令，选择操作栏中的"相切"按钮 ✐，在绘图区依次选取直线和圆，单击 ✚ 按钮。再次选择直线，选择圆另一侧，单击操作栏 ✔ 按钮，结果如图 1-12 所示。

（6）单击操作栏 ✐ 按钮，在绘图区选择过 $\phi10$ mm 圆的圆心的直线，单击"标准选择"操作栏 ▦ 按钮，删除该直线，修剪图形，用同样方法绘制另一侧，结果如图 1-13 所示。

图 1-11　绘制直线　　　　　　图 1-12　绘制平行线 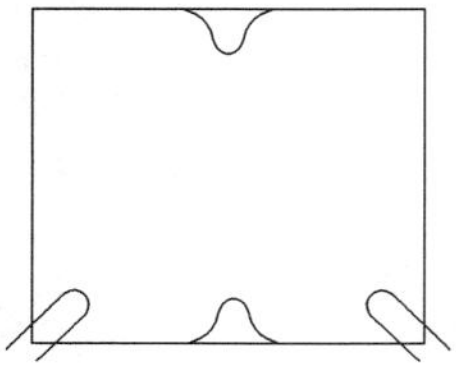　　　　　　图 1-13　完成槽的绘制

（7）单击操作栏"转换平移"按钮 ▯▯，在绘图区选择所有槽特征，按 Enter 键确认，系统弹出"平移选项"对话框，在"直角坐标"选项下 ▨Z 按钮后的文本框中输入"15"，单击对话框 ✔ 按钮，完成槽特征的平移，结果如图 1-14 所示。

4. 绘制椭圆

（1）设置构图深度为"20"，在状态栏中选择"2D"模式。

（2）单击主菜单【绘图】→【椭圆】命令，系统弹出"椭圆选项"对话框。在"自动抓点"对话框中输入坐标（0，0），如图 1-15 所示。在"椭圆选项"对话框中 ▦ 按钮后的文本框中输入 x 轴半径"50"，在 ▯ 按钮后的文本框中输入 y 轴半径"32"，单击 ✔ 按钮，完成椭圆的绘制，如图 1-16 所示。

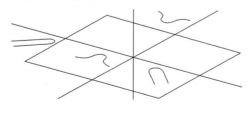

图 1-14　平移槽特征

自动抓点											✕
X	0.0	▾	Y	0.0	▾	Z	20.0	▾	◈	⚐ ⅄ ▾	❓

图 1-15　输入椭圆中心坐标

5. 绘制 $\phi24$ mm 的圆与六边形

（1）在状态栏输入工作深度为"25"，选择"2D"模式。

（2）单击"圆"命令按钮，绘制以（30，0）为圆心的直径为"24"的圆。

（3）单击"多边形"命令按钮 ⬡，系统弹出"多边形选项"对话框，输入基准点坐标为

（一30,0），按 Enter 键确认，在"多边形选项"对话框中输入边数"6"，选择"外切圆"单选按钮，在"半径"按钮⊘后的文本框中输入半径"13"，单击对话框☑️按钮，完成六边形的绘制，如图 1-17 所示。

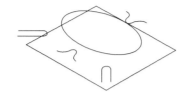

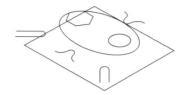

图 1-16　绘制椭圆　　　　　　　图 1-17　绘制圆与六边形

三、椭圆模板零件的 CAM 编程

1. 选择机床类型

单击主菜单【机床类型】→【铣床】→【默认】命令，选择铣床作为加工设备。

2. 设定毛坯材料

在"刀具操作管理器"中"刀具路径"选项卡下，展开"属性"选项，单击"素材设置"，弹出"机器群组属性"对话框。在"素材设置"选项卡中设置"素材原点"为"$X=0,Y=0,Z=25$"，边界盒的长、宽、高分别为"$X=120,Y=105,Z=26$"，单击对话框☑️按钮，完成毛坯设置。

3. 粗铣椭圆凸台轮廓

（1）单击主菜单【刀具路径】→【外形铣削】命令，在弹出的"串联选项"对话框中，确认选择"串联"选项，选择椭圆，单击☑️按钮，弹出"2D 刀具路径—外形铣削"对话框。

（2）单击左侧列表框中"刀具"选项，定义 $\phi 20$ mm 平底刀，刀长为"82"，进给率为"80"；主轴转速为"800"；下刀速率为"80"。

（3）单击左侧列表框中"切削参数"选项，选择"外形铣削方式"为"2D"，壁边预留量为"0.2"，底面预留量为"0.2"，其余参数选择默认。单击"Z 轴分层铣削"，勾选"深度切削"复选框，设置"最大粗切步进量"为"3.0"，精修次数为"0"，勾选"不提刀"；单击"XY 轴分层铣削"，勾选"XY 轴分层铣削"复选框，在"粗加工"选项下，设置"次数"为"2"，"间距"为"18"，设置精加工次数为"0"，勾选"不提刀"。

（4）单击左侧列表框中"共同参数"选项，确认"参考高度"为"增量坐标 10.0"，"进给下刀位置"为"增量坐标 5"，"工件表面"为"绝对坐标 25"，"深度"为"绝对坐标 15"。

（5）单击左侧列表框中"进/退刀参数"选项，设置进/退刀圆弧半径为"20"。

（6）单击左侧列表框中"冷却液"选项，设置"Flood"选项为"on"。其余参数选择默认。单击对话框☑️按钮，完成刀具路径的创建，如图 1-18 所示。

4. 粗铣六边形与圆凸台

参照前一步，创建六边形与圆凸台轮廓的刀具路径。依次选择六边形与圆为"串联"选项，注意"串联"起点和方向的选择，参考图 1-19。单击"进/退刀参数"选项，取消"在封闭轮廓的中点位置执行进/退刀"选项，其余默认。单击"共同参数"选项，设置"深度"为绝对坐标"20"，其余参数设置同前一步，创建的刀具路径如图 1-20 所示。

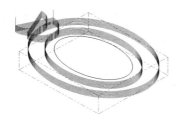

图 1-18　粗铣椭圆凸台

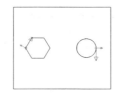

图 1-19　选择串联

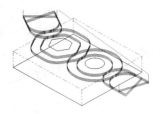

图 1-20　粗铣六边形与圆

5. 精铣六边形与圆凸台

（1）单击主菜单【刀具路径】→【外形铣削】命令，在弹出的"串联选项"对话框中，与前一步相同，依次选择六边形与圆为"串联"选项，单击☑按钮，弹出"2D 刀具路径－外形铣削"对话框。

（2）单击左侧列表框中"刀具"选项，选择 $\phi 16$ mm 平底刀，进给率为"100"；主轴转速为"800"；下刀速率为"100"。

（3）单击左侧列表框中"切削参数"选项，设置壁边预留量和底面预留量为"0"，其余参数默认。

（4）单击"Z 轴分层铣削"，勾选"深度切削"复选框，设置"最大粗切步进量"为"4.8"，精修次数为"1"，精修量为"0.1"，勾选"不提刀".

（5）单击"XY 轴分层铣削"，勾选"XY 轴分层铣削"复选框，在"粗加工"选项下，设置"次数"为"0"，设置精加工次数为"3"，"间距"为"8"，勾选"不提刀"。

（6）其余参数设置同前一步。单击对话框☑按钮，完成六边形、圆凸台轮廓精铣刀具路径的创建。

6. 精铣椭圆凸台

依照以上步骤完成椭圆凸台精铣刀具路径的创建，"共同参数"选项中的"工件表面"为"20"，"深度"为"15"，其余参数设置相同。

7. 粗铣四个开口槽

（1）单击主菜单【刀具路径】→【外形铣削】命令，在弹出的"串联选项"对话框中，如图 1-21 所示，依次选择 4 个开口槽轮廓为"串联"选项，单击☑按钮，弹出"2D 刀具路径-外形铣削"对话框。

（2）单击左侧列表框中"刀具"选项，定义 $\phi 8$ mm 平底刀，刀长为"72"，进给率为"120"；主轴转速为"1000"；下刀速率为"100"。

（3）单击左侧列表框中"切削参数"选项，选择"外形铣削方式"为"2D"，壁边预留量为"0.2"，底面预留量为"0.2"，其余参数选择默认。单击"Z 轴分层铣削"，勾选"深度切削"复选框，设置"最大粗切步进量"为"2.0"，精修次数为"0"，勾选"不提刀"；单击"XY 轴分层铣削"，勾选"XY 轴分层铣削"复选框，在"粗加工"选项下，设置"次数"为"1"，"间距"为"4"，设置精加工次数为"0"，勾选"不提刀"。

（4）单击左侧列表框中"共同参数"选项，确认"参考高度"为"增量坐标 10.0"，"进给下刀位置"为"增量坐标 5"，"工件表面"为"绝对坐标 15"，"深度"为"绝对坐标 10"。

（5）单击左侧列表框中"进/退刀参数"选项，设置进/退刀直线长度为"8"，切线进刀。

（6）单击左侧列表框中"冷却液"选项，设置"Flood"选项为"on"。其余参数选择默认。

单击对话框 ✓ 按钮,完成刀具路径的创建,如图 1-22 所示。

8. 精铣四个开口槽

用同样方法创建开口槽精加工刀具路径,刀具选用 ϕ8 mm 平底刀,参见附盘"学习情境一"/"CAM"文件夹下"1-1. MCX6"文件。

9. 实体切削验证

单击操作管理器 ✎ 按钮,选择全部操作,单击"验证已选择的操作"按钮 ◈,弹出实体切削验证对话框,选中"碰撞停止"选项,单击 ▶ 按钮,出现模拟实体加工过程的画面,最终结果如图 1-23 所示,单击 ✓ 按钮,返回操作界面。

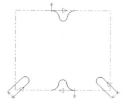

图 1-21 选取开口槽"串联"

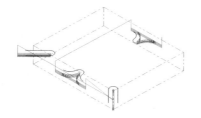

图 1-22 开口槽粗铣刀具路径

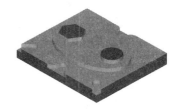

图 1-23 实体切削验证结果

10. 生成加工程序与加工报表

(1)生成加工程序

单击选择刀具路径管理器中的某一刀具路径,单击 **G1** 按钮,弹出如图 1-24 所示"后处理程序"对话框。单击 ✓ 按钮确认,在弹出的"另存为"对话框中选择存储路径,输入文件名,如"椭圆模板_CAM",单击"保存"按钮,产生相应加工程序,并自动启动 MasterCAM X 编辑器,如图 1-25 所示。在编辑器中可以对 NC 代码进行编辑修改。同样方法产生所有操作的 NC 加工程序。

图 1-24 "后处理程序"对话框

图 1-25 MasterCAM X 编辑器

(2)生成加工报表

在刀具路径管理器空白处单击鼠标右键,在弹出的快捷键菜单中选择"加工报表",弹出"加工报表"对话框,输入相关信息,单击 ✓ 按钮,即可生成加工报表,详见附盘"学习情境一"文件夹下"加工报表 1. pdf"文件。

四、椭圆模板零件数控仿真加工

1. 启动斯沃数控仿真软件

选择 FANUC 0i M 数控系统,打开急停按钮,选择回参考点模式,依次单击 X 、 Y 、 Z 按钮,完成返回参考点操作。

2. 设置并对中装夹毛坯(120 mm×105 mm×35 mm)

(1)毛坯设置

单击菜单栏【工件操作】→【设置毛坯】命令,弹出如图 1-26 所示"设置毛坯"对话框。针对不同零件可以设置不同形状的毛坯,这里选择"长方体"。在"存入寄存器"选项下选择 G54,此选项用来设置加工坐标系,这里注意加工坐标系和编程坐标系的统一。

图 1-26 中最上面三个文本框用来设置加工原点(刀尖位置),这里也可以不设置。下面三个文本框分别用来设置毛坯大小,例如"120×105×35"分别是毛坯的长、宽、高,这里高度设为"35",主要是考虑仿真加工方便,实际加工中通过选择合适的垫铁实现。在"工件材料"下可以设置工件材料,这里选择"HT300"。勾选更换加工原点和更换工件,完成加工原点和新毛坯的重新设置。单击"确定"按钮退出对话框。

(2)装夹方式设置

单击主菜单【工件操作】→【工件装夹】命令,弹出如图 1-27 所示"工件装夹"对话框,在"装夹方式"栏选择合适的装夹方案,这里选择"平口钳装夹"方式,通过"加紧上下调整"按钮调整毛坯安装高度,其他默认。单击"确定"按钮,完成设置。

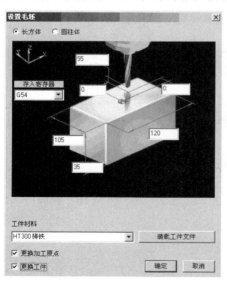

图 1-26 "设置毛坯"对话框

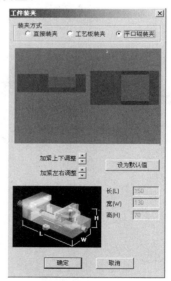

图 1-27 "工件装夹"对话框

3. 刀具设置

"机床操作"菜单主要用来设置机床参数、冷却液、基准芯棒、寻边器、刀具管理、舱门设置等。单击主菜单【机床操作】→【刀具管理】命令,弹出"刀具库管理"对话框。双击刀具,弹出如图 1-28 所示对话框,可以设置刀具号、刀具名称、刀具类型、直径、半径、刀杆长度、转速和进给率等,单击"确定"按钮完成刀具的修改。

在"刀具数据库"下拉列表中选择 1 号刀具,单击"添加到刀库",在弹出的菜单中选择"1 号刀位",把 1 号刀装入机床刀库的 1 号刀位。用同样的方法,参考前述刀具卡安装所有刀具。选择某把刀,单击"添加到主轴",即可把该刀装入主轴。

注意:添加刀具到机床刀库时的顺序必须和在 CAM 软件中编程时设置的顺序一样,添加的刀位号要对应刀具号,完成设置后单击"确定"按钮。

4.选择基准工具,完成对刀

(1)Z 方向对刀

选择手动模式,移动刀具使其沿 Z 方向与工件上表面接触。单击"OFFTSET",单击"坐标系",如图 1-29 所示,移动光标至 G54 坐标系处,输入"Z35"(此值表示加工坐标系 Z 值),单击"测量",完成 Z 方向对刀。

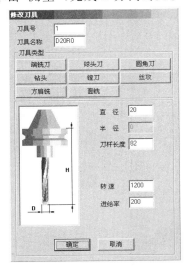

图 1-28　"修改刀具"对话框

图 1-29　输入 Z 方向对刀

(2)X、Y 方向对刀

移动刀具,使刀具在 X 正方向与工件相切,单击"OFFSET",单击"坐标系",移动光标至 G54 坐标系处,输入主轴中心到所要设定的工件坐标系原点之间 X 方向的距离值,单击"测量",完成 X 方向对刀。用同样的方法完成 Y 方向对刀。

(3)校验

对刀完毕后,将主轴向 Z 正方向抬起,选择"MDI"模式,单击"PROG",单击"MDI"按钮,手工输入程序"M06 T1;G90G54;G00X0Y0Z10",单击"循环启动",检验对刀是否正确。

5.导入程序

(1)选择数控机床编辑模式,单击"程序"按钮,新建程序。

(2)单击主菜单【文件】→【打开】命令,选择从 CAM 软件中生成的数控加工程序,单击"打开"按钮,即可传送程序到仿真软件中。

6.自动加工

设置完成后,选择"自动加工"模式,单击"循环启动"按钮,数控机床自动加工。最后的加工结果参见附盘"学习情境一"文件夹"1-1.pj"文件。

相 关 知 识

一、系统工作界面

MasterCAM X6 的工作界面主要包括标题栏、菜单栏、操作栏、操作栏、图形区、操作命令记录栏、操作管理器、状态栏等,如图 1-30 所示。

1. 标题栏

界面的顶部是"标题栏",它显示了软件的名称、当前所使用的模块、当前打开文件的路径及文件名称。标题栏的右边分别是"最小化窗口"按钮、"还原窗口"按钮和"关闭程序窗口"按钮。

2. 菜单栏

标题栏的下方是菜单栏,主要包括:文件、编辑、视图、分析、绘图、实体、转换、机床类型、刀具路径、屏幕、设置和帮助。

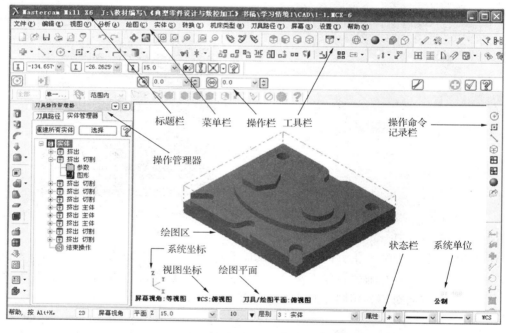

图 1-30　MasterCAM X6 的操作界面

3. 操作栏

操作栏中的命令以图标按钮的方式来表达,包括了使用频率高的大多数命令,单击这些图标按钮即可打开并执行相应的命令。在使用某一工具按钮时,将光标指向该按钮,就会弹出一个显示该按钮的名称及其功能的标签。

4. 操作栏

操作栏位于操作栏的下方,它是子命令选择、选项设置以及人机对话的主要区域,用于设置所运行命令的各种参数。在未选择任何命令时操作栏处于屏蔽状态,当选择命令后将显示该命令的所有选项,并给出相应的提示。操作栏的显示内容将根据所选命令的不同而不同,图1-31所示为绘制直线时的操作栏。

图1-31　"直线"操作栏

5.图形区和图形对象

在 MasterCAM X6 系统的操作界面上,最大的空白区域就是图形区,或者称为绘图区。MasterCAM 所有的绘图操作都是在图形区完成的,例如浏览、创建和修改图形对象等。同时图形区还显示了 MasterCAM X6 系统当前的测量系统(公制或英制)和当前工作所在的视图设置(视角、绘图平面、WCS 坐标类型)。

在图形区单击鼠标右键,会弹出快捷菜单,通过该菜单可快速进行一些视图方面的操作,如图1-32所示。例如,选择"自动抓点"命令,弹出"自动白点设置"对话框,如图1-33所示,从中可设置系统自动捕捉的类型。

6.操作命令记录栏

在操作界面的右侧是操作命令记录栏,在操作过程中所使用的10个命令逐一记录在此操作栏上,这样可以直接从操作命令记录栏中选择最近要重复使用的命令,从而提高选择命令的效率。

7.操作管理器

操作管理器位于 MasterCAM X6 界面的左侧,如图1-34所示,包括"刀具路径"和"实体管理管理器"选项卡,单击相应的选项卡可实现相互切换。"刀具路径"能对已经产生的刀具路径参数进行修改,如重新选择刀具的大小及形式、修改主轴转速和进给量等;"实体管理器"用于修改实体尺寸、属性以及重排实体创建顺序。

图1-32　快捷菜单命令　　　图1-33　光标自动抓点设置　　　图1-34　操作管理器

8.状态栏

在窗口底部是状态栏,可动态显示上下文相关的帮助信息、当前所设置的颜色、点类型、线型、线宽、图层和 Z 轴深度等,如图1-35所示。

图1-35　状态栏

(1)2D:用于切换 2D/3D 构图模式。在 2D 构图模式下,所创建的图素都具有当前的构图深度(Z 深度),且平行于当前的构图平面;而在 3D 构图模式下,可以不受构图深度和构图平面的约束。

（2）屏幕视角：图形显示视角，单击该区域将弹出快捷菜单，用于选择、创建、设置视角。

（3）绘图面和刀具面：用于设置刀具平面和构图平面。

（4）Z 15.0 ▾：设置构图深度，单击该区域可在绘图区选择一点，将其构图深度作为当前构图深度；也可在其右侧的文本框中直接输入数据作为新的构图深度。

（5）10 ▾：单击该区域可以弹出"颜色"对话框，从中可以设置当前颜色；也可以直接单击右侧的向下箭头，选择"选择颜色"菜单命令，然后在图形区选择一种图素，将其颜色作为当前色。

（6）层别:1 ▾：单击该区域将弹出"层别管理"对话框，可进行选择、创建、设置图层属性；也可以在其右侧的下拉列表中选择图层。

（7）属性：单击该区域将弹出"属性"对话框，用于设置颜色、线型、点的类型、层别、线宽等图形属性。

（8）* ▾：用于选择点的类型。

（9）—— ▾：用于选择线的类型。

（10）—— ▾：用于选择线的宽度。

（11）WCS：单击该区域将弹出快捷菜单，用于选择、创建、设置工作坐标系。

（12）群组：单击该区域将弹出"群组管理器"对话框，用于选择、创建、设置群组。

二、坐标系、构图面及构图深度

1. 坐标系

MasterCAM 的世界坐标系又称为系统坐标系，是系统默认的坐标系，符合右手法则，按 F9 键切换显示的三条轴线就是系统坐标系的坐标轴。工作坐标系是在设置构图面时所建立的坐标系，即在设定构图面后，系统所采用的坐标系就由世界坐标系转换为工作坐标系。工作坐标系原点默认与世界坐标系原点重合。

单击状态栏 WCS 按钮，弹出"选择工作坐标系"快捷菜单，如图 1-36 所示，可以从中选择一个系统设定好的坐标系作为当前工作坐标系。

2. 构图面

构图面其实就是一个绘制二维图形的平面。对于大部分的三维软件系统，都有一个类似于构图面的概念，例如 Pro/E 和 UG NX 称之为草图平面。通常，大部分图形的三维造型都可以由若干个平面图形经拉伸、旋转等操作来完成，因此经常需要在各种不同角度、位置的二维平面上绘制二维图形，这个二维平面就是"构图面"。

设置构图面可以从操作栏中单击构图面图标 ▾ 的下拉菜单，选择常用的构图面命令，如图 1-37 所示。也可以单击状态栏上的 平面 按钮，弹出如图 1-38 所示的菜单，其中列出了很多设定构图面的方法。

（1）标准构图面：在弹出菜单的上部，列出了 7 个系统设定的标准视图，分别为俯视图、前视图、后视图、底视图、右视图、左视图和等角视图。

（2）指定视角：调用该功能可以弹出如图 1-39 所示对话框，在对话框中列出了所有已经命名了的构图面,包括标准构图面。在其中选择一个构图面,单击 <u>✓</u> 按钮完成构图面设置。

（3）图素定面:是通过选择一个平面、两条直线或者三个点来确定构图平面。例如选择一个正方体的三个不相邻顶点,就可以确定等角视图作为构图面。

图 1-36　选择工作坐标系　　　图 1-37　从操作栏设置构图面　　　图 1-38　从状态栏设置构图面

（4）实体面:就是选择一个实体的平面来确定构图面。例如选择如图 1-40 所示的实体的一个面,弹出"选择视角"对话框,选择一个合适的视角,单击 <u>✓</u> 按钮完成构图面设置。

（5）法线面:通过选择一条直线作为构图面的法线来确定构图面。如图 1-41 所示,选择一条直线,显示出坐标系,切换选择一个合适的视角,从而确定一个构图面。

（6）选择"绘图面等于屏幕视角"可使选择的构图面与屏幕视角的选择相同。

图 1-40　"实体面"构建坐标系

图 1-39　"视角选择"对话框

图 1-41　"法线面"构建坐标系

3.构图深度

构图深度又称为工作深度。构图面用于设置二维图形绘制平面的角度,而"工作深度"

是设置二维平面的位置。构图面只是指定了该平面的法线,而垂直于一条直线的平面有无数个,这无数个平面互相平行,因此需要指定一个"工作深度"来确定平面的位置,构图深度即图坐标系中 Z 轴方向上与 XY 平面平行的构图面到 WCS 原点的距离,该值由状态栏上的 Z 轴深度设定值所决定。设置构图深度的方法有:

(1)单击激活状态栏的 Z 0.0 文本框,通过键盘输入一个数值,按 Enter 键确认,该值将作为 Z 轴深度值。

(2)单击"构图深度设置栏" Z: 0.0 字母"Z",屏幕上出现"选取一点定义新的构图深度"的提示,此时用鼠标捕捉屏幕上某图素的一个特征点(如端点),系统自动将该点的 Z 坐标值作为 Z 轴深度的设置值。

(3)在工作深度输入栏中单击鼠标右键,弹出如图 1-42 所示的菜单,在其中可以选择一种方式来确定工作深度。

说明:在状态栏上有一个切换开关,可以在 2D 与 3D 之间进行切换。当设置为"2D"时,目标捕捉点的 Z 坐标值不起作用,而是由构图深度的设置值来确定 Z 坐标值,此时可以绘制位于某一构图面内的平面图形。当设置为"3D"时,目标捕捉点的 Z 坐标值起作用,而构图深度的设置值不起作用,此时可以绘制不在构图面上的空间图形。

图 1-42 "右键"设置构图深度

三、视图操作

在进行图形设计等操作时,经常需要对屏幕上的图形进行缩放、旋转等操作,从而可以细致地观看图形的细节。MasterCAM 的【视图】菜单提供了丰富的视图操作功能,包括视窗显示、平移、缩放、旋转、视图方向以及实现多视窗显示等,如图 1-43 所示。

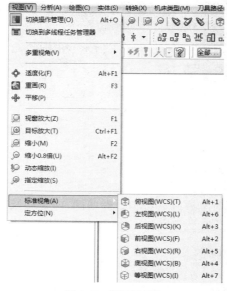

图 1-43 "视图"菜单

1. 视图平移

视图平移功能可以操作视图在屏幕上进行移动。单击主菜单【视图】→【平移】命令,调用视图平移功能,按下鼠标左键,将图形移动到合适的位置,松开鼠标左键,完成平移操作。

2. 视图缩放

MasterCAM X6 提供了以下视图缩放功能:

(1)适度化:单击主菜单【视图】→【适度化】命令,可以将图形充满整个绘图窗口。

(2)视窗放大:单击主菜单【视图】→【视窗放大】命令,绘图区出现⊕符号,用鼠标绘制一个矩形窗口,所包含的矩形区域就是局部放大的部位。

(3)目标显示放大:单击主菜单【视图】→【目标放大】命令,首先选择一个点确定需要放大的部位中心,接着移动鼠标在合适的位置确定放大区域的一个顶点,则由两个点定义的围绕第一点的矩形区域内的所有图形充满图形窗口。

(4)缩小:单击主菜单【视图】→【缩小】命令,图形缩小为原来的二分之一,再次调用,图形又变为前面的二分之一,依此类推。

(5)动态缩放:单击主菜单【视图】→【动态缩放】命令,首先单击鼠标在绘图区确定一点作为缩放的中心,鼠标向上移动是放大图形,鼠标向下移动则是缩小图形,完成缩放时需要单击鼠标。

(6)指定缩放:首先选择需要缩放的元素,单击主菜单【视图】→【指定缩放】命令,前面所选择的元素就充满绘图区。

(7)如果鼠标带有滚轮,滑动滚轮也可以对图形进行缩放。

3. 视图旋转

在图形设计过程中,经常需要对图形进行旋转,以便观察。选择主菜单【视图】→【定方位】→【动态旋转】,接着用鼠标左键选择一个点作为视图旋转的中心,移动鼠标,图形随之转动,转动到合适的位置时单击鼠标左键,完成视图旋转。

如果鼠标有中键或者滚轮,那么按住鼠标中键或者滚轮移动鼠标,也可以对视图进行旋转。

4. 视图方向

有时需要指定由某个特定的方向来观察图形。指定视图方向的方法有:

(1)标准视图:单击主菜单【视图】→【标准视角】命令,在弹出的子菜单中列出了 7 种系统设定好的视图。

(2)法向视角:该功能可以通过选择一条直线来定义视图的方向。单击主菜单【视图】→【定方位】→【法线面视角】命令,系统提示选择一条直线,如图 1-44 所示,在工作条上单击✓按钮,确定所选择的直线作为视图方向的法向,此时在图形上显示了确定视角的坐标系,并且弹出"选择视角"对话框,如图 1-45 所示。在该对话框中单击◄ 或 ► 按钮可以切换到不同的视图方向,选择一个合适的视角后,单击✓按钮,视图旋转到相应的视图方向。

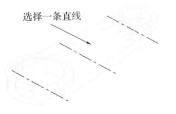

图 1-44 选择一条直线

图 1-45 选择视角

（3）选择视角：单击主菜单【视图】→【定方位】→【指定视角】命令，弹出"选择视角"对话框，直接在其中选择一个需要的视角，单击 ↖ 按钮完成视角选择。

（4）由图素定义：单击菜单【视图】→【定方位】→【由图素定义视角】命令，系统要求选择一个平面物体、两条直线或者三个点来定义视图，例如选择两条直线来定义视图平面，所选择的第一条直线作为 X 轴，第二条直线作为 Y 轴，同样可以通过单击 ◀ 或者 ▶ 按钮来切换视图的方向。

（5）X、Y、Z 三轴互换：单击主菜单【视图】→【定方位】→【切换 X 轴为 Y 轴】（或【切换 X 轴为 Z 轴】或【切换 Y 轴为 Z 轴】）命令，可以通过交换两个轴线来达到旋转视图的目的。

视图操作也可以单击操作栏中"视图管理器"的相应按钮进行，如图 1-46 所示，从左向右依次为"适度化""重画""目标放大""视窗放大""指定缩放""缩小""缩小 80％""动态旋转""前一视角""指定视角"。

图形视角表示目前在屏幕上观察图形的角度，系统默认视角为俯视图。单击操作栏中"图形视角"控制按钮，也可以用来设置图形视角，如图 1-47 所示。也可以通过状态栏 屏幕视角 改变视角。

图 1-46　"视图管理器"　　　　　　图 1-47　图形视角

四、文件管理

MasterCAM X6 的文件管理包括新建文件、打开文件、合并文件、保存文件、文件转换等。

1. 新建文件

（1）启动 MasterCAM X6，系统按其默认配置自动创建一个新文件，可以直接进行图形绘制等操作。

（2）单击主菜单【文件】→【新建文件】命令，可以新建一个文件。此时如果正在编辑的文件进行过修改且未进行保存，系统将弹出如图 1-48 所示对话框，提示是否保存当前文件。选择"是"则保存当前文件；选择"否"则不保存文件的修改。进行选择后系统即按默认配置创建一个新文件。

图 1-48　文件保存提示

2. 打开文件

单击主菜单【文件】→【打开文件】命令，系统会弹出"打开"对话框，选择所需文件，单击"打开"按钮即可打开文件。单击"打开"对话框中的"文件类型"下拉列表右侧的向下箭头，可显示 MasterCAM X6 能打开的所有文件类型。

3. 合并文件

利用"合并文件"命令可以将创建的 MasterCAM X6 文件插入当前的文件中，但所插入文件的关联图素（如刀具路径等）不能被插入。插入的文件将保留其创建时全部的属性（如颜色、图层、线型等），在插入时也可进行变换（如旋转、平移等）。

单击主菜单【文件】→【合并文件】命令,系统弹出"打开"对话框,选择需要合并的文件,单击"打开"按钮,将所选文件加入当前文件,同时操作栏出现合并选项,如图 1-49 所示。

图 1-49 合并选项

单击操作栏 按钮,表示对合并的图形使用当前设置的属性,否则使用其原有属性。在指定了插入位置、缩放比例以及旋转角度等参数后,单击按钮并在图形区中指定插入位置,即可将图形合并到当前图形窗口。

4. 保存文件

MasterCAM X6 提供了三种保存文件的方式。

(1)保存

单击主菜单【文件】→【保存】命令,弹出"另存为"对话框,选择合适的文件名称和目录保存当前文件。只有在首次执行保存文件操作时,才会弹出"另存为"对话框·以后再执行保存文件的操作时,系统将以指定的文件名直接将文件保存在指定的路径中,不会出现任何提示。默认情况下,文件将以 MasterCAM X6 图形文件格式(* . MCX-6)保存。

(2)另存文件

单击主菜单【文件】→【另存文件】命令,弹出"另存为"对话框,更换名称后可将文件保存为新文件。

(3)部分保存

"部分保存"命令用于在图形区选择图素并将它们保存到 MasterCAM 文件中,它们的关联属性和群组也同时保存下来。

单击主菜单【文件】→【部分保存】命令,系统提示选择要保存的图素。选择完成后,弹出"另存为"对话框,选择合适的文件名称和目录即可将选择的图素进行保存。

5. 文件转换

MasterCAM X6 可以与其他 CAD/CAM 软件进行数据交换,例如 AutoCAD、CATIA以及 Pro/E 等。既可以将 MasterCAM 图形文件保存为其他 CAD/CAM 软件可识别的文件格式,也可以在 MasterCAM 软件中导入其他 CAD/CAM 软件的图形文件,实现数据交换功能。

(1)导入文件

单击主菜单【文件】→【汇入】命令,弹出"汇入文件夹"对话框,如图 1-50 所示。在"汇入文件的类型"下拉列表中选择要导入的文件类型。在"从这个文件夹"文本框中指定要导入文件的路径和文件名称,在"到这个文件夹"文本框中指定转换后的文件保存路径和文件名,单击 按钮,将其他CAD/CAM 软件生成的图形文件转换成 MasterCAM X6 格式图形文件。

图 1-50 "汇入文件夹"对话框

(2)输出文件

当需要输出文件时,可以单击主菜单【文件】→【汇出】命令,弹出"汇出文件夹"对话框。该对话框中的操作与导入文件操作基本相同,请参照导入文件的操作方法。

五、曲线造型

1. 绘制点

点是几何图形的最基本图素。单击主菜单【绘图】→【绘点】命令或者单击操作栏 按钮，即可启动创建点命令。如图 1-51 所示，MasterCAM X6 提供了多种绘点功能。

（1）一般点绘制

"绘点"命令用于创建简单独立的点，可以在绘图区域单击创建位置点，或者在某一指定位置（如端点、中点、中心点、交点等位置）创建点，可以使用自动捕捉功能来实现。

①启动捕捉功能绘制点

单击操作栏上"绘点"按钮 ，或单击主菜单【绘图】→【绘点】→【绘点】命令，系统弹出"点"操作栏。此时在"自动光标"操作栏上，可以看到如图 1-52 所示各种点定义方式，可以从中任意选择一种定义方法，在绘图区中创建点图素。在二维视图的图形屏幕上点用"＋"表示，在三维视图的图形屏幕上点用"＊"表示，见表 1-4。

图 1-51 绘点菜单   图 1-52 点创建下拉列表框

表 1-4   点子菜单选项说明

点的类型	说明	操作	图例
原点	在坐标原点创建点	选择 ⚹ 原点(O)	
圆心点	通过捕捉已知圆弧，在其圆心创建点	选择 ⊕ 圆弧中心(C)	
端点	生成已知对象某一端的端点（根据鼠标选择的位置）	选择 ↘ 端点(E)	

点的类型	说明	操作	图例
交点	分别选择两个对象,生成它们的实际交点或假想交点	选择 ✕ 交点(I)	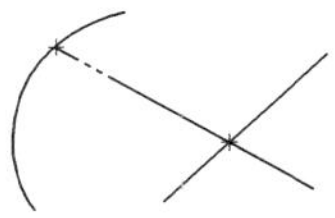
中点	生成已知对象的中点	选择 ✐ 中点(M)	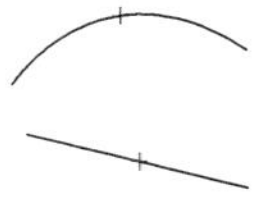
已存在点	捕捉已经创建好的点	选择 ✛ 点(P)	
相对点	用相对坐标的形式创建点	选择 ⊥ 相对点,选择 P_1 点,输入相对值(40,20),创建 P_2 点	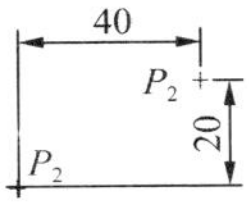
		选择 ◿,选择 P_1 点,在 ▱ 后输入"20",在 ◿ 后输入"15",创建 P_2 点	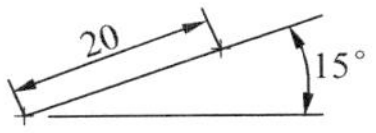
四等分点	创建圆弧与工作坐标轴 X,Y 的实际交点	选择 ◈ 四等分点	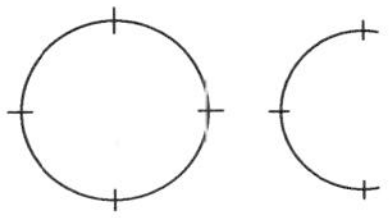
最近的点	创建所选对象图素上距光标最近的点	选择 ⇢ 接近点在绘图中选择直线、圆弧或样条	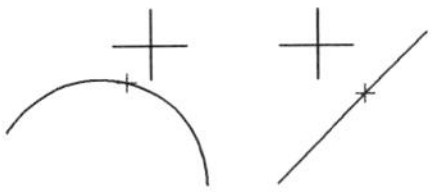
任意点	用鼠标创建任意点	直接在绘图区中任意位置单击生成	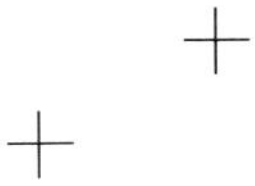
切点	捕捉与圆或圆弧的切点	选择 ⟋ 相切,选择相切圆弧即可	这两种方式仅在绘制与已知圆弧相切的任意直线及绘制与已知直线垂直的任意直线的状态下,处于激活状态
垂点	捕捉与图素垂直的点	选择 ⊥ 垂直,选择垂直图素对象即可	

②在"自动抓点"操作栏的坐标文本框中输入所创建点的坐标

在输入栏输入坐标时,可采用系统默认值来简化坐标输入。例如上一次输入的坐标为(0,10,20),现在要输入坐标(20,10,20),则只需要在文本框中输入"20"即可;若输入坐标为(0,20,20),则需要在文本框中输入"20"。坐标输入可采用公式的方法,在公式中使用"＋""－""＊""/"四种运算符以及"()"括号,例如输入坐标为(5,6,4)可写成(3＋2,2＊3,4)。

(2)特殊点绘制

特殊点的绘制方法见表1-5。

表 1-5   特殊点绘制

点的类型	说明	操作	图例
等分/等数点	用于快速地沿着已经存在的对象创建一系列等距离的点。等距离不是指两点间的线段相等,而是两点之间的曲线长度一致	单击操作栏上的"绘制等分点"按钮 ![],或单击主菜单【绘图】→【绘点】→【绘制等分点】命令,根据系统提示,选择绘图区域的线段,在操作栏 文本框中输入指定的距离进行定距等分,或在 文本框中输入段数,进行定数等分,按 Enter 键确认,单击 ![] 按钮或者按 Esc 键,完成点的创建。	
Spline 曲线节点	用于产生所选择的参数式曲线的节点。当选择该命令时没有相关的操作栏出现,但是该功能被激活时将提示用户"请选取一曲线"	单击操作栏上的"曲线节点"按钮 ![],或单击主菜单【绘图】→【绘点】→【曲线节点】命令,提示选择参数型曲线后,系统即可绘制出该曲线的节点	
动态绘点	沿着已经存在的几何对象的任意位置动态地创建点,例如在线段、圆和曲线等几何图形上	单击操作栏上的"动态绘点"按钮 ![],或单击主菜单【绘图】→【绘点】→【动态绘点】命令,在绘图区域选择一个对象时,就会出现一个动态的箭头,这时可以使用鼠标指针滑动箭头到想创建点的位置,单击鼠标左键即可	
小圆心点	用于绘制小于或等于一指定半径值的圆或圆弧的圆心点	单击操作栏上的"小圆心点"按钮 ![],或单击主菜单【绘图】→【绘点】→【小圆心点】命令,在绘图区选择对象,单击操作栏按钮,则在满足条件的圆或者圆弧的圆心创建点	

2. 绘制直线

直线是构成几何图形的最基本图素。绘制直线命令可以通过操作栏上的相关命令按钮,或单击主菜单【绘图】→【直线】命令启动,如图 1-53 所示,子菜单中各命令的含义见表 1-6。

图 1-53　绘制直线子菜单

表 1-6　　　　　　　　　　　　　　　　　　　**直线子菜单命令功能说明**

线的类型	说明	操作	图例
绘制任意线	在当前构图面上绘制水平线段	单击操作栏上"绘制任意线"按钮 ✎ 或单击主菜单【绘图】→【直线】→【绘制任意线】命令,弹出"直线"操作栏。单击操作栏上的"水平"按钮 ↔ 确定线段的方向,使用鼠标选定两个点作为直线的端点,当完成第二个点的选择后,系统提示输入该线的 Y 方向位置坐标值。在 ↔（水平线）按钮旁的文本框中输入水平线的 Y 值即可。利用 ⊟（长度）按钮可以指定水平线长度	
	在当前构图面上绘制竖直线段	单击"直线"操作栏上的"垂直"按钮 ↕ 确定线段的方向,使用鼠标选定两个点作为直线的端点,当完成第二个点的选择后,系统提示输入该线的 X 方向位置坐标值。在 ↕（垂直线）按钮旁的文本框中输入竖直线 X 值即可。利用（长度）按钮可以指定竖直线长度	
	通过已知的两个端点,绘制线段	启动"绘制任意线"命令,输入两端点,绘制一条线段。单击操作栏 ⊞1（编辑端点 1）及 ⊞2（编辑端点 2）按钮,可修改线段起点和终点的位置	
	绘制多段折线段（连续),前一线段的终点是后一线段的起点	单击操作栏（多段线）按钮 ⋈,可以绘制连续的折线（每个线段的末端,也是下一个线段的始端)。用鼠标依次选定第一点、第二点、第三点等为每段线段的端点,单击 ✓ 按钮生成一条连续折线,双击鼠标或按 Esc 键结束命令	
	以极坐标方式绘制线段（角度的计算方法:在当前构图面中按逆时针方向计算输入正值,按顺时针方向计算则输入负值)	启动"绘制任意线"命令,在操作栏中,单击 ⊟（长度）和 ∠（角度）按钮,在其后的文本中输入相应的数值,在绘图区域任意选择一个点作为线段的第一个点,可按指定的长度和角度产生一条极坐标线段	37.0°
	绘制已知圆的相切线段	启动"绘制任意线"命令,在操作栏中,单击 ✐（切线）按钮,绘制与圆弧或样条曲线相切的线段。以极坐标方式输入参数,创建一条已知角度和长度,且与某一圆弧或样条线相切的线段。选择两个圆弧,创建一条与两个圆弧相切的线段,根据鼠标在圆上单击位置的不同生成了内公切线或外公切线。选择点,再选择圆弧,创建一个过定点,且与已知圆弧或样条曲线相切的线段	

线的类型	说明	操作	图例
绘制法线	该命令用于创建与一直线、圆弧或者曲线相垂直的线	单击操作栏上的"绘制垂直正交线"按钮 ┠━╋ ，或者单击主菜单【绘图】→【直线】→【绘制垂直正交线】命令，系统提示选择要垂直的几何对象，选取一条直线或圆弧，系统提示选择垂直线/法线经过的点，确定垂线通过的点，在操作栏上 ⬚（长度）文本框中查看垂线的长度，或对其长度值进行修改	
		启动"绘制垂直正交线"命令，选取一条直线或圆弧，单击操作栏 ⬛（切线）按钮，然后选择相切的圆弧及垂直的直线后，图形区中出现两条垂线，选择需要保留的一条。 说明：选择"绘制垂直正交线"命令后，在绘图区域至少有两个几何对象，而且其中之一必须是圆弧；当创建线垂直于圆弧时，可以将直线创建在所选择几何图形对象的延伸部分	
绘制平行线	该命令用于创建与已知线段平行的线段。以三种方式绘制已知对象的平行线	单击操作栏上的"绘制平行线"按钮 ┠━╋ 或者单击主菜单【绘图】→【直线】→【绘制平行线】命令，选取一条已知线作为参考直线，在操作栏 ➡（距离）文本框中输入偏置距离。单击已知直线一侧指定偏置方向，创建一条平行线。 ⬛ 按钮用于切换平行线相对于基准线的位置，该按钮为默认状态，创建的平行线在基准线段所选择的一侧；单击 ⬛ 按钮，创建的平行线在基准线段所选择的相反一侧；单击 ⬛ 创建的平行线在基准线段两侧	25.0
		进入绘制平行线的状态后，系统提示选择一条直线，选择参考线后选择一个点即可。单击操作栏上 ⬛（编辑端点）按钮，可更改平行线间的偏置距离	
		启动"绘制平行线"命令，选择操作栏上的 ⬛（切线）按钮，选择参考线，选择圆弧，单击 ⬛（偏置方向）按钮，直至图形区中出现符合要求的平行线（一侧或两侧）	

线的类型	说明	操作	图例
绘制对分线	在两个几何对象之间创建对分线或者中间线。对于相交线,系统创建对分线;对于平行线,系统创建中间等距线。系统产生可能的线,可以选择保留其中之一	绘制对角线: 单击操作栏上的"绘制两直线夹角间的分角线"按钮 ⋎,或者单击主菜单【绘图】→【直线】→【绘制分角线】命令,在操作栏中输入对分线长度值,系统提示选择两条线段,选择绘图区域的两条直线;系统提示选择要保留的线段,选择其中一条,完成对角线的绘制。按 Enter 键或单击操作栏中的按钮 ✓,结束操作	
		绘制平行线中间等距线: 单击操作栏 🖽 按钮,输入平行线中间等距线长度,系统提示选择两条线段来对分,选择绘图区域的两条直线,弹出"提示"对话框。单击"提示"对话框中的"确定"按钮 ✓,创建平行线中间等距线	
绘制两图素间的近距线	用于创建两个几何实体之间最短的连线	单击"绘制两图素间的近距线"按钮 ⤢ 或单击主菜单【绘图】→【直线】→绘制两图素间的近距线】命令,系统提示选择几何图素线、圆弧或 Spline 样条线,在选取的两对象间距离最小的位置创建连线。选择该命令没有在操作栏出现,系统只提示选择两个对象以创建单个的连线	

3.绘制圆弧

单击主菜单【绘图】→【圆弧】下的相关命令,可以启动圆弧创建命令,如图 1-54 所示。

注意:在 MasterCAM X6 中,圆弧是按逆时针方向计算的。圆弧子菜单中各命令的含义见表 1-7。

图 1-54　绘制圆弧子菜单

表 1-7 **圆弧子菜单命令功能说明**

圆弧类型	说明	操作	图例
极坐标画弧	给定圆心点、半径、起始角度、终止角度来产生一个圆弧或者给定中心点、起始点、终止点来产生一个圆弧	单击操作栏上的"极坐标圆弧"按钮，或单击主菜单【绘图】→【圆弧】→【极坐标圆弧】命令，确定圆弧的中心点，在操作栏 按钮或 按钮后的文本框中输入圆弧半径或直径的值，输入圆弧的 (起始角度)和 (终止角度)，按 Esc 键完成。单击操作栏的 (编辑端点)按钮，可以修改圆弧的位置	75.0° 15.0°
		启动"极坐标圆弧"命令，输入圆心点 P_0，用鼠标选取点 P_1，则 X 轴与直线 P_0P_1 的夹角为起始角。用鼠标选取点 P_2，则 X 轴与直线 P_0P_2 的夹角为终止角，按 Esc 键完成。单击操作栏 (编辑端点)按钮，可以修改圆弧的位置。 说明："切换"功能按钮有两个状态，左边为顺时针方向，右边为逆时针方向；如果想创建整圆，在操作栏中输入起始角度值为"0"，终止角度值为"360"即可	P_2 P_1 $+P_0$
极坐标端点画弧	给定圆弧起始点、半径、起始角度、终止角度来产生一个圆弧，或者给定终止点、半径、起始角度来产生一个圆弧	单击"极坐标端点画弧"按钮，或单击主菜单【绘图】→【圆弧】→【极坐标端点画弧】命令，单击操作栏 (起始点)按钮，输入起始点 P_0，输入半径，输入起始角，输入终止角，按 Esc 键完成	145.0° P_0 24.0°
		启动"极坐标端点画弧"命令，单击工作条(R)上的 (终止点)按钮，输入终止点 P_0，输入半径，输入起始角，输入终止角，按 Esc 键完成	110.0° P_0 40.0°
两点画弧	给出圆周上的两个端点和圆弧半径画弧	单击操作栏上的"两点画弧"按钮，或单击主菜单【绘图】→【圆弧】→【两点画弧】命令，输入第一点，输入第二点，输入半径，选择要保留圆弧，按 Esc 键完成	P2 P1
		单击操作栏 (编辑点 1)和 (编辑点 2)按钮，可以修改圆弧端点的位置，单击操作栏 (相切)按钮，根据系统提示依次确定圆弧的两个端点，然后选择相切图素，可生成与所选图素相切的圆弧	

圆弧类型	说明	操作	图例
三点画弧	已知圆弧圆周上的三个点，画出圆弧	单击操作栏上的"三点画弧"按钮 ⊹，或单击主菜单【绘图】→【圆弧】→【三点画弧】命令，根据系统提示，选择圆弧经过的第一点，再选择圆弧经过的第二点，接着选择圆弧经过的第三点，单击 ☑ 按钮，创建三点圆弧。单击操作栏 ⯈1 编辑点 P_1、⯈2 编辑点 P_2 和 ⯈3 编辑点 P_3 按钮，可以修改圆弧上三个点的位置	
		启动三点画弧命令，单击操作栏 ◿（相切）按钮，根据系统提示依次选择圆弧的两个端点，接着选择相切的对象。创建生成过两个端点且终止于所选对象的切点处的圆弧	
绘制切弧	用于创建和已知对象相切的圆弧	创建与选择的几何图形相切的180°圆弧：单击操作栏上的"切弧"按钮 ◔，或单击主菜单【绘图】→【圆弧】→【切弧】命令，在操作栏选择 ◉（与一个图素相切方式）。根据系统提示选择和圆弧相切的几何图形对象，选取直线 L_1，选取切点 P_1，输入半径，选取需要保留的圆弧 A_1 后，系统完成圆弧创建，单击"切弧"操作栏中的 ☑ 按钮，结束命令	
		创建经过一个点并和选择的几何图形相切的圆弧：启动"切弧"命令，在操作栏选择 ◉（切点）方式。根据系统提示选择和圆弧相切的几何图形对象，例如直线 L_1，接着在绘图区域任意选择圆弧经过的点 P_0，然后再选择要保留的相切圆弧段，单击"切弧"操作栏中的 ☑ 按钮，结束命令	
		创建已知圆弧中心点所在直线并与一直线相切的圆弧：启动"切弧"命令，在操作栏选择 ◰（中心线）。根据系统提示选择和圆弧相切的几何图形对象，例如选取相切直线 L_2，再选择圆弧的圆心经过的直线 L_1，输入半径，选择要保留的相切圆，单击"切弧"操作栏中的 ☑ 按钮，结束命令	

圆弧类型	说明	操作	图例
绘制切弧	用于创建和已知对象相切的圆弧	动态创建相切圆弧:启动"切弧"命令,在操作栏选择 ⊙(动态圆弧)按钮。根据系统提示选择和圆弧相切的几何图形对象,选取直线 L_1,用鼠标移动箭头在直线上选取点 P,移动鼠标,圆弧的形态随光标而动态的改变,选取一点作为圆弧的终止点,单击鼠标左键,单击"切弧"操作栏中的 ☑️按钮,结束命令	
		创建一个与给定三条直线相切的圆弧:启动"切弧"命令,在操作栏选择 ⊙(三物体切弧)按钮。根据系统提示选择和圆弧相切的几何图形对象,即选择与圆弧相切的三条直线,单击"切弧"操作栏中的 ☑️按钮,结束命令	
		创建一个与给定三条直线相切的圆:启动"切弧"命令,在操作栏选择 ⊙(三物体切圆)按钮。根据系统提示选择和圆相切的几何图形对象,即选择与圆相切的三条直线,单击"切弧"操作栏中的 ☑️按钮,结束命令	
		创建一个与给定两条直线相切的圆弧:启动"切弧"命令,在操作栏选择 ⊡(两物体切弧)按钮。根据系统提示选择和圆弧相切的几何图形对象,即选择与圆弧相切的两条直线,单击"切弧"操作栏☑️按钮,结束命令	
已知圆心点画圆(用于指定圆的圆心位置以绘制指定半径或直径的整圆)	已知圆心和半径(直径)画圆	单击操作栏上的按钮⊕,或单击主菜单【绘图】→【绘弧】→【已知圆心点画圆】命令,在操作栏的 ⟷(半径)或(直径)文本框中可以指定圆的半径或直径。单击操作栏 📝(编辑圆点)按钮,可以修改圆心的位置,按 Esc 键完成	$+P_0$
	已知圆心和相切对象画圆	单击操作栏 🖊(相切)按钮,根据系统提示确定圆心位置 P_0,然后选择相切的对象(直线 L_1)	L_1 $P_0 +$
	已知圆心和圆周上的一点画圆	在绘图区任意选择一个点作为圆心位置 P_0,拖动鼠标指针任意选择一个边界点 P_1,按 Enter 键确认即可	P_1 $+P_0$

圆弧类型	说明	操作	图例
三点画圆（用于通过边界点创建圆，有三点、两点和相切点三种方式创建圆）	给出圆周上的三点	单击操作栏上的"三点画圆"按钮，或单击主菜单【绘图】→【圆弧】→【三点画圆】命令，根据系统提示在绘图区域随意选择三个点（不在一条直线上），即可按照三点创建圆。按钮/用于动态编辑点。绘制圆后，单击该按钮可动态编辑圆弧上三个点的位置。单击按钮启用三点创建圆方式；单击按钮启用两点创建圆方式	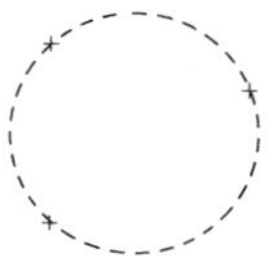
	创建与其他图素对象相切的圆	单击操作栏（相切）按钮，选择两点画圆方式，在绘图区选择两个对象，给出（半径）或（直径），可生成与两图素相切的圆的预览，选择保留的圆，按 Esc 键完成	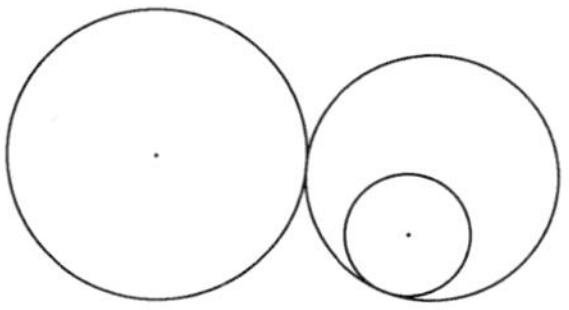
		单击操作栏的（相切）按钮，根据系统提示依次选择三个对象，可生成与所选图素相切的圆	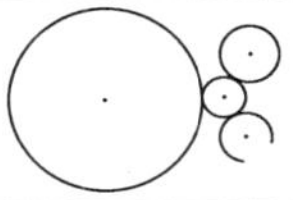

4. 绘制多边形

　　"画多边形"命令用于快速创建一个线框多边形，利用该命令的有关选项也可以在创建多边形的同时生成曲面。

　　单击操作栏上的"画多边形"按钮，或单击主菜单【绘图】→【画多边形】命令，弹出"多边形选项"对话框，如图 1-55 所示。"多边形选项"对话框中各选项参数含义见表 1-8。

表 1-8　　　　　　　　　"多边形"对话框中各选项的说明

选项	说明
（中心点）	设置正多边形中心点的位置
（边数）	要求输入多边形的边数
（半径）	设置正多边形内切圆或外接圆的半径
内接圆（Corner）	以给定的外接圆半径创建正多边形
外切圆（Flat）	以给定的内切圆半径创建正多边形
（圆角）	设置多边形倒圆半径的数值
（旋转角度）	要求输入多边形旋转角度
曲面	设置创建多边形时是否创建多边形区域中的曲面
中心点	设置创建多边形时是否在它的中心位置创建一个点

　　首先在对话框中输入多边形边数为"5"，按 Enter 键确认，输入内接圆半径"60"，按 Enter 键确认，选择"内接"创建方式。系统提示选择多边形的中心点，在坐标输入栏输入多边形中心点 X 坐标"0"，按 Enter 键确认，输入 Y 坐标"0"，按 Enter 键确认，输入 Z 坐标

"0"，按 Enter 键确认，创建一个五边形。

5. 绘制椭圆

"创建椭圆"命令用于快速创建一个椭圆线框，利用该命令的有关选项在创建椭圆的同时生成曲面。如果要创建一个不完整的椭圆，只要起始角度大于 0°和终止角度小于 360°。

单击操作栏上的"椭圆"按钮 ⬭，或选择【绘图】→【画椭圆】命令，弹出"椭圆"对话框，如图 1-56 所示。"椭圆"对话框中各选项参数的含义见表 1-9。

图 1-55　"多边形选项"对话框

图 1-56　"椭圆"对话框

在对话框中输入椭圆 X 方向的半径 30，椭圆 Y 方向的半径 60，系统提示选择椭圆中心点，在坐标输入栏中输入椭圆中心点 X 坐标 0，按 Enter 键确认，输入 Y 坐标 0，按 Enter 键确认，输入 Z 坐标 0，按 Enter 键确认，单击按钮 ⊕，创建长轴为 60，短轴为 30 的椭圆。

表 1-9　　　　　　　　　　　　　"椭圆"对话框中各选项的说明

选项	说明
◑ (中心点)	设置椭圆中心点的位置
⊞ (X 轴半径)	指定椭圆 X 方向的半径
⊞ (Y 轴半径)	指定椭圆 Y 方向的半径
◿ (起始角度)	要求输入椭圆弧的起始角度
◺ (终止角度)	要求输入椭圆弧的终止角度
↻ (旋转角度)	用于指定椭圆的旋转角度
曲面	创建椭圆时是否同时创建椭圆区域中的曲面
中心点	创建椭圆时是否在它的中心位置创建一个点
▼/▲	对话框展开或叠起

六、曲线编辑

1. 删除几何图形

"删除"命令用于将绘图区域内的几何图形删除。单击操作栏 🖉 按钮或者单击主菜单【编辑】→【删除】命令(绘制曲面后),弹出如图 1-57 所示子菜单。

(1)"删除图素":将选择的几何图形删除。

(2)"删除重复图素":将重合的几何图形删除。

(3)"删除重复图素:高级选项":选择此命令后,可选择删除重合的几何图形。

(4)"恢复删除":能够逐一恢复被删除的几何图形,在没有执行任何删除操作前,此命令暂时屏蔽,不可用。

(5)"恢复删除指定数量的图素":选择此命令,系统弹出如图 1-58 所示的对话框,可以在输入栏内输入要恢复的被删除的几何图形数目。

(6)"恢复删除限定的图素":选择此命令,系统弹出属性设置对话框,可以在其中设置要恢复被删除的几何图形的属性,以便只恢复被删除的符合设置属性的几何图形。

图 1-57　删除几何图形子菜单　　　　　图 1-58　恢复被删除几何图形数目输入栏

2. 修剪/打断/延伸几何图形

"修剪/打断/延伸"命令可以对 1~3 个物体进行修剪/打断;修剪到指定的点或位置;修剪、打断或延伸到指定的长度;分割物体/分割打断等功能操作,系统默认首先启动修剪功能。单击"修剪/打断"操作栏上的"修剪/打断/延伸"按钮⊞,或单击主菜单【编辑】→【修剪/打断】→【修剪/打断/延伸】命令,弹出如图 1-59 所示操作栏或图 1-60 所示子菜单。

图 1-59　"修剪/打断/延伸"操作栏

图 1-60　修剪命令子菜单

(1)修剪/打断/延伸

①修剪一个物体⊞

该命令可以将一个几何图形对象从交点处修剪掉或修剪到边界线上。启动"修剪/打断/延伸"命令,在操作栏单击按钮,系统提示"选取图素去修剪或延伸",选择如图 1-61(a)所示的垂直线段(所选择的部位是指修剪后要保留的部分),系统提示"选择修剪或延伸到的图素",选择图中水平线段,单击操作栏☑按钮,结果如图 1-61(b)所示。

②修剪两个物体⊞

该命令可以将两个几何图形对象从交点处修剪掉,启动"修剪/打断/延伸"命令,在操作栏单击⊞按钮,依系统提示选择要修剪的第一个几何图形对象,选择如图 1-62(a)所示的垂直线段,接着选择水平线段靠近左端点某处,结果如图 1-62(b)所示。在操作过程中,一般选择线段的位置是要保留的部分,系统提示同前。

图 1-61　修剪位置在水平线段的上方 1　　　图 1-62　修剪位置在水平线段的上方 2

③修剪三个物体⊞

该命令可以将三个几何图形对象从交点处修剪掉。启动"修剪/打断/延伸"命令,在操作栏单击⊞按钮,依系统提示选择如图 1-63(a)所示的左侧线段,接着选择右侧的线段,最后选择要修剪到的边界(圆弧),如果选择圆弧的上方位置,则结果如图 1-63(b)所示。

④分割物体⊞

该命令可以将一个几何图形对象在两个几何图形对象交点之间的部分修剪掉。启动"修剪/打断/延伸"命令,在操作栏单击⊞按钮,系统提示选择要修剪的几何图形对象,选择如图 1-64(a)所示线段的位置,结果如图 1-64(b)所示。

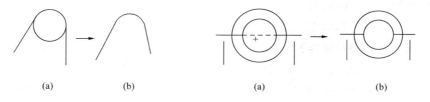

图 1-63　修剪位置在圆弧的上方　　　　图 1-64　分割几何图形对象位置

⑤修剪至点

"修剪至点"命令可以将一个几何图形对象修剪到指定的点。启动"修剪/打断/延伸"命令,在操作栏单击按钮,系统提示选择要修剪的几何图形对象,选择如图 1-65(a)所示圆弧的位置,继续选择要修剪到的点(右侧的线段端点),结果如图 1-65(b)所示。

⑥延伸几何图形对象

该命令可以将一个几何图形对象延伸或者缩短一定长度。启动"修剪/打断/延伸"命令,在操作栏单击按钮,并输入延伸长度"10",按 Enter 键确认,根据系统提示选择如图 1-66(a)所示的线段(延伸方向和选择位置有关),结果如图 1-66(b)所示。

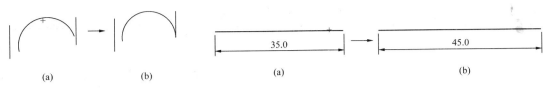

(a)　　　　　　(b)　　　　　　　　　　　　(a)　　　　　　　　　　(b)

图 1-65　修剪到右侧的线段端点　　　　　　　图 1-66　延伸长度为"10"

⑦打断几何图形对象

启动"修剪/打断/延伸"命令,在操作栏单击按钮,激活打断功能。"打断"命令将几何图形对象在交点处打断,但仍然保留交点两侧的几何图形对象。其操作方式与修剪功能类似。

（2）多物体修剪

"多物修剪"命令允许修剪多条线段、圆弧或样条曲线到某一选择的几何图形对象,而不会改变修剪的线。单击主菜单【编辑】→【修剪/打断】→【多物修剪】命令,根据系统提示选择要修剪的几何图形对象,逐一选择如图 1-67(a)所示的圆、两条直线、样条曲线,按 Enter 键确认选择结束,继续选择圆弧作为要修剪到的边界,系统提示选择要保留侧,选择下方图形,结果如图 1-67(b)所示。

(a)　　　　　　　　　　　　(b)

图 1-67　选择下方为保留侧

（3）两点打断

"两点打断"命令可将一个物体在所选定点处打断。单击主菜单【编辑】→【修剪/打断】→【两点打断】命令,系统提示选择要打断的几何图形,然后选择打断的点,则系统将物体在该点处打断。

（4）在交点处打断

单击主菜单【编辑】→【修剪/打断】→【在交点处打断】命令,系统提示选择要打断的几何图形,全选绘图区域范围内所有的对象,按 Enter 键确认选择结束,则系统将所有对象在交点处打断。

（5）将几何图形打成多段

"打成若干段"命令可以根据指定的数目或者长度将几何图形对象打断。单击主菜单【编辑】→【修剪/打断】→【打成若干段】命令,根据系统提示,选择要打断的几何图形对象,弹出如图 1-68 所示操作栏,相关按钮功能见表 1-10。

图 1-68　将几何图形打成多段操作栏

表 1-10　　　　　　　　　　　"打成若干段"命令操作栏选项说明

选项	说明
▦（数量）	打断数目
▦（距离）	打断长度
◩（公差）	打断曲线时的弦高公差（针对样条曲线）
删除 ▾	设置原图形保留方式（删除/保留/隐藏）
◠（曲线）/◫（直线）	切换打断结果为线段或圆弧

（6）将尺寸标注打成若干线段

该命令可以将图形标注、图案填充由一个整体分解为各自独立的线段。单击主菜单【编辑】→【修剪/打断】→【将尺寸标注打成若干线段】命令，系统提示选择要进行操作的几何图形对象，选择完毕后，按 Enter 键确认。

（7）将圆打成多段

"全圆打断"命令允许将圆打断成若干段，可以是一定数目或者指定的相等长度的段。单击主菜单【编辑】→【修剪/打断】→【全圆打断】命令，系统提示选择要打断的圆，按 Enter键确认，在弹出的操作栏中输入打断数目，按 Enter 键确认即可。

（8）圆弧修剪成圆

"恢复全圆"命令用来选择和转换所有的圆弧（必须小于 360°）为完整的圆。单击主菜单【编辑】→【修剪/打断】→【恢复全圆】命令，系统提示选择要修剪的圆弧，按 Enter 键确认即可。

3. 连接几何图形

"连接图素"命令可以将多个独立的、具有相容特性或者使用"打断"命令打断的几何图形对象连接成为一个几何图形。单击主菜单【编辑】→【连接图素】命令，系统提示选择要连接的几何图形，选择如图 1-69（a）所示的圆弧，按 Enter 键确认，结果如图 1-69（b）所示。

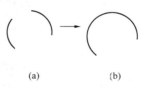

(a)　　　　　　(b)

图 1-69　连接圆弧

4. 修改曲线控制点

修改曲线控制点命令用于改变 NURBS 曲线外形。单击主菜单【编辑】→【更改曲线】命令，系统提示选择要修改控制点的 NURBS 几何图形，选择曲线，系统给出曲线的各个控制点，选择控制点动态移动到适当位置单击鼠标左键即可更改曲线，按 Esc 键结束命令。

5. 转换 NURBS 曲线

"转成 NURBS"命令可以将线段、圆弧以及参数样条曲线转换成 NURBS 曲线。单击主菜单【编辑】→【转成 NURBS】命令，根据系统提示选择要转换的线段、圆弧或参数式曲线，按 Enter 键结束命令。

6. 曲线变弧

"曲线变弧"命令可以把外形类似于圆弧的曲线转变为圆弧。单击主菜单【编辑】→【曲线变弧】命令，根据系统提示，选择要转换为圆弧的曲线，输入转换误差为"10"，按 Enter 键确认，并设置原曲线保留方式，单击"确定"按钮☑，完成操作。

7. 转换几何图形

（1）移动对象

平移功能用于将选择的几何图形对象移动或复制到新的位置。选择要移动的对象，单击"转换"操作栏上"平移"按钮▫,或单击主菜单【转换】→【平移】命令,可以弹出"平移选项"对话框,如图 1-70 所示。各选项的功能介绍见表 1-11。

表 1-11　　　　　　　　　　　　　　　　　"平移"选项

选项		说明
图素生成方式	移动(M)	在执行转换指令后删除原来位置的对象
	复制(C)	在执行转换指令后保留原来位置的对象
	连接(J)	在执行转换指令将新、旧对象的端点用直线连接
次数		输入几何图形对象移动后复制的数量
平移方式	直角坐标	以直角坐标方式移动几何图形对象,输入 X、Y、Z 方向上的平移距离
	从一点到另一点	以两点方式移动几何图形对象,选择任意两点(或线段),以前一点(线段的端点)为起点,后一点(线段另一端点)为终点平移
	极坐标	以极坐标方式移动几何图形对象,输入平移的角度和距离
"方向" ⟵⟶		将平移方向反向或者改为双向
"增加/移除图形" ▨		增加/移除几何图形对象
"预览"	重建	预览平移结果
	适度化	全屏显示平移的几何图形对象
	属性	设置镜像几何图形对象的属性。选中"使用新的图素属性"复选框,可使指定镜像后的结果使用新的图层、线型和颜色,否则使用原有图素的属性

(2)3D 空间移动对象

"3D 平移"命令用于在不同构图面间(从一个平面到另一个平面)移动或复制所选择的几何图形对象,而不改变它们的定位、大小和外形。

单击"转换"操作栏上的"3D 平移"按钮▨或单击主菜单【转换】→【3D 平移】命令,并结束选择几何图形后,系统弹出"3D 平移选项"对话框,如图 1-71 所示。对话框各项功能简单介绍见表 1-12。

图 1-70　"平移选项"对话框

图 1-71　"3D 平移选项"对话框

表 1-12   **3D 平移选项**

选项		说明
图素生成方式	移动(M)	在执行转换指令后删除原来位置的对象
	复制(C)	在执行转换指令后保留原来位置的对象
原始视角		选择几何图形对象原构图面
目标视角		选择几何图形对象移动后的目的构图面
点:以两点方式移动几何图形对象	"选择起始位置" ✱1	选择起始点。通过"3 点"或者"1 直线＋1 点"方式定义原始视图
	"选择起始/结束位置" ↔	如果没有定义视图,单击此按钮通过"3 点"或者"1 直线＋1 点"方式定义原始视图和目标视图
	选择结束位置 ✱2	选择终止点。通过"3 点"或者"1 直线＋1 点"方式定义目标视图
"增加/移除图形"		增加/移除几何图形对象
"预览"	重建	预览平移结果
	适度化	全屏显示平移的几何图形对象
属性		使用新的图素属性: 该选项用于设置镜像结果的属性,有效时转换后对象使用当前颜色、线型、线宽和图层,无效时转换后对象保持转换前对象的构图属性

七、刀具的设置与选择

在生成刀具路径前,首先要选择加工使用的刀具。

1. 刀具管理器

单击主菜单【刀具路径】→【刀具管理】命令,系统弹出如图 1-72 所示的"刀具管理"对话框。

图 1-72 "刀具管理"对话框

（1）刀具列表框

刀具列表框主要由上方的选定刀具和下方的刀具库列表组成，刀具列表框中显示了刀具的主要参数，具体含义见表1-13。

表 1-13　　　　　　　　　　　　　　　　　刀具参数列表

序号	选项	含义	序号	选项	含义
1	编号	设置刀具编号	5	长度	设置刀具的刀刃长度
2	名称	设置刀具的名称	6	刀刃数	设置刀具的刀刃数量
3	直径	设置刀具的直径	7	类型	设置刀具的类型，如平底铣刀、球头铣刀等
4	刀角半径	设置刀具的刀角半径	8	刀具半径类型	设置刀角的基本类型，系统提供了"无""角落（半刀角）""全部（全刀角）"三种形式

（2）过滤器

当刀具列表中的刀具数量较多时，可以单击"刀具过滤设置" 刀具过滤(F)... 按钮，弹出如图1-73所示的"刀具过滤列表设置"对话框。

系统可从刀具类型、刀具直径、刀角半径、刀具材质等方面来设置过滤条件，以便刀具管理器只显示满足过滤条件的刀具。

2. 定义刀具

MasterCAM X6 提供了自定义新刀具和从刀具库中选取刀具两种刀具定义方式。

（1）自定义新刀具

在刀具栏空白区单击鼠标右键，系统弹出如图1-74所示的快捷菜单；选择"创建新刀具"命令，弹出如图1-75所示"定义刀具"对话框。

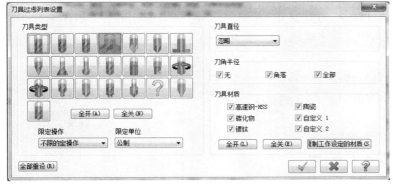

图 1-73　"刀具过滤设置"对话框

图 1-74　创建新刀具快捷菜单

系统提供了平底刀、球刀等二十余种刀具类型。选取刀具类型后，自动跳转到如图1-76所示设置刀具参数对话框，各参数的含义如下：

①刀具号码：系统按照自动创建的顺序给出刀具编号，也可以自行设置编号，是刀具在数控机床刀具库中的编号，生成 NC 程序时将按照刀号自动生成 T×× M6 自动换刀指令。

②刀座号码：如果是转塔式刀库，则在此填写刀具编号。系统自动按创建的顺序给出刀座号码，也可以自己设置编号。

③适用于：用来设置该刀具可用来加工的类型，设置为"粗"时，只能用于粗加工；设置为"精"时，只用于精加工；设置为"两者"时，在精加工和粗加工中都可以使用。

④夹头:需要设置两个参数,即夹头直径和夹头长度,分别定义夹头直径值和长度值。

⑤刀长:刀具从刀刃到夹头底端的长度。

⑥肩部(切刃长度):刀具有效切刃的长度。

⑦刀刃:刀刃的长度。

⑧直径:刀具切口的直径。

⑨刀柄直径:刀柄的直径。

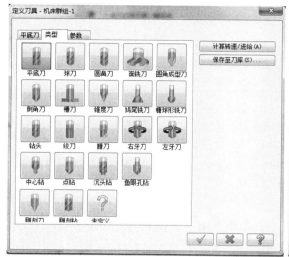

图 1-75　定义刀具-类型对话框

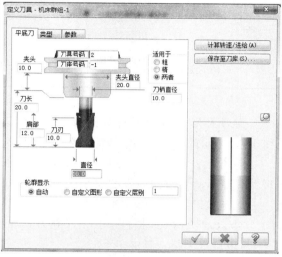

图 1-76　设置刀具参数对话框

⑩轮廓显示:在选项卡右下角图形预览窗口中显示所设置刀具的外形。选择"自动"单选按钮,刀具外形为默认的外形;选择"自定义图形"单选按钮,可以调用外部 MCX 文件中绘制的刀具外形;选择"自定义层别"单选按钮,可以调用当前文件中在指定图层上绘制的刀具外形。

设置刀具参数后,单击 保存至刀库(S)... 按钮可以将自定义的刀具保存到刀具库中,单击 ✓ 按钮确定。

选择所需刀具类型,单击"参数"选项卡,可以设置刀具的进给速度等参数,如图 1-77 所示。常用参数的含义如下:

①XY 粗铣/精修步进(%):粗、精加工时,在垂直于刀轴的方向上(XY 平面)每次的进给量。以刀具直径的百分率表示,如设置为"20",刀具直径为"10",则进刀量为"2"。

②Z 向粗铣/精修步进:粗、精加工时,Z 轴方向切削深度,以刀具直径的百分率表示。

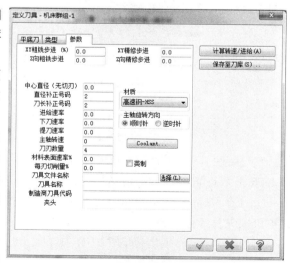

图 1-77　参数选项卡

③中心直径(无切刃):设置刀具所需的中心孔直径,通常用于攻螺纹、镗孔的刀具需要

设置该参数。

④直径补正号码：设置半径补偿的刀具号。当轮廓铣削时设置机床控制器刀补为左（右）补偿，在 NC 程序中产生 G41 D×× (G42 D××)和 G40 指令。

⑤刀长补正号码：设置刀具轴向长度补偿的刀具号，在 NC 程序中产生 G43 H××
(G44 H××)和 G49 指令。

⑥进给速率：指定刀具 XY 平面内的进给速度，在 NC 程序中产生 F 指令。

⑦下刀速率：用于控制刀具趋近工件的速度（Z 轴进刀切入时的进给速度）。在 NC 程序中产生 Z__ F×× 指令。

⑧提刀速率：用于控制切削加工完后刀具快速退回的速度。

⑨主轴转速：用于设置加工时主轴的转速，在 NC 程序中产生 S 指令。

⑩刀刃数量：刀具切削槽数量，系统使用该参数来计算进给率。

⑪材质：设置刀具的材料。可以选择"高速钢-HSS""碳化物""镀钛""陶瓷"和"未知材质"等。

⑫主轴旋转方向：设定主轴回转方向，有顺时针和逆时针两种。

⑬冷却液：有关闭冷却、射流冷却（M07）、喷雾冷却（M08）和直接冷却四种设定。用以在程序中相应加工起始位置添加 M07（或 M08）、M09 的自动开/关冷却液的指令。

注意：这里的关闭选项是指不生成 M07（或 M08）、M09 指令，并非指仅生成 M09 指令。M09 指令将由系统自动生成。

（2）从刀具库中选择刀具

①选取刀具

从刀具库中选择刀具是设置刀具的最基本形式，操作相对简单。在"刀具管理"对话框中选中刀具，双击即可。

②修改刀具库刀具

在已有的刀具上单击鼠标右键，选择"编辑刀具"命令，或者在选定的刀具上双击，系统弹出"定义刀具"对话框。可以对刀具类型、刀具几何属性和加工参数进行编辑修改。单击 ☑ 按钮确定。

八、外形铣削

外形铣削也称为轮廓铣削，用于铣削工件的二维或三维外轮廓或内轮廓表面。轮廓可以是开放的，也可以是封闭的。二维轮廓产生的刀具路径的切削深度固定不变，而三维轮廓线产生的刀具路径的切削深度随轮廓线的高度位置而变化。

外形铣削主要用于一些简单的二维图形决定的侧面为垂直边或者倾斜度一致的工件的粗、精加工以及倒角或清角。MasterCAM X6 可以一次编写多个外形轮廓的加工程序，当完成一个外形后，刀具会快速提刀至所设定的安全高度，并移至下一个外形的开始位置，继续进行铣削加工。外形铣削常用的刀具有立铣刀、成形刀、角度刀、圆角刀、球刀等。

单击主菜单【刀具路径】→【外形铣削】命令，系统弹出"输入新的 NC 名称"对话框，输入适当的名称后，单击 ☑ 按钮，系统弹出"串联选项"对话框中，在绘图区选择串联轮廓，单击 ☑ 按钮，弹出"2D 刀具路径-外形铣削"对话框，如图 1-78 所示。

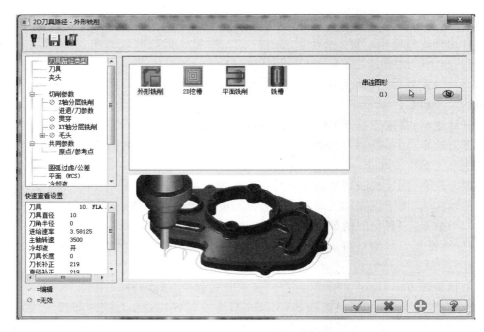

图 1-78　"外形铣削"对话框-刀具路径类型

1. 共同参数设置

单击"2D 刀具路径-外形铣削"对话框左侧列表中"共同参数"选项,弹出如图 1-79 所示对话框。各参数意义如下:

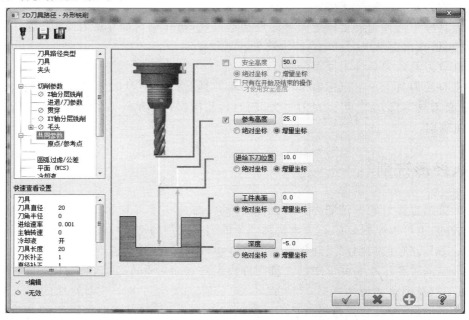

图 1-79　"外形铣削"对话框——共同参数

(1)安全高度

安全高度是指刀具加工前和加工完成后设定的一个离开工件表面的 Z 轴安全高度,一般设置离工件表面最高位置 20～50 mm,系统默认采用绝对坐标。

（2）参考高度

参考高度是指刀具每完成一次铣削或避让岛屿时刀具回退的高度，一般设置离工件最高位置 5～20 mm。如果只设置参考高度，一般设为 30～50 mm。

（3）进给下刀位置

进给下刀位置是指刀具从安全高度或参考高度以 G00 方式快速移动到的位置，刀具会在此位置以设定的进给率和 G01 方式下刀，一般设定为离工件最高位置 2～5 mm。系统默认采用增量坐标。工件表面随着加工的深入不断变化，因而增量坐标是不断变化的。

（4）工件表面

工件表面是指要加工工件的位置高度。

（5）深度

深度是指工件要加工到的位置。一般设置为实际加工深度值。

（6）加工程序坐标设定

单击对话框左侧列表中"共同参数"前的"＋"号，单击"原点/参考点"选项，弹出如图 1-80 所示对话框，可以设置机床原点、参考点。

图 1-80　"机床原点/参考点"对话框

图 1-81　"刀具/构图平面"设定对话框

（7）刀具/绘图平面

单击对话框左侧列表"平面（WCS）"选项，系统弹出如图 1-81 所示对话框，可以设定刀具平面和绘图平面。

(8)旋转轴

单击对话框左侧列表"旋转轴控制"选项,可以设定旋转轴的旋转形式、旋转轴和轴的替换等。旋转轴控制功能主要用来设定第四轴。

2. 切削参数设置

单击"2D 刀具路径-外形铣削"对话框左侧列表中"切削参数"选项,在弹出的对话框中可以设定以下参数:

(1)补正方式:有"电脑"补正、"控制器"补正、"磨损"、"反向磨损"和"关"五个选项。

①"电脑"补正是指生成 NC 程序时是将整个轮廓按刀补方向均匀地向外或向内偏移一个刀具半径值后算出的刀心轨迹坐标,由此而产生的程序。

②"控制器"补正是指生成 NC 程序时还是按原始轮廓轨迹坐标生成程序,但在程序中相应的位置添加 G41、G42、G40 的刀补指令。

③"磨损"时,系统同时采用计算机和控制器补偿,其补正方向相同(G41/G42)。由计算机补偿计算的刀具半径为理想半径尺寸(未磨损),而由控制器补偿的半径则为刀具磨损量值(负值)。后处理程序中加 G41 或 G42 指令。

④"反向磨损"时系统同时采用计算机和控制器反向补正方式,如计算机采用左补正(G41),系统输出的 G 代码程序为右补正(G42),反之亦然。

⑤"关"即不补正,刀具中心与工件轮廓重合。

(2)补正方向:可以设置为左刀补,也可设置为右刀补,与切削方式的选择相关。

(3)校刀位置:有"刀尖"和"中心"两个选项。"校刀位置"选项专门用于刀具长度补偿的设置。为了便于刀具路径的检验,通常选用"刀尖"补正方式。中心用于补正到刀具中心位置;刀尖用于补正到刀尖位置。通常为了避免发生过切现象,使用刀尖补正,它仅影响球刀和牛鼻刀等成形刀的编程。

(4)外形铣削方式

当选择二维曲线串联时,可以选择"2D""2D 倒角""斜插""残料加工"和"摆线式"五种类型;当选择三维曲线串联时,可以选择的类型有"2D""3D"和"3D 倒角"三种类型。

①2D:当进行二维外形铣削加工时,整个刀具路径的铣削深度是不变的。

②2D 倒角:选择"2D 倒角"后,还需在"倒角加工"对话框中设置倒角宽度和尖部补偿量。主要用于成形刀加工,如倒角等。

③斜插:只有选择二维曲线串联时,才能进行斜插式下刀加工。

④残料加工:只有选择二维曲线串联时,才能进行残料加工,用于清除先前操作由于使用大直径刀具,在铣削轮廓的内拐角处留下的残料。

⑤摆线式:3D 曲线加工方式。

(5)刀具在转角处走圆角

刀具在转角处走圆角选项有"无""尖角"和"全部"三种方式。

①"无":所有的角落尖角直接过渡,产生的刀具轨迹的形状为尖角,如图 1-82(a)所示。

②"尖角":对尖角部位(默认为<135°)走圆角,对于大于该角度的转角部位采用尖角过渡,如图 1-82(b)所示。

③"全部":对所有的转角部位均采用圆角方式过渡,如图 1-82(c)所示。

| (a) 无 | (b) 尖角 | (c) 全部 |

图 1-82　转角设置

（6）使控制器补正最佳化

选择"控制器"补正时，为了避免在内拐角处存在小或等于刀具半径的圆弧而引起机床过切报警，可以选中此复选框。

（7）寻找相交性

寻找相交性用以在进行"电脑"补正计算时防止过切刀路的产生。如外形轮廓中的窄槽部位、交叠部位等。选中此复选框，当串联的几何图形出现相交时，只在封闭路径上产生刀具轨迹。和刀具转角设定一样，该功能只有在"电脑"补正设定时才有效。

（8）壁边预留量

壁边预留量用以设定本次操作完成后在工件的 X、Y 轴方向上留给下一道工序的加工余量。当前刀路是作为粗加工时需要设定，精加工时无须设定。

（9）底面预留量

底面预留量用于输入零件在 Z 轴方向上留出一定的加工余量。

（10）最大加工深度

最大加工深度只用于 3D 外形铣削。当对 3D 外形进行刀补计算时，两线接点处的补偿轨迹可能有所偏差而交接不上，在此可设定其交接的允许偏差。

3. Z 轴分层铣削

Z 轴分层铣削是指外形铣削时刀具在 Z 轴方向（轴向）分层粗铣与精铣，用于材料较厚无法一次加工到最后深度的情形。单击"2D 刀具路径-外形铣削"对话框左侧列表中"Z 轴分层铣削"选项，可进行相关参数的设置，如图 1-83 所示。

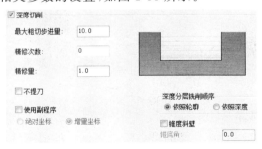

图 1-83　"深度分层铣削设置"对话框

（1）深度分层铣削顺序

①"依照轮廓"：是指刀具先在一个外形边界铣削设定的铣削深度后，再进行下一个外形边界的铣削；这种方式的抬刀次数和转换次数较少。一般加工优先选用依照轮廓。

②"依照深度"：是指刀具先在一个深度上铣削所有的外形边界，再进行下一个深度的铣削。

（2）"最大粗切步进量"：最大的 Z 轴方向粗切进给量。

（3）"精修次数"：精加工 Z 轴进给次数。

（4）"精修量"：精加工 Z 轴余量。

在实际加工中，总切削量等于最后切削深度减 Z 轴方向预留量，而实际粗切量往往要小于最大粗切量的设定值，系统会重新调整实际粗切量，即

$$粗切次数 = \frac{（总切削量-精修量\times次数）-Z轴方向预留量}{最大粗切量}$$

求值并取整，即得实际粗切次数

$$实际粗切次数 = \frac{（总切削量-精修量\times次数）-Z轴方向预留量}{实际粗切量}$$

（5）"不提刀"复选框：选择此复选框，刀具会从目前切削深度位置直接移到下一个切削深度位置进行加工；若未选择此复选框，刀具就会快速提刀回到参考高度，然后再下刀到下一个切削深度进行。

（6）"锥度斜壁"：选中该项，要求输入锥度角，分层铣削时将按此角度从工件表面至最后切削深度形成锥度。

4. 平面多次铣削

平面多次铣削又称为外形分层铣削，是在 X、Y 方向分层粗铣和精铣，主要用于外形材料切除量较大，刀具无法一次加工到定义的外形尺寸的情形。在机械加工中，考虑到机床及刀具系统的刚性，或者为达到理想的表面加工质量，对切削量较大的毛坯余量一般分几刀进行加工。单击"2D 刀具路径-外形铣削"对话框左侧列表中"XY 轴分层铣削"选项，可进行相关参数的设置，如图 1-84 所示。

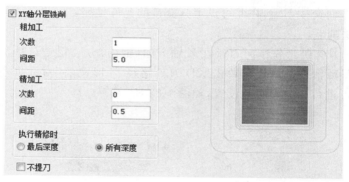

图 1-84 "XY 轴多次切削设置"对话框

（1）"执行精修时"选项组

①"最后深度"：表示系统只在铣削的最后深度才执行外形精铣路径。

②"所有深度"：表示系统在每一层粗铣后都执行外形精铣路径。

（2）"粗加工"选项组

①"次数"：确定刀具的粗加工次数

②"间距"：粗加工步进值，即粗加工次数间的间距，粗加工余量=粗加工次数×粗加工间距。

（3）"精加工"选项组

①"次数"：确定刀具的精加工次数。

②"间距"：精加工步进值，即精加工次数间的间距，精加工余量=精加工次数×精加工间距。

5. 进/退刀参数

为了使刀具平稳地进入和退出工件，一般要求在 2D 和 3D 外形铣削路径的起点或终点位置产生一段与工件加工外形相接的进刀路径或退刀路径，以防止过切或产生毛边。设置"进/退刀参数"可在刀具切入、切出工件表面时加上进退引线和圆弧，使之与轮廓平滑连接。单击"2D 刀具路径-外形铣削"对话框左侧列表中"进/退刀参数"选项，可进行相关参数的设置，如图 1-85 所示。

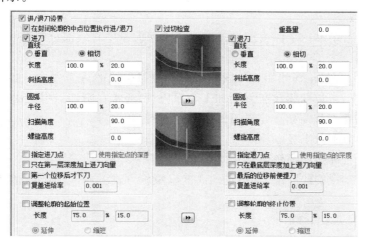

图 1-85 "进/退刀参数"对话框

（1）"在封闭轮廓的中点位置执行进／退刀"

在封闭轮廓的外形铣削中，系统自动找到轮廓中心进行进退刀，如果不激活该选项，系统默认进退刀的起始点位置在串联的起始点，如图 1-86 所示。

（2）"过切检查"

激活该选项可以对进退刀路径进行过切检查。

（3）"重叠量"

在退刀前刀具仍沿着刀具路径的终点向前切削一段距离，此距离即退刀的重叠量，如图 1-87 所示。退刀重叠量可以减少甚至消除进刀痕。

(a) 轮廓中心进刀　　　　　　　(b) 串联起始点进刀

图 1-86 封闭轮廓"进/退刀"控制　　　　图 1-87 重叠量

（4）进/退刀控制

①"直线"（进刀引线）

● "进刀"：增加一条线和一个圆弧在所有粗加工和精加工的起始处。

● "垂直"：引入与轮廓线垂直的一段直线作为进刀引线，这种方式会在进刀处留下进刀痕,常用于粗加工。

●"相切":引入与轮廓线相切的一段直线作为进刀引线,这种进刀方式常用于圆弧轮廓的加工的进刀。

●"长度":进刀向量中直线部分的长度。设定了进刀引线长度,可以避免刀具与工件成形侧壁发生挤擦,但也不能设得过大,否则进刀行程过大影响加工效率。引线长度的定义方式有两种,可以按刀具直径的百分比或者直接输入长度值,两者是互动的,以后输入的一个为最后设定的参数。

●"斜插高度":增加一个深度至进刀线。指进刀向量中直线部分起点和终点的高度差。

②"圆弧"

"圆弧"是指引入与轮廓线相切一段圆弧作为进刀引线的进刀方式,这种方式可以不断地切削至轮廓边缘,可以获得比较好的加工表面质量,通常在精加工中使用。如果设定了进刀方式为"相切",那么就需要设定进刀圆弧半径、扫掠角度等。

●"半径":进刀圆弧半径。

●"扫描角度":圆弧扫描角度。

●"螺旋高度":螺旋线高度,从指定的高度以螺旋方式下刀,增加一个深度至进刀弧。

③其他参数

其他参数说明见表 1-14。

表 1-14　　　　　　　　　　　　进/退刀向量其他参数说明

参数名称	参数说明
由指定点下刀(提刀)	进退刀的起始点可由操作者在图中指定
使用指定点的深度	自动使用指定点的深度作为下刀(提刀)深度
只在第一层深度加上进刀向量	分层铣削时为缩短进刀时间可选此项
只在最后深度加上退刀刀向量	分层铣削时为缩短退刀时间可选此项
调整轮廓的起始位置	通过此项设置,可增加一段直线进刀段或退刀段

"退刀"控制选项的设置与"进刀"选项类似。

6. 贯穿

某些板状零件的外形铣削,为了避免因刀具尖角部位的磨损,影响零件的加工质量,一般应使刀具的底部超出工件底面一定的距离。

7. 圆弧过滤/公差

该功能可以在给定的公差范围之内清除不必要的刀具移动,实现刀具路径的优化,减少程序段的数目。单击"2D 刀具路径-外形铣削"对话框左侧列表中"圆弧过滤/公差"选项,可以设置 NCI 文件的过滤参数,如图 1-88 所示,参数意义见表 1-15。

8. 外形铣削加工中应注意的问题

(1)组成轮廓线的曲线必须按次序进行选择,后一曲线与前一曲线必须相交。

(2)选取轮廓时请注意串联方向,以保证铣削侧边正确。若发觉有误,则可使用编修串联的方法进行改变方向。在选择轮廓串联时就应考虑生成的刀具径的铣削方向为顺铣还是逆铣。

(3)高度一定要比起始高度深,否则无法进行运算;起始高度加上进给下刀位置不能大于安全高度。

（4）粗加工时宜以直线垂直进刀，并且将进刀线长度设置足够大，以保证下刀点在被加工件毛坯以外。

（5）脱模角是以轮廓所在位置进行计算的，当轮廓所处的位置与所需位置不同时，应重新生成一条在参考高度的轮廓线。

（6）选取轮廓时，起始点最好不要设置在转角附近的位置。

（7）加工余量较大时，可以输入多次加工和切削步距进行多刀加工。

（8）可以使用圆弧进退刀方式，以获得较为理想的表面加工质量。

图 1-88　圆弧过滤/公差参数设置

表 1-15　　　　　　　　　　　　　　　　圆弧过滤/公差参数

参数名称	参数说明
过滤的比率	设置"整体的误差"中"过滤的误差"和"切削公差"的比率，一般过滤的比率取为 2:1。如果选择"关"，则切削公差作为整体的误差
过滤的误差	文本框用于输入进行操作过滤时的误差值。当刀具路径中一点到另一点的间距小于或等于设定的误差值时，系统将自动去除到该点的刀具移动，从而达到精简优化刀具路径的目的
切削公差	指刀具路径和曲面之间的距离，采用弦高法来决定这个精度
整体的误差	是"过滤的误差"和"切削方向的误差"的总和。用来设置刀具路径的精度误差，即实际刀具路径偏离加工曲线的程度。公差值越小，实际刀具路径越接近理论上需加工的样条曲线，加工精度越高，但加工时间越长
创建 XY(XZ、YZ)平面的圆弧	当选中该复选框时，生成的程序中将用圆弧代替折线段来生成刀具路径；当未选中该复选框时，用折线段来生成刀具路径。但当圆弧的半径超出"最小圆弧半径"与"最大圆弧半径"文本框设置值的范围时，仍用折线段来生成刀具路径
最小圆弧半径	用于设置在过滤中圆弧路径的最小半径，圆弧半径小于该值，用直线代替
最大圆弧半径	用于设置在过滤过程中由弧路径的最大半径，圆弧半径大于该值·用直线代替

九、加工模拟及 NC 程序优化

CAM 编程后，为了解实际加工效果，利用软件的实体加工模拟功能进行加工模拟。为提高加工效率，可以对刀具路径、切削参数进行优化。单击 按钮，弹出如图 1-89 所示"省时高效率加工"对话框。选择进给率最优化方式，单击 按钮，完成 NC 程序优化。

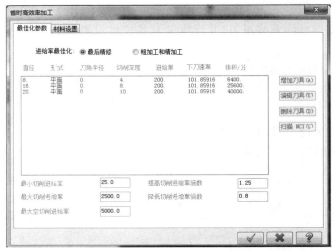

图 1-89　"省时高效率加工"对话框

十、生成加工报表

数控程序生成后，还可以生成数控加工工艺文件，为生产加工人员提供各种与加工有关的数据，这就是加工报表。在操作管理器的空白处单击鼠标右键，在弹出的快捷菜单中选择"加工报表"命令，即可生成加工报表。

知 识 拓 展

通常情况下采用系统的默认设置，就能够较好地完成各项工作。但有时也需要改变系统某些项目的设置，从而更好地满足设计的需求。单击主菜单【设置】→【系统配置】命令，弹出"系统配置"对话框，通过选择左侧列表中的选项可以对系统环境的各种参数进行设置。

1. 公差设置

选择左侧列表中的"公差"选项，如图 1-90 所示，可以设置曲面和曲线的公差值，从而控制曲线和曲面的光滑程度。"公差"选项卡中各参数的含义如下：

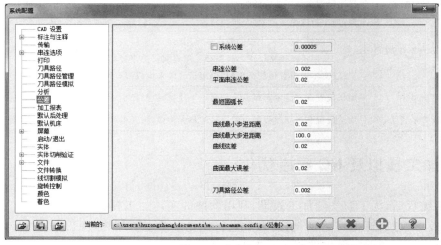

图 1-90　公差设置

（1）"系统公差"：用于设置系统的公差值。系统公差是指系统可区分的两个点的最小距离，这也是系统能创建的直线的最短长度。公差值越小，误差越小，系统运行速度越慢。

（2）"串联公差"：用于设置串联几何图形的公差值。串联公差是指系统将两个图素作为串联的两个图素端点的最大距离。

（3）"平面串联公差"：用于设置平面串联几何图形的公差值。平面串联公差是指当图素与平面之间的距离小于平面串联公差时，可认为图素在平面上。

（4）"最短圆弧长"：用于设置所能创建的最小圆弧长度，设置该参数可避免创建过小的圆弧。

（5）"曲线最小步进距离"：用于设置在沿曲线创建刀具路径或将曲线打断为圆弧等操作时的最小步长。

（6）"曲线最大步进距离"：用于设置在沿曲线创建刀具路径或将曲线打断为圆弧等操作时的最大步长。

（7）"曲线弦差"：用于设置曲线的弦差。曲线的弦差是指用线段代替曲线时线段与曲线间允许的最大距离。

（8）"曲面最大误差"：用于设置曲面的最大误差。曲面的最大误差是指曲面与生成该曲面的曲线之间的最大距离。

（9）"刀具路径公差"：用于设置刀具路径的公差值，公差值越小，刀具路径越准确，计算时间越长。

2. 文件设置

选择"系统配置"对话框左侧列表中的"文件"选项，如图 1-91 所示，可以设置不同类型文件的存储目录及使用的不同文件的默认名称等。

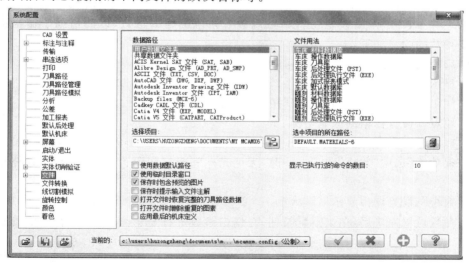

图 1-91　文件设置

（1）"数据路径"：用于设置不同类型文件的存储目录。首先在"数据路径"列表框中选择文件类型，这时在"选择项目"文本框中显示该类型文件存储的默认目录。如果要更改该文件存储的目录，可直接在该文本框中输入新的目录或通过单击其后的 按钮来选择新的目录，系统将此目录作为该类型文件存储的目录。

（2）"文件用法"：用于设置不同类型文件的默认名称。首先在"文件用法"列表框中选择文件类型，这时在"选中项目的所在路径"文本框中显示该类型文件的默认文件名称。如果要更改该文件名称，可直接在该文本框中输入新的名称，或通过单击其后的 ■ 按钮来选择新文件，系统将此文件作为该类型文件存储的默认文件。

（3）"显示已执行过的命令的数目"：用于设置在"操作命令记录"栏显示已执行过的命令数量。

在"系统配置"对话框的左侧单击"文件"选项左侧的 ⊞ 箭头，展开后单击"自动保存/备份"选项，显示自动保存选项参数。选中窗口上方的"自动保存"复选框，可启动系统自动存盘功能，建议设置自动存盘参数，主要包括：

①"使用活动的文件名保存"：使用当前文件名自动保存。

②"覆盖当前的文件名"：覆盖已存在的文件名。

③"保存前先做提示"：在自动保存文件前进行提示。

④"完成每个操作后保存"：在结束每个操作后进行自动保存。

⑤"保存的间隔（分钟）"：设置系统自动保存文件的时间间隔，单位为分钟。

⑥"文件名称"：用于输入系统自动保存文件时的文件名称。

3. 文件转换

选择"系统配置"对话框左侧列表中的"文件转换"选项，可以设置 MasterCAM X6 系统与其他软件系统进行文件转换时的参数，如输出 Parasolid 的版本号、输入 DWG 或 DXF 时是否打断其尺寸标注等，建议按照系统的默认设置即可。

4. 屏幕设置

选择"系统配置"对话框左侧列表中的"屏幕"选项，可以设置系统屏幕显示相关参数，建议按照系统的默认设置即可。在"系统配置"对话框的左侧列表中单击"屏幕"选项左侧的 ⊞ 箭头，展开后单击"网格设置"选项，可以设置系统栅格的参数，以便借助于栅格进行绘图。主要参数的含义如下：

（1）"启用网格"：选中该复选框，可启动栅格捕捉功能。

（2）"显示网格"：选中该复选框，系统显示栅格。

（3）"间距"：设置栅格 X、Y 方向间距。

（4）"原点"：设置栅格的原始坐标。

（5）"抓取时"：设置捕捉选项，选中"靠近"单选按钮时，当光标和栅格间距小于捕捉距离时启动捕捉功能；选中"始终"单选按钮时，无论光标和栅格间距为多少，总是启动栅格捕捉功能。

（6）"大小"：设置栅格显示区域大小。

栅格参数设置完毕后，单击 ✚ 按钮，对栅格参数进行显示测试，对不合适的参数进行再调整。

5. 颜色设置

选择"系统配置"对话框左侧列表中的"颜色"选项，可以对整个系统的颜色进行管理，如可以设置各种部件的颜色（如车床素材颜色、操作栏背景颜色）、选择时对象显示的颜色（如绘图颜色、高亮显示的颜色）等。系统提供了 16 色和 256 色的颜色样板，用户可以在这些颜色样板中选择一种颜色作为当前系统颜色，还可以自定义颜色。例如选择"绘图区背景颜色"，在右侧的颜色选择区域选择白色，单击 ✚ 按钮，则背景颜色被设置为白色。

6. 串联设置

选择"系统配置"对话框左侧列表中的"串联"选项,可以设置系统串联选择方面的参数,如串联方向、串联模式等,建议按照系统默认设置。

7. 着色设置

选择"系统配置"对话框左侧列表中的"着色"选项,可以设置系统曲面和实体着色方面的参数,建议按照系统默认设置。该选项中的主要参数含义如下:

(1)"启用着色":选中该复选框,系统将启用着色功能。

(2)"所有图素":选中该复选框,将对所有曲面和实体进行着色,否则需要选择进行着色的曲面或者实体。

(3)"颜色":用于设置曲面和实体的颜色,包括以下选项:

①"原始图素的颜色":曲面和实体着色的颜色与其本身原来颜色相同。

②"单一颜色":所有曲面和实体以单一的所选颜色进行着色显示。

③"材质":所有曲面和实体以单一的所选材质颜色进行着色显示。

(4)"参数":用于参数设置,包括以下选项:

①"弦差":用于设置曲面的弦高,此数值越小,曲面着色时越光滑,耗时也越长。

②"动态旋转时显示着色":动态旋转图形时,曲面仍然为着色模式。

③"半透明":曲面和实体为透明的着色模式。

(5)"实体着色参数":用于设置实体着色参数,包括以下选项:

①"隐藏线显示的亮度%":用于输入实体隐藏线的显示亮度值。

②"放射式显示弧线角度":用于输入实体径向显示线之间的夹角,角度越小,实体径向显示线越多。

(6)"环境灯光":用于环境光参数设置,可调整滑块来改变环境光的强度。

(7)"光源":用于灯光设置。系统提供了九盏灯供配置,任意选择一盏灯后,就可以对"光源形式""光源强度"和"光源颜色"等参数进行调配。

8. 实体设置

选择"系统配置"对话框左侧列表中的"实体"选项,可以设置创建实体时系统默认的各图素显示方式,例如,当由曲面转换为实体时,默认为删除曲面还是保留曲面等,建议按照系统默认设置。

9. 打印设置

选择"系统配置"对话框左侧列表中的"打印"选项,可以设置系统打印参数,如线宽、打印选项等。

10. CAD 设置

选择"系统配置"对话框左侧列表中的"CAD 设置"选项,可以设置 CAD 绘图时图素的显示方式,如线型、曲面显示密度等。其中各主要选项的含义如下:

(1)"自动产生圆弧的中心线":可设置中心线的各种属性,如中心线的形式、线长、颜色和所属图层等。

(2)"默认属性":图素的默认线型、线宽和点类型。

(3)"图素属性管理":图素属性管理器,选中"激活"复选框后,激活该功能,单击"设置"按钮,弹出"图素属性管理"对话框。在该对话框中,可以指定各种图素所在的图层、颜色、类型和宽度等属性,这样在绘制时就不需要再另行设置和调整了。

11. 标注与注释

选择"系统配置"对话框左侧列表中的"标注与注释"选项,如图 1-92 所示,可以设置标注的尺寸属性、标注文本、尺寸标注、注解文本、引导线/延伸线等各部分参数,例如,可以设置标注尺寸的小数点位数、标注比例等。

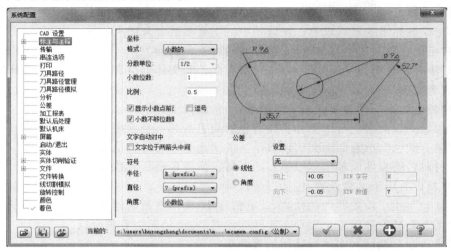

图 1-92　标注与注释参数

12. 启动/退出

选择"系统配置"对话框左侧列表中的"启动/退出"选项,可以定义启动系统、退出系统、更新几何体时默认的各项参数,例如,启动时系统默认要加载的操作栏、功能快捷键等。大部分参数按照系统默认设置就可以了,一般需要设置的参数为"系统设置",用于设置系统启动时自动调入的单位,有公制 DEFAULT(Metric)和英制 DEFAULT(English)两种单位,一般选择公制 DEFAULT(Metric)单位,这样系统在每次启动时都将进入公制单位设计环境。

13. 刀具路径设置

选择"系统配置"对话框左侧列表中的"刀具路径"选项,可以设置创建或模拟刀具路径时的相关参数,例如,可以设置模拟刀具路径时,刀具的运动形式为持续或步进等。

14. 刀路模拟设置

选择"系统配置"对话框左侧列表中的"刀具路径模拟"选项,可以设置在模拟刀具路径时刀具的各部分显示方式,如快速步进量、夹头颜色等。

15. 刀具路径管理

选择"系统配置"对话框左侧列表中的"刀具路径管理"选项,可以定义默认的机床群组名称、刀具路径群组名称、NC 文件名称以及附加值等。

16. 检验设置

选择"系统配置"对话框左侧列表中的"实体切削验证"选项,设置验证加工操作正确性时所使用的参数,例如加工模拟的速度、停止选项等。

任 务 检 查

椭圆模板零件造型设计与数控加工项目考核指标见表1-16。

表 1-16　　椭圆模板零件造型设计与数控加工项目考核指标

任务名称	序号	任务内容	任务标准	分值	得分
椭圆模板零件造型设计与数控加工	1	二维造型设计	(1)快速、准确地阅读零件图; (2)高效完成零件CAM模型设计	15	
	2	工艺过程	(1)分析零件的工艺性,拟订零件加工方案(包括毛坯定位与夹紧、编制工序卡); (2)合理选择刀具,编制刀具卡	15	
	3	刀具路径	选择合理的加工刀具路径,编制加工程序,生成G代码,编制数控加工程序说明书	40	
	4	仿真结果	利用仿真软件,选择合理的设备,完成零件仿真加工并进行精度检测	10	
	5	文件资料	按照任务单准时、齐全、正确地提交相关文件	15	
	6	工作效率及职业操守	工作效率及时间观念、责任意识、工作主动性强	5	

 情 境 设 计 ························▶

情境描述	如图 2-1 所示泵体盖板零件,单件加工,要求完成建模、编制数控加工程序并仿真

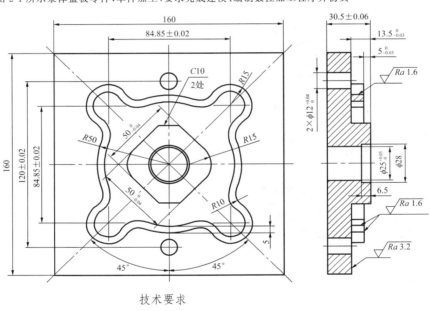

技术要求

1.锐角倒钝。

2.工件材料为 HT150,毛坯为162 mm × 162 mm 方料,厚度为32 mm。

$\sqrt{Ra\,6.3}\ (\sqrt{})$

图 2-1　盖板零件图

学习任务	1.查阅机械加工工艺手册、加工中心编程及操作手册等,分析零件信息;确定毛坯大小,拟订加工工艺及加工工序。 2.编制机械加工工艺卡、数控加工工序卡、数控加工刀具卡等。 3.运用 CAD/CAM 完成实体造型,编制刀具路径,生成加工程序。 4.运用仿真软件进行加工模拟

学习目标	知识目标： 　　1.熟悉 MasterCAM 挖槽加工刀具路径的特点及应用。 　　2.熟练掌握 MasterCAM 二维图形的编辑及变换。 　　3.熟悉 MasterCAM 三维实体挤出命令的使用。 能力目标： 　　1.会制定加工工艺，编制加工工艺卡，生成加工程序单。 　　2.会运用 MasterCAM 进行零件造型，能够根据工艺要求编制刀具路径。 　　3.会检验刀具路径，会输出加工程序。 素质目标： 　　1.培养团队合作精神。 　　2.培养学生语言表达能力。 　　3.培养学生独立思考、自主学习的能力
教学资源	1.盖板零件图、刀具卡、数控加工工序卡、机械加工工艺手册、机床操作编程手册等。 2.MasterCAM 等 CAD/CAM 软件、投影设备、网络化教学环境。 3.通用计算机、课件、黑板、多媒体等。 4.程序运行的视频文件以及零件加工视频文件
教学方法	具体方法：讲授法、小组协调学习法、引导文法、案例分析法。 组织形式：创设学习情境，明确学习任务，教师协调下学生自愿分组并分工；提出资讯建议，提供获取资讯的方法与途径信息，知识讲解，任务实施指导与检查
学习方法	1.资讯：分析零件信息、加工要求，工艺与程序编制方法、加工成本的确定方法等。 2.计划：三维造型方法的确定，数控加工工艺规程的制定，加工工序的确定，加工程序的编制，仿真软件检验、制订总体工作计划等。 3.决策：制定工艺过程，确定加工设备、装夹方法、刀具、毛坯及其大小等。 4.实施：运用 MasterCAM 完成零件的三维造型，完成零件的数控编程；输出加工程序并校验。 5.检查：三维造型的准确性检查，数控加工刀具路径的合理性检查，数控加工仿真检查 6.评估：小组成果展示，反思工作过程并交流，总结成功与失败的经验和教训

序号	名称	数量	格式	内容及要求	
学习成果	1	盖板零件三维造型文件	1	.MCX	熟练、正确地完成盖板零件造型设计
	2	盖板零件的数控加工工序卡	1	.doc	合理安排数控加工工序
	3	盖板零件加工刀具卡	1	.doc	合理选用数控加工刀具
	4	盖板零件刀具路径文件	1	.MCX	合理编制盖板零件的刀具路径
	5	加工程序说明书	1	.doc	修改、编辑数控加工程序，使之适合选定的数控系统
	6	盖板零件仿真加工结果文件	1	.pj 或 .vpj	运用数控加工仿真软件仿真校验加工程序
	7	任务学习小结	1	.doc	检查学习成果，书面总结学习过程中的得失、体会

注：资讯、计划、决策、实施、检查、评估根据实际情况取舍，但应体现教学过程。

工作任务

一、盖板零件的加工工艺分析

1. 结构分析

该零件轮廓主要由直线、圆弧、孔、槽等构成,图纸中尺寸标注准确、清晰。

2. 技术要求

加工的难点主要在盖板轮廓外形以及腔槽部分,尺寸精度、表面粗糙度要求较高,须采用数控加工;材料为 HT150,可加工性好,刀具选择高速钢刀具。

3. 设备选择

该零件结构规则,单件生产,可采用普通机床进行产品的半成品加工。由于零件加工部位较多,所需刀具较多,故为了减少换刀次数,选择数控加工中心进行精加工。零件的加工工艺流程参考机械加工工艺卡。

4. 装夹方案

本工件比较规则,采用机用平口虎钳一次装夹即可。装夹时需要找正钳口,合理选择垫铁,保证工件至少高出钳口 14 mm,并保证垫铁不干涉孔的加工。

5. 机械加工工艺卡(表 2-1)

6. 数控加工工序卡(表 2-2)

7. 数控加工刀具卡(表 2-3)

表 2-1　　　　　　　　　　　　机械加工工艺卡

××学院	机械加工工艺卡		产品型号		零件图号		2-1		
			产品名称		零件名称	盖板	共 1 页	第 1 页
材料	HT300	毛坯种类	型材	毛坯尺寸/mm	120×105×26	每毛坯可制件数	1	每台件数		备注
工序号	工序名称	工序内容		车间	设备	工艺装备		工时/min	
								准终	单件
10	下料	下料		钳工车间	G7025				
20	铣	粗铣表面,保证高度 31±0.2 mm		机加车间	X5032A	平口钳、高速钢铣刀			
30	铣	精铣四方,保证外形尺寸 160 mm×160 mm,精铣上表面台阶,高度方向留 1 mm 余量		机加车间	X5032A	平口钳、高速钢铣刀			
40	钻	钻 ϕ25 mm 圆孔,留 1 mm 余量		机加车间	Z3025	平口钳、麻花钻头			
50	铣	粗、精铣轮廓和腔槽		数控车间	VMC850	平口钳、高速钢铣刀			
60	钳	去除全部毛刺		钳工车间		虎钳、锉刀等			
70	检	按零件图要求全面检验		钳工车间		游标卡尺、深度尺等			
				设计(日期)	校对(日期)	审核(日期)	标准化(日期)		会签(日期)
标记	处数	更改文件号	签字	日期	标记	处数	更改文件号	签字	日期

表 2-2 数控加工工序卡

××学院		数控加工工序卡		产品型号		零件图号		2-1	
				产品名称		零件名称		盖板	
材料牌号	HT150	毛坯种类	型材	毛坯尺寸/mm		备注			
工序号	工序名称	设备名称	设备型号	程序编号	夹具代号	夹具名称	冷却液	车间	
50	精铣	加工中心	NMC 850			平口钳	乳化液	数控车间	
工步号	工步内容	刀具号	刀具	量、检具	主轴转速/(r·min⁻¹)	进给速度/(mm·min⁻¹)	背吃刀量/mm	备注	

工步号	工步内容	刀具号	刀具	量、检具	主轴转速/$(r \cdot min^{-1})$	进给速度/$(mm \cdot min^{-1})$	背吃刀量/mm	备注
1	精铣零件上表面	T01	$\phi80$ mm 面铣刀	游标卡尺	600	60	0.5	
2	粗铣凸台	T02	$\phi20$ mm 立铣刀	游标卡尺	800	80	3	
3	粗铣外轮廓	T02	$\phi20$ mm 立铣刀	游标卡尺	800	80	3	
4	精铣外轮廓	T03	$\phi16$ mm 立铣刀	游标卡尺	1 000	150	2	
5	粗铣型腔	T04	$\phi12$ mm 立铣刀	游标卡尺	800	60	2	
6	精铣型腔	T05	$\phi10$ mm 立铣刀	游标卡尺	1 200	150	2	
7	扩 $\phi25$ mm 孔至图上尺寸	T05	$\phi10$ mm 立铣刀	游标卡尺	1 200	150	2	
8	扩 $\phi28$ mm 孔至图上尺寸	T05	$\phi10$ mm 立铣刀	游标卡尺	1 200	150	2	
编制		审核				共 页 第 页		

表 2-3 数控加工刀具卡

××学院		数控加工刀具卡		产品型号		零件图号		2-1	
				产品名称		零件名称		盖板	
材料	HT150	毛坯种类	型材	毛坯尺寸/mm		备注			
工序号	工序名称	设备名称	设备型号	程序编号	夹具代号	夹具名称	冷却液	车间	
50	精铣	加工中心	VM850			三爪卡盘	乳化液	数控车间	

工步号	刀具号	刀具名称	刀具规格/mm	刀具参数		刀柄型号	刀补地址		换刀方式
				直径/mm	长度/mm		半径/mm	长度/mm	
1	T01	D80R0 面铣刀	$\phi80$	80	60	BT40、ER32	D1	H1	自动
2	T02	D20R0 立铣刀	$\phi20$	20	75	BT40、ER32	D2	H2	自动
3	T03	D16R0 立铣刀	$\phi16$	16	60	BT40、ER32	D3	H3	自动
4	T04	D12R0 立铣刀	$\phi12$	12	40	BT40、ER32	D4	H4	自动
5	T05	D10R0 立铣刀	$\phi10$	10	40	BT40、ER32	D5	H5	自动
编制		审核		批准			共 页	第 页	

二、盖板零件的 CAD 建模

该零件主要特征有方块、槽、凸台、孔等,实体建模过程为底座方块→槽→凸台→孔。

1. 启动 MasterCAM

略。

2. 设置图层

单击状态栏"图层"按钮,弹出如图 2-2 所示的"层别管理"对话框,在 1 号图层后的层别"名称"文本框中输入"lunkuoxian";在层别"号码"文本框中输入"2",在层别"名称"文本框中输入"solid",创建 2 号图层。同样新建 3 号图层,名称为"tool_path"。

3. 设置中心线属性

(1)按 F9 键,打开系统的坐标原点。

(2)单击状态栏线型处,选择"中心线",线宽默认"细线"。

(3)单击状态栏"2D/3D"处,设为"2D"。

(4)单击状态栏"系统颜色"处,选择"红色 12",单击☑确定,完成中心线属性设置。

图 2-2 "层别管理"对话框

4. 绘制中心线

(1)单击"直线"命令按钮✎,在操作栏上选择"垂直线"按钮▯,在绘图区画垂直线,输入坐标值"0",按 Enter 键确认,单击"应用"按钮➕,完成垂直中心线的绘制。

(2)不退出直线绘制命令,单击操作栏"水平线"按钮↔,在绘图区绘制水平线,输入坐标值"0",按 Enter 键确认,单击"应用"按钮➕,完成水平中心线的绘制。单击☑按钮,退出直线命令。

(3)用同样方法绘制其他中心线,结果如图 2-3 所示。

5. 绘制外形轮廓线

(1)设置线型为"连续线",线宽默认为"粗线",设置轮廓线的层别为"2",选择"系统颜色"为"绿色 10",单击☑按钮完成设置。

(2)单击"矩形"命令按钮▢,单击操作栏按钮▣,设置基准点为中心,在操作栏输入矩形的宽度和长度,选择原点,绘制 160 mm×160 mm 的矩形,单击☑按钮退出命令,如图 2-4 所示。

（3）绘制花型轮廓

①在状态栏输入工作深度为"17"，利用"已知圆心点画圆"命令按钮 ⊕ 绘制如图 2-5 所示圆弧。

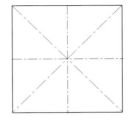

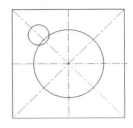

图 2-3　绘制的中心线　　　　　　图 2-4　绘制矩形　　　　　　图 2-5　绘制圆弧

②单击"倒圆角"命令按钮 ，在操作栏设置圆角半径为"10"，单击 按钮，选择"不修剪"模式，创建圆角特征。

③单击"修剪/打断/延伸"命令按钮 ，在操作栏单击 按钮，选择"单个物体"修剪方式，依次单击如图 2-6(a) 所示的"A、B、C、D"处，单击 按钮，结果如图 2-6(b) 所示。仍然选择"单个物体"修剪方式，依次单击如图 2-6(b) 所示的"A、B、C、B"处，单击 按钮，删除多余曲线，结果如图 2-6(c) 所示。

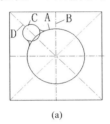

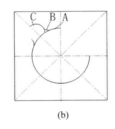

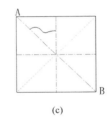

(a)　　　　　　　　　　(b)　　　　　　　　　　(c)

图 2-6　修剪轮廓

④单击"镜像"命令按钮 ，选择图 2-6(c) 所示的曲线，单击 按钮确认选取，弹出"镜像选项"对话框，选择"复制"选项，单击 按钮，在绘图区选择中心线，单击 按钮，结果如图 2-7 所示。

⑤单击"旋转"命令按钮 ，选择图 2-7 所示的曲线，按 Enter 键确认选取，弹出"旋转选项"对话框，选择"复制""单次旋转角度"选项，输入旋转次数"3"，旋转角度"90"，单击 按钮，结果如图 2-8 所示。

⑥单击"串联补正"命令按钮 ，弹出"串联选项"对话框，选择"2D"选项，单击 按钮，在绘图区选取如图 2-9 所示的外形轮廓，单击 按钮，系统弹出"串联补正选项"对话框，在偏置距离按钮 后输入"5"，单击 按钮，结果如图 2-10 所示。

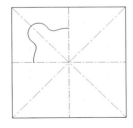

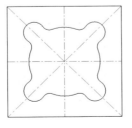

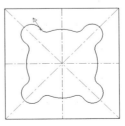

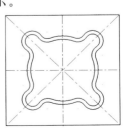

图 2-7　镜像结果　　　图 2-8　外轮廓图形　　　图 2-9　选取外形轮廓　　　图 2-10　外形轮廓

6. 绘制凸台轮廓线

（1）单击"矩形形状设置"命令按钮，弹出"矩形选项"对话框，在绘图区选取原点作为基准点，在 ▦ 后输入宽度"50"，在 ▦ 后输入长度"50"，在 ▨ 后输入旋转角度"45"，在 ↻"形状"选项下选择 ▦，"固定位置"选项中选择"中心"，单击 ☑ 按钮，结果如图 2-11 所示。

（2）单击"倒圆角"命令按钮 ，在操作栏设置圆角半径为"15"，单击 ▧ 按钮，选择"修剪"模式，创建圆角特征。

（3）单击"倒角"命令按钮 ，在操作栏设置倒角距离为"10"，倒角角度为"45"，单击 按钮选择"修剪"模式，创建如图 2-12 所示的倒角特征。

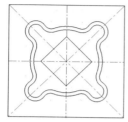

图 2-11 绘制矩形

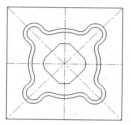

图 2-12 绘制凸台轮廓

7. 创建底座实体

（1）单击"层别"，在弹出的"层别管理"对话框中选择第 3 层使之黄色高亮显示，设置 3 号图层为当前图层。单击 1 号图层"突显"处，关闭图层 1（中心线层）。

（2）单击主菜单【实体】→【挤出】命令，在"串联选项"对话框中单击 ⚬⚬⚬ 按钮，在绘图区选择如图 2-13 所示的串联，单击 ☑ 按钮，系统弹出"挤出串联"对话框，在"挤出操作"选项下选择"创建主体"，设置延伸距离为"17"，根据选择的串联调整挤出方向，使之向上挤出，单击 ☑ 按钮，完成底座的创建，结果如图 2-14 所示。

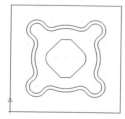

图 2-13 选择串联

图 2-14 创建底座

8. 创建花形腔槽

单击主菜单【实体】→【挤出】命令，在"串联选项"对话框中单击 ⚬⚬⚬ 按钮，在绘图区选择如图 2-15 所示的串联，单击 ☑ 按钮，在"挤出串联"对话框中选择"增加凸缘"选项，延伸距离设定为"5"，调整方向，单击按钮，完成花形腔槽的创建，结果如图 2-16 所示。

图 2-15 选择串联

图 2-16 生成花形腔槽

9. 创建中间凸台

单击主菜单【实体】→【挤出】命令,在"串联选项"对话框中单击⊙⊙⊙按钮,在绘图区选择如图 2-17 所示的串联,单击☑按钮,在"挤出串联"对话框中选择"增加凸缘"选项,延伸距离设定为"13.5",调整方向,单击☑按钮,完成凸台的创建,结果如图 2-18 所示。

图 2-17　选择串联　　　　　　　　　　图 2-18　创建的凸台

10. 创建阶梯孔

(1)转换视角到前视图,选择前视图平面为构图平面,绘制如图 2-19 所示的中心线和串联图形。

(2)单击主菜单【实体】—【旋转】命令,在"串联选项"对话框中单击⊙⊙⊙按钮,在绘图区选择如图 2-20 所示的串联,单击☑按钮,在绘图区选择中心线为旋转轴,单击"方向"对话框中的☑按钮,弹出"旋转实体的设置"对话框,选择"切割实体"选项,设置起始角度为"0"、终止角度为"360",单击☑按钮,完成梯形孔的创建,结果如图 2-21 所示。

(3)绘制直径为 12 mm 的两孔

用类似的方法可以创建两个 φ12 mm 的通孔,结果如图 2-22 所示。

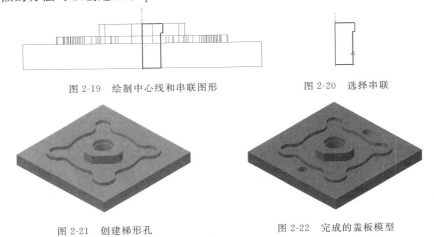

图 2-19　绘制中心线和串联图形　　　　　　图 2-20　选择串联

图 2-21　创建梯形孔　　　　　　　　　图 2-22　完成的盖板模型

三、盖板零件的 CAM 编程

1. 数控加工前半成品的设置

该零件数控加工前已经经过粗铣、精铣等工序,零件已经加工成一个阶梯台阶的形状,并留有一定的余量,为了模拟刀具路径,这里首先创建毛坯几何体。

(1)将图层设置为第 254 层,选择 2D 绘图。

(2)绘制 160 mm×160 mm 的矩形。

（3）将图层设置为第 255 层，并命名为毛坯层，单击挤出实体命令 ⬆，拉伸刚刚绘制的矩形线框，向上拉伸"18"。

（4）设置构图深度为"18"，绘制 116 mm×116 mm 的矩形，单击挤出实体命令 ⬆，选择"增加凸缘"选项，拉伸刚刚绘制的矩形线框，向上拉伸"13"，生成毛坯。

（5）用类似的方法创建 ϕ24 mm 的底孔。

2. 选择机床类型

单击主菜单【机床类型】→【铣床】→【默认】命令，选择铣床（加工中心）作为加工设备。

3. 设定毛坯材料

为了方便毛坯的选择，关闭其他图层，只留毛坯层。在"刀具操作管理器"中的"刀具路径"选项卡下展开"属性"选项，单击"素材设置"，弹出"机器群组属性"对话框。在"素材设置"选项卡中单击"实体"单选按钮，单击 ⬚ 按钮，在绘图区选择刚刚生成的毛坯，单击 ✓ 按钮，完成毛坯设置。

4. 精铣上表面

（1）如图 2-23 所示，绘制 170 mm×170 mm 的矩形。

（2）单击主菜单【刀具路径】→【平面铣】命令，系统将提示"输入新的 NC 名称"，输入名称"02_CAM"，单击 ✓ 按钮。

（3）在弹出的"串联选项"对话框中选择"串联"选项，选择如图 2-24 所示的外形轮廓，单击 ✓ 按钮，弹出"2D 刀具路径-平面铣削"对话框。

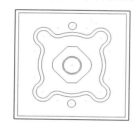
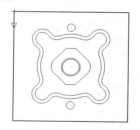

图 2-23　绘制矩形　　　　　图 2-24　选择串联轮廓

①单击左侧列表框中的"刀具"选项，定义 ϕ80 mm 面铣刀，刀长为"60"，进给率为"60"；主轴转速为"600"；下刀速率为"100"。

②单击左侧列表框中的"切削参数"选项，定义"截断方向超出量"为"20%"、"引导方向超出量"为"110%"、"进刀引线长度"与"退刀引线长度"均为"50%"，设置"最大步进量"为"75%"，"底面预留量"为"0"，其余参数选择默认。

③单击左侧列表框中的"Z 轴分层铣削"，勾选"深度切削"复选框，设置"最大粗切步进量"为"0.5"，"精修次数"为"1"，"精修量"为"0.3"，勾选"不提刀"。

④单击左侧列表框中的"共同参数"选项，确认"参考高度"为"25.0"，"进给下刀位置"为"2.0"，"工件表面"为"31.0"，"深度"为"30.5"。

⑤单击左侧列表框中"冷却液"选项，设置"Flood"选项为"on"。

⑥单击 ✓ 按钮，完成平面铣刀具路径的创建。

5. 粗铣凸台

（1）单击主菜单【刀具路径】→【2D 挖槽】命令，在弹出的"串联选项"对话框中，确认选择"串联"选项，选择如图 2-25 中粗实线所示的串联，单击  按钮，弹出"2D 刀具路径-2D 挖槽"对话框。

图 2-25　选择串联

（2）单击左侧列表框中"刀具"选项，定义 $\phi20$ mm 立铣刀，"刀长"为"75"，"进给率"为"80"；主轴转速为"800"；"下刀速率"为"100"。

（3）单击左侧列表框中"切削参数"选项，选择"顺铣"，"挖槽加工方式"为"标准"，"壁边预留量"为"0.2"，"底面预留量"为"0.1"，"粗加工方式"为"等距环切"，关闭"精加工"。

（4）单击左侧列表框中"Z 轴分层铣削"，勾选"深度切削"复选框，设置"最大粗切步进量"为"3.0"，"精修次数"为"0"，勾选"不提刀"，其余参数选择默认。

（5）单击左侧列表框中"共同参数"选项，确认"参考高度"为"25.0"，"进给下刀位置"为"2.0"，"工件表面"为"31.0"，"深度"为"25.5"。

（6）单击左侧列表框中"冷却液"选项，设置"Flood"选项为"on"。

（7）单击  按钮，完成挖槽刀具路径的创建。

6. 粗铣外轮廓

（1）单击主菜单【刀具路径】→【外形铣削】命令，在弹出的"串联选项"对话框中选择"串联"选项，选择如图 2-26 中粗实线所示的串联，单击 按钮，弹出"2D 刀具路径-外形铣削"对话框。

图 2-26　选择外形铣削串联

（2）单击左侧列表框中"刀具"选项，选择 $\phi20$ mm 立铣刀，"进给率"为"80"；"主轴转速"为"800"；"下刀速率"为"100"。

（3）单击左侧列表框中"切削参数"选项，选择"外形铣削方式"为"2D"，"壁边预留量"为"0.2"，"底面预留量"为"0.1"，其余参数选择默认。

（4）单击左侧列表框中"Z 轴分层铣削"，勾选"深度切削"复选框，设置"最大粗切步进量"为"3.0"，"精修次数"为"0"，勾选"不提刀"。

（5）单击左侧列表框中"XY 轴分层铣削"，勾选"XY 轴分层铣削"复选框，在"粗加工"选项下设置"次数"为"2"、"间距"为"15.0"、"设置精加工次数"为"0"，勾选"不提刀"。

（6）单击左侧列表框中"共同参数"选项，确认"参考高度"为"25.0"，"进给下刀位置"为"2.0"，"工件表面"为"31.0"，"深度"为"17.0"。

（7）单击左侧列表框中"冷却液"选项，设置"Flood"选项为"on"。

（8）单击 按钮，完成外形铣削刀具路径的创建。

7. 精铣外轮廓

（1）单击主菜单【刀具路径】→【2D 挖槽】命令，在弹出的"串联选项"对话框中选择"串联"选项，选择如图 2-26 中粗实线所示的串联，单击 按钮，弹出"2D 刀具路径-2D 挖槽"对话框。

（2）单击左侧列表框中"刀具"选项，定义 $\phi16$ mm 立铣刀，"刀长"为"60"，"进给率"为"150"；"主轴转速"为"1000"；"下刀速率"为"100"。

（3）单击左侧列表框中"切削参数"选项,选择"顺铣","挖槽加工方式"为"标准","壁边预留量"为"0","底面预留量"为"0"。

（4）单击左侧列表框中"精加工",设置"精加工次数"为"1","间距"为"2.5","精修次数"为"1",勾选"进给率",设置为"100",勾选"主轴转速",设置为"2000",勾选"精修外边界",勾选"不提刀"。

（5）单击左侧列表框中"Z轴分层铣削",勾选"深度切削"复选框,设置"最大粗切步进量"为"2","精修次数"为"1","精修量"为"0.2",勾选"不提刀",其余参数选择默认。

（6）单击左侧列表框中"共同参数"选项,确认"参考高度"为"25.0","进给下刀位置"为"2.0","工件表面"为"31.0","深度"为"17.0"。

（7）单击左侧列表框中"冷却液"选项,设置"Flood"选项为"on"。

（8）单击☑按钮,完成2D挖槽刀具路径的创建。

8. 粗铣型腔

（1）单击主菜单【刀具路径】→【2D挖槽】命令,在弹出的"串联选项"对话框中确认选择"串联"选项,选择如图2-27所示粗实线串联,单击☑按钮,弹出"2D刀具路径-2D挖槽"对话框。

（2）单击左侧列表框中"刀具"选项,选择 ϕ12 mm立铣刀,"刀长"为"75","进给率"为"60";"主轴转速"为"800";"下刀速率"为"100"。

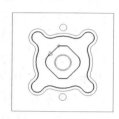

图2-27　选择腔槽精加工串联

（3）单击左侧列表框中"切削参数"选项,选择"顺铣",挖槽加工方式为"标准","壁边预留量"为"0.2","底面预留量"为"0.1","粗加工方式"为"平行环切",关闭精加工。

（4）单击左侧列表框中"Z轴分层铣削",勾选"深度切削"复选框,设置"最大粗切步进量"为"2.0","精修次数"为"0",勾选"不提刀",其余参数选择默认。

（5）单击左侧列表框中"共同参数"选项,确认"参考高度"为"25.0","进给下刀位置"为"2.0","工件表面"为"31.0","深度"为"25.5"。

（6）单击左侧列表框中"冷却液"选项,设置"Flood"选项为"on"。

（7）单击对话框☑按钮,完成2D挖槽刀具路径的创建。

9. 精铣腔槽

（1）单击主菜单【刀具路径】→【2D挖槽】命令,在弹出的"串联选项"对话框中确认选择"串联"选项,选择如图2-27所示粗实线串联,单击☑按钮,弹出"2D刀具路径-2D挖槽"对话框。

（2）单击左侧列表框中"刀具"选项,定义 ϕ10 mm立铣刀,"刀长"为"40","进给率"为"150";"主轴转速"为"1200";"下刀速率"为"100"。

（3）单击左侧列表框中"切削参数"选项,选择"顺铣","挖槽加工方式"为"标准","壁边预留量"为"0","底面预留量"为"0"。

（4）单击左侧列表框中"精加工",设置"精加工次数"为"1","间距"为"2.5","精修次数"为"1",勾选"进给率",设置为"100",勾选"主轴转速",设置为"1500",勾选"精修外边界",勾选"不提刀"。

（5）单击左侧列表框中"Z轴分层铣削",勾选"深度切削"复选框,设置"最大粗切步进量"为"0.5"，"精修次数"为"1"，"精修量"为"0.2"，勾选"不提刀"，其余参数选择默认。

（6）单击左侧列表框中"共同参数"选项，确认"参考高度"为"25.0"，"进给下刀位置"为"2.0"，"工件表面"为"31.0"，"深度"为"17.0"。

（7）单击左侧列表框中"冷却液"选项，设置"Flood"选项为"on"。

（8）单击对话框 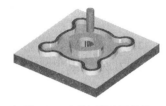按钮，完成刀具路径的创建。

10. 精铣 ϕ25 mm、ϕ28 mm 孔

参照前面步骤，选择 2D 挖槽刀具路径，完成孔加工刀具路径的编制。

11. 实体切削验证

实体切削验证可直观地模拟实体加工的过程。在操作管理窗口中单击 ，选择全部操作，然后单击 按钮，弹出实体切削验证对话框，选中"碰撞停止"选项，单击 按钮，出现模拟实体加工过程的画面，最终结果如图 2-28 所示，单击 按钮，返回操作界面。也可以在每生成一个刀具路径后或者选择单个刀具路径，进行单步操作的实体切削验证，以便根据切削验证结果对参数进行及时修改。

图 2-28　实体切削验证结果

12. 加工程序与加工报表的生成

（1）生成加工程序

单击选中刀具路径管理器中的某刀具路径，单击 **G1** 按钮，弹出如图 2-29 所示"后处理程序"对话框。单击 按钮确认，在弹出的"另存为"对话框中选择存储路径，输入文件名，例如"shang_bmx"，单击"保存"按钮，即可产生相应加工程序，并自动启动 MasterCAM X6 编辑器以便编辑修改 NC 代码。用同样方法产生其余操作的 NC 加工程序。以上后处理操作是为每一个刀具路径产生一个加工程序，也可以使所有刀具路径按照先后顺序生成一个加工程序。所不同的是需要单击 按钮，选择全部操作，其余同上。

图 2-29　"后处理程序"对话框

（2）生成加工报表

在刀具路径管理器的空白处单击鼠标右键，在弹出的快捷键菜单中选择"加工报表"，弹出"加工报表"对话框，输入相关信息，单击 按钮，生成加工报表，见附盘"学习情境二"文件夹下的"加工报表 2.pdf"。

四、盖板零件数控仿真加工

（1）启动斯沃数控仿真软件，选择 FANUC 0i M 加工中心，按下急停按钮，选择回参考点模式，依次单击 X 、 Y 、 Z 按钮，完成返回参考点操作。

（2）设置并装夹毛坯（160 mm×160 mm×30.5 mm），对中装夹。

（3）按照 CAM 软件编程时设置的刀具刀位号和刀具号，添加刀具到机床刀库。

（4）选择基准工具，完成对刀。

（5）导入程序，自动加工。

参见附盘"学习情境二"\"仿真"文件夹下的"2-1.pj"文件。

相关知识

一、图层管理

为了管理图形的方便,MasterCAM 允许用户将线框模型、曲面、实体、标注尺寸以及刀具路径等不同的图素放置在不同的图层中,以方便图素的选取和显示等操作,系统预设图层有 255 层。图层的设置方法如下:

1. 打开"层别管理"对话框

单击状态栏"图层"图标(或按快捷键 Alt+Z)。

2. 设置当前图层

在"层别管理"对话框的"主层别"选项组中单击"层别号码"文本框,输入数字"1",即可将此层设为当前构图层,当前构图层的颜色为黄色,其后所建图素都将放入该层。也可以用鼠标在"号码"列中单击该层的编号,把该层设为当前工作层。

3. 显示/隐藏图层

在图层列表区的"突显"选项下单击鼠标,显示或者取消"×",以便控制此层中图素的显示或隐藏。如果该层的"突显"列中带有"×",则表示该层可见;反之,则表示隐藏。单击 全开(O) 按钮,可以设置所有的图层都可见;单击 全关(E) 按钮,可以将除了当前工作图层之外的所有图层隐藏。

4. 新建图层

在"层别号码"输入栏中输入要新建的图层号码,可以在"名称"输入栏中输入该层的名称,完成新建图层。

5. 改变层别

如果要将某个图层中的元素移动到其他图层,可以首先选择需要移动的元素,接着在状态栏的"层别"上单击鼠标右键,弹出如图 2-30 所示的"更改层别"对话框,选中"移动"或"复制"单选按钮。在"层别编号"输入栏中输入需要移动到的图层号,单击 ✓ 按钮,完成图层移动。

图 2-30 "更改层别"对话框

二、物体选择

选择功能在设计过程中有着相当广泛的应用,MasterCAM 提供了丰富的元素选择方式,这些功能集中在"标准选择"操作栏中,如图 2-31 所示。它主要包括以下功能:

图 2-31 "标准选择"操作栏

1. 全选

选择全部元素或者选择具有某种相同属性的全部元素。在"标准选择"操作栏中单击 全部... 按钮,弹出如图 2-32(a)所示的"选择所有"对话框。单击"所有图素",绘图区中当前所显示的所有元素将被选中。对话框中的"图素""元素""层别""宽度""类型""点""其他项目"等复选框,各代表了某一类元素。将"图素"按钮前的复选框选中,对话框中部的灰色部分激活,在列表框中选择需要的类型,例如选择☑ 直线,则绘图区的"直线"类对象被全部选中。单击⎇按钮,可以在绘图区中选择某一类需要选择的元素,系统自动判别元素的类型,返回对话框中,该类元素名称就被选中。单击⊛按钮,则列表框中的所有元素类型都被选中。单击⊘按钮,则列表框中所选中的类别全部被取消。单击"其他项目",选中"直径/长度"按钮前面的复选框,可以设定选择某种条件下的圆弧以及直线,如图 2-32(b)所示。条件设定完成后,单击☑按钮,执行选择功能。

(a)

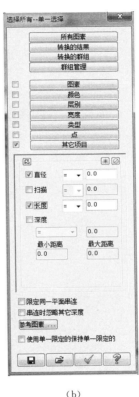
(b)

图 2-32　"选择所有"对话框

2. 选择单一类元素

在"标准选择"操作栏中单击单一...按钮,弹出"选取所有"对话框,该对话框与图 2-32 所示对话框类似,只是这里只能选择某一类具有相同属性的元素,例如具有相同的颜色、图层、线型、长度/直径等的元素,其操作方法与前面的"全选"相同。

3. 窗口状态

在"标准选择"操作栏的下拉列表框中提供了五种窗口选择的类型,依次是"范围内""范围外""内＋相交""外＋相交"和"相交"。"范围内"就是在所绘制的矩形范围中,完全包含在该视窗中的元素被选中,在视窗外以及与视窗相交的元素都没有被选中,如图 2-33 所示,所绘制的矩形范围内只有三角形被选中,而两个圆以及矩形都没有被选中。"范围外"则表示所有包含在矩形视窗之内以及与视窗相交的元素没有被选中,而视窗之外的元素被选中,例如在图 2-33 所示中,矩形以及直线将被选中。"内＋相交"表示所有与矩形范围相交及在范围之内的元素被选中,例如在图 2-33 中,三角形和两个圆都被选中。"外＋相交"表示所有在矩形范围之外的元素以及与范围相交的元素也都被选中,例如在图 2-33 中,除了三角形之外,其他元素都被选中。"相交"表示只有与范围相交的元素才被选中,例如在图 2-33 中,只有两个圆被选中。

4. 选择方式

前述窗口状态只是以矩形窗口来说明的,实际上可以选择多边形等不同的视窗类型。∞ 选择串连 方式表示可以通过选择相连图形中的一个元素将图形中的所有相连元素选中。□ 窗选 方式就是绘制一个矩形窗口来选择元素,这个选择方法可以结合上面所说的窗口状态来进行选择。⋈ 选择多边形 方式就是通过绘制一个任意多边形来选择元素,可以结合窗口状态来选择,如图 2-34 所示。＼ 选择单体 方式表示只是选择需要的元素,只需依次选择需要的元素即可。▣ 区域选择 方式主要是应用于封闭图形的选择,只需在封闭图形的内部单击一下鼠标,就可以将整个封闭图形选中,例如在图 2-35 中,如果要选择整个矩形,只需要在矩形的内部单击一下鼠标左键即可。➡ 向量 可以通过绘制一条连续的折线来选择图形,所有与折线相交的元素将被选中,如图 2-36 所示,图中矩形的两条边、小圆以及三角形的两条边线被选中,其他没有与折线相交的元素没有被选中。若要取消选择已经选中的元素,在操作栏中单击◎ 按钮即可。

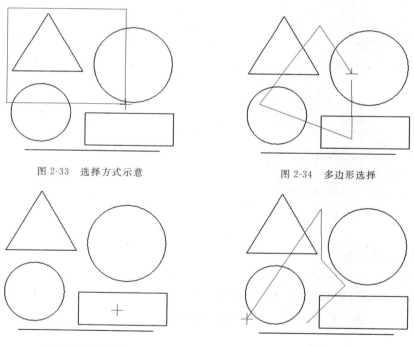

图 2-33　选择方式示意　　　　图 2-34　多边形选择

图 2-35　区域选择　　　　图 2-36　向量选择

三、隐藏/显示

通常需要隐藏一些暂时不用的图素,以方便设计。MasterCAM 提供了多种隐藏和恢复显示图形的方法,这些功能集中在【屏幕】菜单中。

1. 隐藏图素(B)

隐藏图素(B)可以将选定的元素隐藏起来。单击主菜单【屏幕】→【隐藏图素(B)】命令,接着在绘图区域选择需要隐藏的元素,选择完成后在【标准选择】操作栏上单击█按钮,被选择的图形就被隐藏。但是这些图形并没有被删除,可以再次被显示出来。

2. 恢复隐藏(U)

恢复隐藏(U)与隐藏图素(B)对应,用于恢复用隐藏图素(B)功能隐藏的图形。单击主菜单【屏幕】→【隐藏图素(B)】命令,显示被隐藏的元素,接着选择需要恢复显示的元素,选择完成后单击█按钮,所选择的想恢复隐藏的图素被显示了出来。

3. 隐藏图素(H)

隐藏图素(H)与隐藏图素(H)功能类似,都可以用来隐藏某些元素。所不同的是,若选择某些不要隐藏的元素,执行后那些没有被选中的元素被隐藏;如果采用隐藏图素(H)隐藏元素,在保存后再次打开,那么隐藏的元素仍然是隐藏的,而如果采用隐藏图素(H)功能隐藏元素,那么保存后再次打开,隐藏的元素将被显示出来。另外,如果用隐藏图素(H)功能隐藏元素,则调用隐藏图素(H)功能来恢复被隐藏的元素;而以隐藏图素(H)功能来隐藏元素,需要再次调用隐藏图素(H)功能来显示被隐藏的元素。单击主菜单【屏幕】→【隐藏图素(H)】命令,接着选择不要被隐藏的元素,选择完成后单击█按钮,那么没有被选中的元素被隐藏了。如果再次调用功能,那么所有元素都被显示出来。

4. 恢复部分图素(N)

恢复部分图素(N)与恢复部分图素(N)功能对应,可以在被恢复部分图素(N)功能所隐藏的元素中显示部分元素。例如已经用恢复部分图素(N)功能隐藏了部分元素,单击主菜单【屏幕】→【恢复部分图素(N)】命令,出现了被隐藏的元素,选择完成后单击█按钮,结果被选择的图素显示出来。

四、设置图形属性

MasterCAM 的图形元素包括了点、直线、曲线、曲面和实体等,这些元素除了自身所必需的几何信息外,还可以有颜色、层别、线型、线宽等。通常在绘图之前,先在状态栏中设定这些属性,如图 2-37 所示。

| 2D | 屏幕视角 | 平面 Z | 0.0 | ▼ | 10 | ▼ | 层别 | 1 | ▼ | 属性 | ★ | ▼ | ── ▼ | ── ▼ | WCS | 群组 |

图 2-37　状态栏

1. 2D/3D

状态栏的第一个栏目是 3D 和 2D 的切换,在该栏目上单击鼠标左键,可以进行切换。3D 选项当前的设计是在整个三维空间进行设计的;而 2D 则是在某个平面内进行设计,这个平面就是由构图面所设定的,平行于构图面并且距离构图面一定的距离 Z。

2. 屏幕视角

在状态栏上单击"屏幕视角"栏目,弹出如图 2-38 所示的菜单,菜单中列出了设定当前屏幕视角的各种方法。

（1）标准视角：菜单中上部的 7 个视角，这些视角是系统定义的，这些功能的调用与主菜单【视图】→【标准视图】中的标准视角相同。

（2）指定视角：指定 7 个标准视角中的一个，参见学习情境一。

（3）图素定面：通过指定一个平面、两条直线或者 3 个点来确定一个视角方向，参见学习情境一。

（4）实体面定义视角：指定一个实体的平面来确定视角方向，选择如图 2-39 中所示的实体面，弹出"选择视角"对话框，确定一个视角方向之后，单击 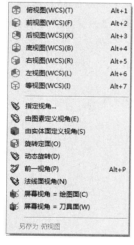 按钮完成。

（5）旋转定面：调用该功能后，弹出如图 2-40 所示的"旋转视角"对话框，在对话框中设定绕 X、Y、Z 三个轴的旋转角度，单击 按钮设定视角方向。

（6）动态旋转：通过设定一个旋转中心自由旋转。

（7）法线面视角：通过选择一条直线来确定视角方向，参见学习情境一。

（8）屏幕视角＝构图平面：屏幕视角与构图平面重叠。

（9）屏幕视角＝刀具平面：屏幕视角与刀具面重叠。

俯视图(WCS)(T)		Alt+1
前视图(WCS)(F)		Alt+2
后视图(WCS)(K)		Alt+3
底视图(WCS)(B)		Alt+4
右视图(WCS)(R)		Alt+5
左视图(WCS)(L)		Alt+6
等视图(WCS)(I)		Alt+7
指定视角...		
由图素定义视角(E)		
由实体面定义视角(S)		
旋转定面(O)		
动态旋转(D)		
前一视角(P)		Alt+P
法线面视角(N)		
屏幕视角 = 绘图面(C)		
屏幕视角 = 刀具面(W)		
另存为 俯视图		

图 2-38　屏幕视角菜单

图 2-39　实体面定义视角

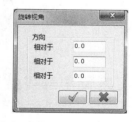

图 2-40　"旋转视角"对话框

3. 颜色

"颜色"栏目可以设置图形元素的颜色。在"颜色"栏目中单击鼠标左键，弹出"颜色"对话框，在其中可以选择一种颜色作为元素的颜色。单击 选择(S) 按钮可以选择某个元素的颜色作为设定的颜色。选择"自定义"选项卡，可以通过拖动"红色""绿色"或者"蓝色"滑块来指定一种颜色。单击 按钮完成颜色设定。对于已有的图形，如果需要修改其颜色，首先选择需要修改颜色的元素，接着在状态栏中的颜色栏目中单击鼠标右键，在"颜色"对话框中选择一种颜色，单击 按钮完成颜色修改。

4. 线型

"线型"栏目可以设定某种线型作为直线或者曲线的类型，单击下拉列表框右侧的三角形按钮，在弹出的下拉列表框中选择某种线型。也可以修改已经存在图形的线型，首先选择需要修改的图形,在下拉列表框中单击鼠标右键,弹出如图 2-41 所示的"设置线型"对话框,在其中选择一种线型,单击 ![✓] 按钮完成设定。"线宽"栏目可以设置线的宽度,其操作方法与鼠标"线型"相同。如果需要修改现有的图形宽度,首先选择需要修改的图形,在下拉列表框中单击鼠标右键,在弹出的如图 2-42 所示的"设置线宽"对话框中选择一种线的宽度,单击 ![✓] 按钮完成设定。

图 2-41　"设置线型"对话框　　　　　图 2-42　"设置线宽"对话框

5. 属性

使用鼠标左键单击状态栏中的"属性"栏目,弹出如图 2-43 所示的"属性"对话框,在对话框中可以设置颜色、线型、点型、图层、线宽等参数。如果选中 属性管理 复选框,并且单击 属性管理 按钮,会弹出"图素属性管理"对话框,在其中可以为不同类型的元素指定相应的属性。其设定方法就是在需要设定的属性前面选中该复选框,接着设定相应的属性值即可。

五、曲线造型与编辑

1. 标准矩形绘制

单击主菜单【绘图】→【矩形】命令或者操作栏 按钮,按照系统提示依次确定矩形的两个角点,生成矩形的预览。在操作工作栏内对矩形的相关参数进行设置,见表 2-4,然后确定即可。

表 2-4　　　　　　　　　　　　　　　矩形参数说明

选项	说明
（编辑角点 1）	编辑矩形的第一个角点
（编辑角点 2）	编辑矩形的第二个角点
（宽度）	设定矩形的宽度尺寸
（高度）	设置矩形的高度尺寸
（中心定位）	以所选的点作为矩形的中心点创建矩形
（曲面）	设置创建矩形时是否同时创建矩形区域中的曲面

2. 变形矩形绘制

单击主菜单【绘图】→【矩形形状设置】命令或者操作栏 按钮,系统弹出如图 2-44 所示的"矩形选项"对话框,其中各选项的含义见表 2-5。

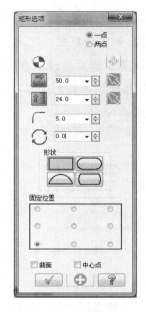

图 2-43 "属性"对话框　　　　　　图 2-44 "矩形选项"对话框

表 2-5 矩形对话框中各选项的说明

选项	说明
基准点（Base Point）	使用一点（矩形的角点或边线的中点）的方式指定矩形位置
两点（2 Points）	使用两点的方式指定矩形位置
（基点 Base Point）	修改矩形的基点位置
（长度 Width）	设定矩形的宽度尺寸
（高度 Height）	设置矩形的高度尺寸
（圆角 Corner Fillets）	设置矩形倒圆半径的数值
形状栏（Shape）	设置矩形和其他三种形状,选择需要的形状（包括矩形形状、键槽形状、D 形和双 D 形）
（转角度 Rotation）	设置矩形的旋转角度的数值
锚点栏（Anchor）	设定给定的基点位于矩形的具体位置,共有九个位置可以选择
产生曲面（Surface）	设置创建矩形时是否同时创建矩形区域中的曲面
产生中心点（Center point）	选中该复选框,绘制矩形的同时绘制矩形的中心

3. 绘制圆角

绘制圆角命令可以在相邻的两条直线或曲线之间插入圆弧,也可以串联选择多个图素一起进行圆角操作。

两图素间的倒圆角存在几种可能,由鼠标单击图素的位置决定在图素的哪个夹角产生倒圆角,在需要打开修剪等功能时,鼠标单击的位置决定了图素将被修剪的部分,系统将以倒圆角作为边界,对相交图素中的多余部分进行修剪。

（1）绘制单个圆角

该功能用于对单个锐角逐一进行圆角。单击主菜单【绘图】→【倒圆角】→【倒圆角】命令,依次选择需要倒圆角的曲线,绘图区中按给定的半径显示预览的圆角。在操作工作栏中对圆角的相关参数进行设置,单击操作工作栏 ⊞ 按钮,结束倒圆角操作。表2-6详细说明了操作栏中各选项的含义。

表 2-6　　　　　　　　　　　　　单个倒圆角时操作栏各选项的说明

选　项	说　明
◎(半径)	设定将要倒圆角的半径值
⌐(圆角样式)	正向方式 ⌐
	反向方式 ↰
	圆形方式 ◠
	清除方式 ⌒
⌐ ⌐(修剪)	决定图素在倒圆角后是否以倒圆角为边界进行修剪

(2)绘制串联圆角

可将串联几何图形的所有锐角一次性进行圆角。单击主菜单【绘图】→【倒圆角】→【串联倒圆角】命令,选择串联曲线,绘图区中按给定的半径显示预览的圆角。在操作栏中对圆角的相关参数进行设置,单击工作条的 ⊞ 按钮,结束倒圆角操作。表2-7详细说明了操作栏中各选项的含义。

表 2-7　　　　　　　　　　　　　串联倒圆角时操作栏各选项的说明

选　项	说　明
◎(半径)	设定将要倒圆角的半径值
⌐ ⌐(修剪)	决定图素在倒圆角后是否以倒圆角为边界进行修改
⌐(圆角样式)	与两图素倒圆角相同,此处叙述略
⇄(顺/逆圆角)	所有转角(在所有图素相交处创建倒圆角)方式(All Corners)◠
	正向扫描(在串联路径上创建逆时针方向的倒圆角)方式(+Sweeps)⊕
	反向扫描(在串联路径上创建顺时针方向的倒圆角)方式(−Sweeps)⊋
◎◎◎(串联)	设置串联选项

4. 绘制倒角

绘制倒角功能可以在不相交或相交的直线间形成斜角,并自动修剪或延伸直线。

(1)绘制单个倒角

绘制单个倒角用于单个进行倒角。单击主菜单【绘图】→【倒角】→【倒角】命令,依次选择需要倒角的曲线,绘图区中按给定的距离显示预览的斜角。在操作栏中对倒角的相关参数进行设置,单击操作栏 ⊞ 按钮,结束两条相交线倒角的操作。表2-8详细说明了操作栏上各选项的含义。

(2)绘制串联倒角

绘制串联倒角能将串联几何图形的所有锐角一次性倒角。单击主菜单【绘图】→【倒角】→【串联倒角】命令,选择串联曲线,绘图区中按给定的参数显示预览的斜角。在操作栏中对串联倒角的相关参数进行设置,单击操作栏中的 ➕(应用)按钮,结束操作。对于串联倒角,若在操作栏中选择单一距离方式 🔧▾距离1 ▾,在 🔧5.0 ▾中设定偏置的距离;若选择线宽方式 🔧▾宽 ▾,需要设定倒角宽度;串联 ⬭ 用来设置串联选项。因为串联倒角方式仅有单一距离方式和线宽方式两种,角度都为45°,所以串联的路径不区分方向。

表 2-8   倒角时操作栏中各选项的说明

选项	说明
🔧 🔧 ⊿(倒角距离)	设定将要倒角的距离值
🔲 🔲(修剪)	设定图素在倒角后是否以倒角为边界进行修剪
斜角样式	单一距离方式 🔧:两边的偏移值相同,且角度为45°
	不同距离方式 🔧:两边偏移值可以单独给出
	距离/角度方式 🔧:偏移值由一个长度和一个角度给出
	线宽方式 🔧:给出倒斜角的线段长度,角度45°
距离1、距离2	分别用来设置距离1、设置距离2
角度(A)	设置角度

5. 比例缩放

比例缩放功能是指将选择的几何图形以某一点作为比例缩放的中心点,按指定比例系数缩小或放大。用户可以分别设置各个轴向的缩放比例。输入缩放的角度及次数,即可生成的新图形。如果没有指定缩放中心点,则系统会以默认的原点作为图素的缩放中心点。

单击主菜单【转换】→【比例缩放】命令,或者单击操作栏中的比例缩放按钮 🔧,选择需要比例缩放操作的图素,按 Enter 键后弹出如图 2-45 所示的"比例缩放选项"对话框。表 2-9 为比例缩放对话框中各选项说明。

表 2-9   比例缩放选项对话框中各选项说明

选项		说明	
等比例(Uniform)	等比缩放(Factor)	🔧 1.0 ▾	缩放比例
不等比例(XYZ)	不等比缩放(Percentage)	X 1.0 ▾	X 方向缩放比例
		Y 1.0 ▾	Y 方向缩放比例
		Z 1.0 ▾	Z 方向缩放比例

6. 补正

补正是指根据指定的距离、方向及次数所移动或复制一段简单的线、圆弧或聚合线。

(1)偏置(单体补正)

偏置是指以一定的距离来等距偏移所选择的图素。偏置命令只适用于直线、圆弧、SP样条线和曲线等图素。单体补正功能只能用于对单一图素进行偏移操作,选取图素后还要在图素一侧再单击一次以确定补正的方向。

单击主菜单【转换】→【单体补正】命令,或者单击操作栏中的偏置按钮 🔧,选择需要偏置操作的图素,按 Enter 键后弹出如图 2-46 所示的"补正选项"对话框。

（2）外形偏置（串联补正）

外形偏置是指对由多个图素首尾相连而成的外形轮廓进行偏置。

单击主菜单【转换】→【串联补正】命令，或者单击操作栏中的外形偏置按钮 ⤵，弹出"串联补正"对话框，根据系统提示选择需要进行外形偏置操作的图素。单击该对话框中的 ✓ 按钮，系统随之弹出如图 2-47 所示"串联补正选项"对话框，设置相应参数，完成串联偏置。表 2-10 为"串联补正选项"对话框中主要选项说明。

图 2-45　"比例缩放选项"对话框

图 2-46　"补正选项"对话框

图 2-47　"串联补正选项"对话框

表 2-10　　　　　　　　　　"串联补正选项"对话框中主要选项说明

选项	说明
（次数）	设置偏置的数量
（距离）	设置偏置的距离
（反向）	变更补正方向或生成对称的补正
（深度）	输入深度方向，即 Z 方向距离
（偏置锥度）	由距离和深度决定

7. 投影

投影功能是指将选中的原有图素投影到指定的平面或曲面上，从而产生新图形，该指定平面被称为投影面，它可以是构图面、曲面或者是用户自定义的平面。

单击主菜单【转换】→【投影】命令，或者单击操作栏中的投影按钮 ⤨，选择投影操作的图素，单击操作栏 按钮，弹出如图 2-48 所示的"投影选项"对话框。设置相应参数，完成投影操作。表 2-11 为投影对话框中各选项说明。

表 2-11   "投影选项"对话框中各选项说明

选项	说明
投影至	包括三种方式：、和
曲面投影选项	投影的方向有两种，即沿当前构图面的法线方向的投影方式和沿曲面的法线方向投影方式
寻找所有结果	生成的投影结果是所有的可能的投影结果
连接公差	投影的结果被连接成一个图素

8. 阵列

阵列功能是指在指定复制的数量、距离及角度等后，按照网格行列的方式将选中的图素沿两个方向进行平移并复制。

单击主菜单【转换】→【阵列】命令，或者单击操作栏中的偏置按钮 ![icon]，选择阵列操作的图素，按 Enter 键后弹出如图 2-49 所示"矩形阵列选项"对话框。设置相应选项后，完成对象的阵列。表 2-12 为该对话框中各选项说明。

图 2-48 "投影选项"对话框

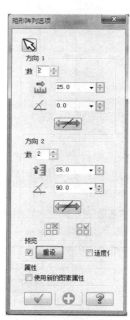

图 2-49 "矩形阵列选项"对话框

表 2-12   "矩形阵列选项"对话框中各选项说明

选项		说明
方向 1 （Direction 1）	![次数 2]	方向 1 上包括原图在内的总的图形数量
	![距离 25.0]	方向 1 上相邻图形之间平移的距离
	![角度 0.0]	方向 1 上相邻图形相对于 X 轴的角度
	![箭头方向]	更改方向 1 上的平移方向

选项		说明
方向 2 （Direction 2）	次数 2	方向 2 上包括原图在内的总的图形数量
	25.0	方向 1 的偏转角度（可正可负）
	90.0	相对于方向 1 的方向 2 的角度
	⬅➡	更改平移方向

9. 拖拽

拖拽功能是指将指定的图素拖拽到指定的位置，包括移动、复制与旋转。单击主菜单【转换】→【拖曳】命令，或者单击转换操作栏中缠绕按钮 ◭，选择需要进行拖曳操作的图素，按 Enter 键，弹出如图 2-50 所示操作栏。表 2-13 为其主要选项说明。

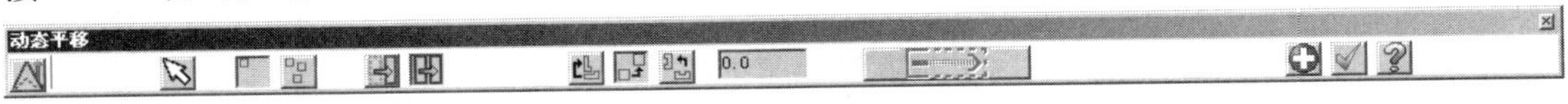

图 2-50　拖曳命令操作栏上参数设置

表 2-13　　　　　　　　　　　"拖曳"操作栏主要选项说明

选项	说明
🡒（选择）	重新选择几何图形
（移动）	选择移动的基点，然后选择目标点，图素即被拖动到指定的位置。动态移动后，原图形被删除
（复制）	图素在指定的目标点被复制。动态移动后，原图形保留
（平移）	按平移的方式拖动生成的图素
（旋转）	按旋转的方式拖动生成的图素
（ ）	采用拉伸方式，此方式必须是视窗选择几何图形时才能使用

10. 旋转对象

"旋转"命令用于将所选择的几何图形对象和草图对象围绕一个中心点进行移动、复制或添加，也可以指定一个角度进行移动或者旋转对象；并且可以输入几何图形的旋转个数，以达到旋转阵列的目的。单击主菜单【转换】→【旋转】命令或单击"转换"操作栏上的"旋转"按钮 ，结束选择几何图形后，系统弹出"旋转选项"对话框，如图 2-51 所示。对话框中各选项的功能简单介绍见表 2-14。

11. 镜像

"镜像"功能就是将选取的对象通过某一中心线或轴作为参考，将几何图素进行对称移动或复制的操作。其镜像轴的形式主要有 X 轴、Y 轴、角度、任意直线和两点。

在绘图区选取要镜像的几何对象后，单击主菜单【转换】→【镜像】或者单击操作栏中的"镜像"按钮 ，系统弹出如图 2-52 所示的"镜像选项"对话框。其主要选项见表 2-15。

图 2-51 "旋转选项"对话框　　　　图 2-52 "镜像选项"对话框

表 2-14　　　　　　　　　　"旋转选项"对话框主要选项说明

选项		说明
图素生成方式	移动(M)	在执行转换指令后删除原来位置的对象
	复制(C)	在执行转换指令后保留原来位置的对象
	连接(J)	在执行转换指令后将新、旧对象的端点用直线连接
使用新的图素属性		设置镜像结果的属性
"次数"		输入几何图形对象旋转后复制的数量
"定义旋转的中心"		单击　按钮，可以手动选择旋转中心点的位置
"旋转角度"		输入旋转角度
"旋转"		旋转时几何图形对象的方位随之改变
"平移"		旋转时几何图形对象的方位保持不变
"增加/移除图形"		增加/移除几何图形对象
"切换"		切换旋转方向

表 2-15　　　　　　　　　　"镜像选项"对话框主要选项说明

选项		说明	
图素生成方式	移动(M)	在执行转换指令后删除原来位置的对象	
	复制(C)	在执行转换指令后保留原来位置的对象	
	连接(J)	在执行转换指令后将新旧对象的端点用直线连接	
使用新的图素属性		设置镜像结果的属性	
选取镜像轴(A)：镜像中心线的方式		(水平线)	选择工作坐标轴 X 轴为镜像轴，可指定 Y 坐标
		(竖直线)	选择工作坐标轴 Y 轴为镜像轴，可指定 X 坐标
		(倾斜线)	制定倾斜角度
		(直线)	选择现有的直线
		(两点)	选择两点确定的直线作为镜像中心线

六、实体挤出

实体挤出功能就是串联一个或多个外形轮廓图素,沿着一个指定的方向和距离挤出出的实体。如果所选择的外形轮廓为封闭曲线时,可生成实心实体或空心实体;当选择的外形轮廓为开放曲线时,只能生成薄壁实体。创建挤出实体的步骤如下:

(1)单击主菜单【实体】→【挤出】命令,选择串联方式。

(2)在绘图区选取创建挤出实体的图素对象,如图 2-53(a)所示六边形和圆。

(3)单击"确定"按钮 ,弹出"挤出串联"对话框,如图 2-53(b)所示,其主要选项见表 2-16。

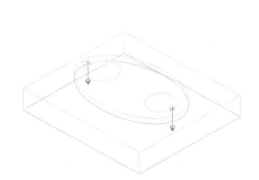

(a)选择串联　　　　　　　　　　(b)"挤出串联"对话框

图 2-53"挤出串联"操作栏

4.单击"确定"按钮 ,创建挤出实体。

表 2-16 　　　　　　　　　　　　　　　　"挤出"选项参数说明

选项		说明
挤出操作: 设置实体间 的布尔运算	创建主体	构建一个新的主体实体
	切割主体	将构建的实体作为工具体与选取的目标实体进行布尔求差运算,即用切割已有主体的方法产生实体
	增加凸缘	将构建的实体作为工具体与选取的目标实体进行布尔求和运算,即从已有主体中增加凸缘来产生实体
拔模	增加拔模角	可在实体的垂直壁上生成拔模角,可定义拔模角的角度和方向
	朝外	选择"朝外"选项,挤出实体向外拔模;否则,向内拔模
	角度	设置实体拔模的方向及角度

续表

选项		说明
挤出的距离/方向	按指定的距离延伸"距离"	设定要挤出的距离
	全部贯穿	只用于切割已有主体时,切割的距离贯穿整个主体
	延伸到指定点	将外形挤出到指定空间点所在的平面
	按指定之向量	通过向量定义挤出的方向和距离,如设置向量为 $(0,0,X)$ 则表示沿着 Z 轴方向挤出距离 X
	重新选取	单击该按钮,弹出"实体串联方向"操作栏,如图 2-54 所示,可以对已选取图素的串联方向重新进行设置,主要参数见表 2-17
	修整到指定的曲面	在一个目标实体上修剪已挤出的实体或者剪切至一个已选的面上
	更改方向	和当前的挤出方向相反
	两边同时延伸	将图素沿着正反两个方向同时拉伸
	双向拔模	在双向挤出的基础上设定相同的双向拔模角
薄壁设置选项卡		可以进行薄壁设置,创建出空心的封闭实体或开放的薄壁实体

图 2-54　"实体串联方向"操作栏

表 2-17　"实体串联方向"操作栏选项

选项	说明
"法向"按钮	将各串联曲线的挤出方向设置为串联曲线所在平面的法线方向,并且该方向与曲线的串联方向满足右手定则
"参考图素"按钮	将所有被选串联曲线的挤出方向设置为其中一个串联曲线的法线方向
"绘图 Z 轴方向"按钮	以当前构图面 Z 轴方向为所有串联的挤出方向
"任意线"按钮	通过在屏幕中选取一条线段来决定所有串联的挤出方向。单击此按钮后,在选取线段时,光标靠近的端点位置表示向量的起始位置,所有串联的挤出方向将与该直线(向量)的方向一致
"任意两点"按钮	单击此按钮后,需在屏幕中选取两点,由第 1 点与第 2 点的连线及选取的顺序决定所有串联的挤出方向
"全部换向"按钮	单击此按钮后,所有串联图素都将改变其原有的挤出方向
"单一换向"按钮	单击此按钮后,仅对选取的某一串联图素改变该串联的挤出方向

七、工件设置

工件设置用来设置当前的工作参数,包括工件形状、尺寸和原点等。在如图 2-55 所示的"刀具操作管理器"对话框中,单击选择"素材设置",弹出如图 2-56 所示的"机器群组属性"对话框,在该对话框中可以设置工件形状、尺寸及原点等。

1. 设置工件材料的形状

系统提供了三种方式来设定工件材料的形状。

(1)零件形状:可以选择"立方体"或"圆柱体"。当选择"圆柱体"时,可设定"圆柱体的轴向"为"X 轴""Y 轴"或"Z 轴"。

（2）选取实体：可通过单击  按钮在绘图区选择实体作为毛坯形状。

（3）文件：可以从下拉列表中或者单击 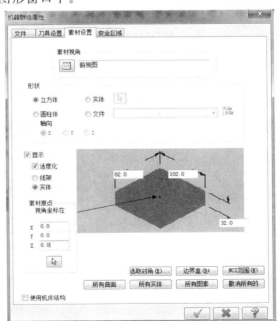 按钮从一个 STL 文件输入毛坯形状。

2. 设置工件的大小

工件的尺寸是根据所创建的产品来确定的，系统提供了多种定义工件尺寸的方式。

（1）直接输入：在"X""Y"和"Z"文本框中直接输入数值，以确定工件尺寸。

（2）选取对角：在绘图区内选择零件对角线上的两个点，系统重新计算毛坯原点及 X 轴、Y 轴的尺寸。

（3）边界盒：根据图形边界确定工件尺寸，并自动改变 X 轴、Y 轴和原点的坐标。

（4）NCI 范围：根据刀具在 NCI 文档中的移动范围以确定工件尺寸，并自动改变 X 轴、Y 轴和原点的坐标。

（5）所有曲面：由所有曲面图素决定工件尺寸大小。

（6）所有实体：由所有实体决定工件尺寸大小。

（7）所有图素：由所有图素决定工件尺寸大小。

3. 设置工件原点

设置工件原点的目的是便于工件定位。设置工件原点位置的方法有：

（1）直接输入：在工件设置的"X""Y"和"Z"文本框内直接输入工作原点的坐标值。

（2）：在绘图区内选择一个点作为工作原点。

4. 显示工件

（1）工件类型、尺寸以及原点设置完后，便可以将工件显示在绘图窗口中。系统提供了三种显示方式。

（2）适度化：工件以适合屏幕的方式显示在图形窗口中。

（3）线架：工件以线框形式显示在图形窗口中。

（4）实体：工件以实体形式显示在图形窗口中。

图 2-55　刀具操作管理器　　　　　　　图 2-56　"机器群组属性"对话框

八、材料设置

工件材料可以直接从系统材料库中选择,也可以自己定义。工件的材料直接影响主轴转速、进给速度等加工参数的设置。

1. 设置材料

（1）从材料库中选取

在"机器群组属性"对话框中,选择"刀具设置"选项卡,在"材质"选项卡中单击 选择... 按钮,弹出材料列表对话框,显示现有的材料列表,可以从列表中选择需要使用的材料。在"来源"下拉列表中选择其他材料库,可以获得更多的材料,如图 2-57 所示。

（2）自定义材料

如果当前材料库中的材料不能满足设计加工的要求,此时单击"刀具设置"选项卡中"材质"选项中的 编辑... 按钮,弹出如图 2-58 所示"材料定义"对话框。用户可以根据零件需要,设置材料参数。主要参数的含义见表 2-18。

图 2-57 材料列表

图 2-58 "材料定义"对话框

表 2-18   "材料定义"对话框主要选项说明

选项	说明
材料名称	输入自定义的材料名称
材料表面速率	设置材料的基本切削线速度
材料旋转速率	设置材料每转或每齿的基本进刀量
输入进给率单位	设置进给量长度单位
允许的刀具材料和附加的转速/进给率的百分比	用于设置加工该材料的刀具材料,以及该种材料采用的主轴转速和进给速度分别占刀具管理器中设置的主轴转速和进给速度的百分比。

2. 材料管理

单击主菜单【刀具路径】→【材料管理】命令,弹出"材料列表"对话框,在其中的任意位置单击鼠标右键,在弹出的快捷菜单中可实现材料的管理及设置,如图 2-59 所示。

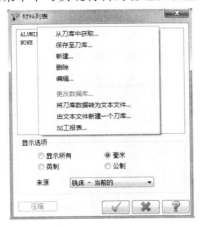

图 2-59　"材料列表"对话框

九、2D 挖槽铣削加工

挖槽刀具路径一般是针对封闭图形的,主要用于切削沟槽形状或切除封闭外形所包围的材料,允许槽中有不铣削的区域(称为岛屿)。外形可封闭串联也可不封闭串联,但是每个串联必须是共面串联且平行于构图面。

零件上的槽和岛屿,都是通过将工件上指定区域内的材料挖去而生成的。一般使用端铣刀进行加工。挖槽刀具路径的主要参数有刀具参数、挖槽加工参数和粗、精铣参数。在铣槽时可按刀具的进给方向,分为顺铣和逆铣两种方式。顺铣有利于获得较好的加工性能和表面加工质量。有时在槽内往往还包含一个称之为"岛屿"区域,可以在分层铣削加工过程中,特别补充一段路径加工岛屿顶面。在挖槽加工时,可以附加一个精加工操作,可以一次完成两个刀具路径规划。

单击主菜单【刀具路径】→【2D 挖槽】命令,弹出"串联选项"对话框中,选择"串联",单击▣▣按钮,弹出"2D 刀具路径-2D 挖槽"对话框,如图 2-60 所示。其中刀具参数以及公共参数的设置与前面介绍的相同,下面介绍 2D 挖槽特有的加工选项设置方法。

1. 挖槽方式

(1)标准挖槽

标准挖槽是常用的挖槽定义方式。选择该选项仅铣削定义凹槽内的材料,而不会对边界外或岛屿进行铣削。

(2)平面铣

较之一般挖槽方式而言,该方式在加工过程中只保证加工出选择的表面,而不考虑是否会对边界外岛屿的材料进行铣削。也就是可能将槽形边界外的材料切除掉(切除量的多少受刀径重叠量的影响)。一般用于中间有凸岛,四周有相对均匀余量的低凹类外形的铣削。其中:

①重叠量:可以设置刀具路径重叠毛坯外部边界或岛屿的量。

②进刀引线长度:用于设置进刀时刀具路径超出铣削边界的长度,以刀具直径的百分比来确定。

③退刀引线长度:用于设置退刀时刀具路径超出铣削边界的长度,以刀具直径的百分比来确定。

④岛屿上方预留量:可以在岛屿上表面留下设定余量。

(3)使用岛屿深度

如果在一个凹槽中的岛屿具有和凹槽不同的顶面深度,则当不设定使用岛屿深度时,刀路的计算将认为岛屿和凹槽同样高,即每铣一层都将避开岛屿,而不管实际岛屿顶面在何深度处。当设定使用岛屿深度时,刀路的计算将考虑岛屿顶面的真实高度,如果岛屿顶面低于凹槽顶面,则在铣削至岛屿顶面前的每一层都将忽略岛屿的存在,在持续往下的分层加工中再避开岛屿,可以不需要进行分层设置即可保证加工到岛屿的实际高度。

(4)残料加工:用于换上小直径刀具后,再次对凹槽加工时,专门用以对前次加工时刀具加工不到的角部残料进行清角加工。剩余材料的计算方法包括:

①所有先前的操作:所有先前操作,对本次加工之前的所有加工进行残料计算。

②前一个操作:只对前一次加工进行残料计算。

③粗切刀具直径:依据所使用过的粗铣铣刀直径进行残料计算,选择该项时,需要输入粗铣使用的刀具直径。

④安全距离:残料加工路径沿计算区域的延伸量(刀具直径%)

⑤在粗切路径加上进/退刀引线:在已经生成的粗加工刀具路径上添加进/退刀引线。

⑥精修所有的外形:依所选外形轮廓和岛屿轮廓生成精加工刀具路径。

⑦显示材料:计算过程中显示工件已被加工过的区域。

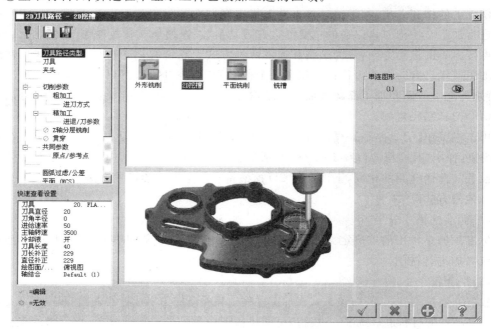

图 2-60 "刀具路径-2D 挖槽"对话框

（5）开放式挖槽

开放式挖槽用于非封闭式槽形的加工定义。当选取的串联中包含有未封闭串联时，只能用开放加工方式，系统先将未封闭的串联进行封闭处理，然后对封闭后的区域进行挖槽加工。

2. 铣削方向

铣削方向用于设定切槽加工时在切削区域内的刀具进给方向，分为逆铣和顺铣两种形式。顺铣时刀具旋转方向与进给方向相同，逆铣时刀具旋转方向与进给方向相反。一般数控加工多选用顺铣，有利于延长刀具的寿命并获得较好的表面加工质量。

3. 粗加工切削参数

（1）切削方式

走刀方式可分为直线及螺旋走刀两大类，直线走刀主要有双向、单向两种类型；螺旋走刀方式是从挖槽中心或特定挖槽起点开始进刀并沿着刀具方向（Z 轴）螺旋下刀进行切削。螺旋走刀方式主要有六种类型。包括双向、单向切削、等距环切、平行环切、平行环切清角、依外形环切、高速切削和螺旋切削等。

①双向：双向切削产生一组有间隔的往复直线刀具路径来切削凹槽。

②单向切削：单向切削刀具路径朝同一个方向进行切削，回刀时不进行切削。

③等距环切：以等距方式切除毛坯。

④平行环切：刀具以进刀量大小向工件边界进行偏移切削，但是不能保证清角。

⑤平行环切清角：加工方式与平行方式相同，但是这种加工方式能进行清角加工。

⑥依外形环切：该方式只能加工一个岛屿，在外部边界和岛屿之间逐步进行切削。

⑦高速切削：以平滑的、优化的圆弧路径和较快的速度进行切削。

⑧螺旋切削：用螺旋线进行粗加工，刀具路径连续相切。空行程少，能较好地清除毛坯余量。

（2）粗加工参数

在粗加工中，除了设置走刀方式外，还需要对进给参数进行设置，主要包括：

①切削间距（直径%）：设置在 X 轴和 Y 轴上粗加工之间的切削间距，用刀具直径的百分比计算，调整"切削间距（距离）"参数时自动改变该值。粗切间距一般取刀具直径的 60%～80%，以保证有一定的重叠量。

②粗切角度：在双向或单向行切时需要设置，是指刀具来回行走时刀具路径的起始方向与 X 正轴方向的夹角。

③刀具路径最佳化：用以优化绕过岛屿的刀具路线。该选项仅使用于双向铣削内腔的刀具路径，为环绕切削内腔、岛屿提供优化刀具路径，避免损坏刀具，并能避免切入刀具绕岛屿的毛坯太深。

④由内而外环切：该选项用于所有螺旋走刀方式，用来设置螺旋进刀方式时的挖槽起点。当勾选该复选项时，刀具路径从内腔中心（或指定挖槽起点）螺旋切削至凹槽边界；当未勾选该复选项时，刀具路径从凹槽边界螺旋切削至内腔中心。

⑤进刀方式：用于设定粗加工的 Z 方向下刀方式。在挖槽粗铣加工路径中，可以采用垂直下刀、斜插式下刀和螺旋式下刀三种下刀方式。垂直下刀为默认的下刀方式，刀具从零件上方垂直下刀，需要选用键槽刀，下刀时速度要慢。挖槽粗加工一般用平铣刀，这种刀具

主要用侧面刀刃切削材料,其垂直方向的切削能力很弱,若采用直接垂直下刀(不选用"下刀方式"时),易导致刀具损坏。MasterCAM 提供了螺旋下刀和斜插式下刀两种方式。

- 斜插式下刀

选择"进刀方式",在右侧列表中单击"斜插"单选按钮,弹出如图 2-61 所示参数列表,其中主要参数的意义见表 2-19。

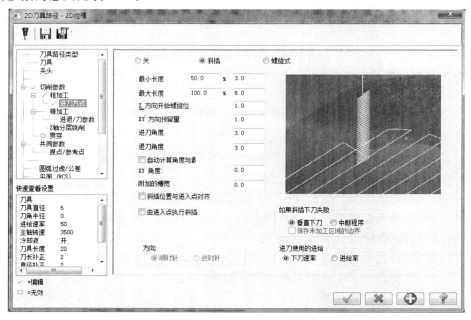

图 2-61 斜插式下刀

表 2-19 **斜插式下刀参数说明**

选项	说明
最小长度	下刀斜线的最小长度,由操作者设定
最大长度	下刀斜线的最大长度,由操作者根据型腔空间大小及铣削深度确定,一般是斜线愈长,进刀的切削路程就越长
Z 方向开始螺旋位	开始以斜线方式运行时刀具离工件表面的 Z 方向高度(以工件表面作为 Z 方向零点)
X、Y 方向预留量	计算刀具与工件内壁下刀时在 X、Y 方向上的预留量
进刀角度	刀具插入的斜角,即切入工件时与工件表面的夹角,此值选取得太小,斜线数增多,切削路程加长;角度太大,又会产生不好的端刃切削的情况,一般选 5°～20°
退刀角度	刀具切出的斜角,即向相反方向进刀时的角度。正向与反向进刀角度可以选得相同,也可以不相同
自动计算角度	选中该复选框,斜插下刀平面与 X 轴的夹角由系统自动决定;未选中该复选框时,斜插下刀平面与 X 轴的夹角需手动输入
X、Y 角度	输入斜插下刀平面与 X 轴的夹角
附加的槽宽	输入下刀的返回方向与下刀起始方向分开的距离
斜插位置与进入点对齐	选中该复选框,指定进刀点直接沿斜线下刀到挖槽路径的起点
由进入点执行斜插	选中该复选框,指定进刀点为斜插下刀路径的起点

● 螺旋式下刀

选择"进刀方式",在右侧列表中单击"螺旋式"单选按钮,弹出如图 2-62 所示参数列表,其中主要参数的意义见表 2-20。

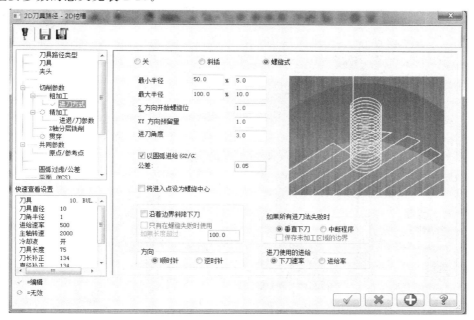

图 2-62 螺旋式下刀

表 2-20   **螺旋式下刀参数说明**

选项	说明
最小半径	下刀螺旋线的最小半径,由操作者设定
最大半径	下刀螺旋线最大半径,由操作者根据型腔空间大小及铣削深度确定,一般螺旋半径愈大,进刀的切削路程就越长
Z 方向开始螺旋位	开始以螺旋方式运行时刀具离工件表面的 Z 方向高度(以工件表面作为 Z 方向零点)
X、Y 方向预留量	计算刀具与工件内壁下刀时在 X、Y 方向上预留量
进刀角度	螺旋斜坡的斜角,即螺旋线的升角,此值选得太小,螺旋圈数增多,切削路程加长,一般选 $5°\sim20°$
以圆弧方式输出(G02/G03)公差	选中此复选框,刀具以螺旋圆弧运动,没有选取此项,刀具以直线方式一段一段地运动,框中的数值是线段的长度
将进入点设为螺旋中心	选中该框,系统将以串联的起点作为螺旋刀具路径的中心
进/退刀方向	指定螺旋进刀方向,有顺时针、逆时针两种,按加工情况选取一种
沿边界渐降下刀	选中该框而未选中"只有在螺旋失败时"时,设定刀具沿边界移动;选中了"只有在螺旋失败时"时,设定刀具沿边界移动
如果所有进刀法失败时	此栏的设定是按螺旋下刀方式的所有尝试都有失败后,程序转为"直线下刀"或"程序中断"
进刀使用的进给率	可采用 Z 轴"进给率"或 X、Y 方向的"进给率"

4. 精修加工参数

在挖槽加工中可以进行一次或数次的精修加工，让最后切削轮廓成形时最后一刀的切削加工余量相对较小而且均匀，从而达到较高的加工精度和表面加工质量。精修加工是指最后绕整个槽形边界和岛屿边界的轮廓精修。单击左侧列表中"精加工"，弹出如图 2-63 所示为精修加工参数设置界面，其主要参数见表 2-21。

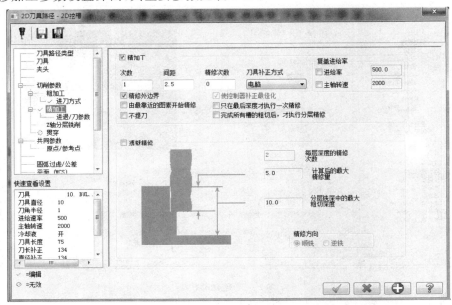

图 2-63　精修加工参数设置

表 2-21　　　　　　　　　　　　　精修加工参数说明

选项	说明
精加工	选中该复选框激活挖槽精加工
(精加工)次数	输入精加工次数
间距(精修量)	输入每次精加工的切削量
(重复)精修次数	输入精修重复次数
精修外边界	选中此项，将对槽和岛屿的边界进行挖槽精加工；否则，只对岛屿边界进行精修
由最靠近的图素开始精修	槽中有岛屿，形成了多个加工区域。选中此项，刀具在一个区域内完成粗铣后直接开始此区域的精修，然后从另一个区域分别开始粗铣和精修；否则，刀具在所有区域内完成粗铣，然后再在切削区域内完成精修
不提刀	选中该功能，指定刀具加工过程中不回缩到安全高度
刀具补正计算	可选择"电脑""控制器"或"两者"
使控制器补正最佳化	当选取(控制器)刀具补正方式，该复选框变为可用。启用该复选框后，将会优化控制器补偿方式，使刀具路径最佳化
最后深度才进行精修	只在分层挖槽的最后深度进行精修
完成所有槽之粗铣后精修	完成所有粗铣后进行精修
进/退刀向量	设定精修边界加工的进/退刀向量，参见外形铣削部分

5. Z 轴深度分层

单击右侧列表中"Z 轴分层铣削"命令,弹出如图 2-64 所示参数设置界面。该对话框与外形铣削中的分层铣削对话框基本相同,只是多了一个使用岛屿深度。由于在挖槽加工方式中具有岛屿深度设置,因此在对话框中增加了"使用岛屿深度"复选项。当选中"使用岛屿深度"复选项,并且铣削的深度低于岛屿加工深度时,先将岛屿加工至加工深度,然后将凹槽加工至最终加工深度;如果未选中该复选项,则先进行凹槽的下一层加工,然后将岛屿加工至岛屿深度,最后将凹槽加工至最终加工深度。

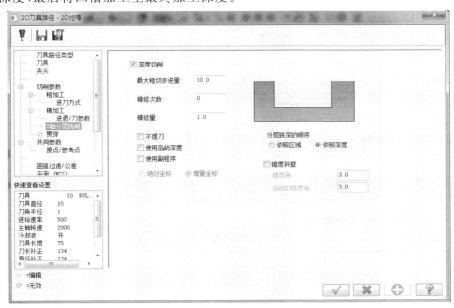

图 2-64　Z 轴分层铣削

(1)"锥度斜壁"

锥角度:用以设置槽形外边界周边的锥角。

岛屿的锥角度:用以设置岛屿周边的锥角。

(2)"使用副程式"

由于挖槽时,每一层的刀路基本相同,因此可考虑使用子程序编程的方法,这样可精简程序。但对每一层刀路不相同的挖槽加工来说,是无法使用子程序的(如设定锥度挖槽后就不能使用子程序编程方式)。

6. 挖槽加工中应注意的问题

(1)挖槽加工形式中的前四种加工方式为封闭串联时的加工方式;当在选择的串联中有未封闭的串联时,只能选择开放加工方式。

(2)当采用岛屿深度加工时,除了需要指定加工深度外,还需指定岛屿深度。槽的几何外形和岛屿必须位于相同的构图平面上,如果要产生斜面或雕刻面的槽,就需要用投影加工,投影加工将在后面介绍。

(3)在走刀方式中尽可能采用螺旋走刀方式,以提高槽的表面质量,并可保护刀具。

(4)在不能改小刀具直径的情况下,要注意岛屿与槽形轮廓的间距应大于刀具直径,否则可修改设计或工艺。

（5）挖槽加工中最容易出现残料问题，解决残料问题的方法如下：

①改小切削间距百分比，但最小不要小于刀具直径的 50%。

②改变挖槽走刀方式，双向切削和等距环切不会出现残料。

③改变刀具直径，将刀具直径改大。

④采用残料加工方法。

⑤加工时要多次调试，直到没有残料为止。

（6）加工岛屿的数量受计算机内存的限制。

十、加工操作管理与后处理

所有的加工参数和工件参数设置完成后，可以利用系统提供的加工操作管理器模拟切

削过程。模拟显示没有错误后，利用系统提供的后处理器输出正确的 NC 加工程序，即可进行实际的加工操作。

图 2-65 刀具路径管理器

1. 刀具操作管理器

单击"刀具操作管理器"中"刀具路径"选项，显示刀具路径管理器，如图 2-65 所示。在这里可以改变加工次序，也可以通过改变刀具路径参数、刀具及与刀具路径关联的几何模型等来改变刀具路径。主要按钮的含义见表 2-22。

表 2-22 刀具路径管理器主要选项

按钮	含义	按钮	含义
	选取所有加工操作	G1	后处理产生 NC 程序
	取消已选取的操作		省时高效率加工
	重新生成所有刀具路径		删除所有的群组、刀具及操作
	重新生成所有失效的刀具路径		锁定所选操作，不允许对锁定操作进行编辑
	模拟选取的刀具路径		切换刀具路径的显示开关
	验证已选择的操作		关闭后处理，即在后处理时不生成 NC 代码

2. 刀具路径模拟

刀具路径是指刀尖运动的轨迹。刀具路径的模拟可以在机床加工前检验刀具路径是否存在错误，避免产生撞刀等加工错误。在操作管理器中选取一个或几个加工操作，单击 ≋ 按钮，系统弹出如图 2-66（a）所示"路径模拟"对话框，并出现如图 2-66（b）所示的刀具路径模拟操作栏，刀具路径模拟相关功能按钮的含义见表 2-23、表 2-24。

（a）"路径模拟"对话框

（b）刀具路径模拟操作栏

图 2-66 刀具路径模拟

表 2-23　　　　　　　　　　　　刀具路径模拟设置选项

按钮	含义	按钮	含义
	设置刀具路径显示颜色切换		着色显示刀具路径
	显示刀具		配置刀具路径模拟参数
	显示夹头		打开受限制的图形
	显示快速位移(退刀路径)		关闭受限制的图形
	显示刀具端点运动轨迹		将刀具及夹头保存为图形
	展开或者缩小窗口		将刀具路径保存为图形

表 2-24　　　　　　　　　　　　刀具路径模拟操作控制选项

按钮	含义	按钮	含义
	执行操作		向前一步
	停止操作		移动到下一个停止状态
	返回前一个停止状态		执行时显示全部的刀具路径
	向后一步		执行时只显示执行段的刀具路径
	执行速度调整		

3. 加工过程仿真

在操作管理器中选择一个或几个操作,单击 按钮,可验证指定的操作。系统弹出如图 2-67 所示的实体切削"验证"对话框,可以控制仿真过程,主要选项见表 2-25。

图 2-67　实体切削"验证"对话框

表 2-25　　　　　　　　　　　　　实体切削验证选项

模拟控制以及刀具显示区	⏮	结束前面的仿真加工,返回至初始状态	⏭	快速仿真,不显示加工过程
	▶	开始连续仿真加工	▨	仿真加工中不显示刀具和夹头
	■	暂停	▮	仿真加工中显示刀具
	▸▸	步进仿真加工,单击一下走一步或几步	▼	仿真加工中显示刀具和夹头
显示控制区	每次手动时的位移	移动步长,设定在模拟切削时刀具的移动步长		
	每次重绘时的位移	移动刷新速度,设定在模拟切削时屏幕显示的刷新速度		
	每个刀具路径后更新	设置在每个刀具路径执行后是否立刻更新		
	速度 ——▮—— 质量	设置模拟速度或者模拟质量		
停止选项区	撞刀停止	在碰撞到冲突的位置时停止		
	换刀停止	在换刀时停止		
	完成每个操作后停止	在每步操作结束后停止		
详细模式区	⬓	参数设置,对仿真加工中的参数进行设置	🏃	减小模拟速度
	�📊	用于尺寸测量	🏃	加快模拟速度
	✎	显示工件截面,将工件上需要剖切的位置显示为剖面图	💾	将工件模型保存为一个 STL 文件

4. 后置处理

后处理是将 NCI 刀具路径文件翻译成数控 NC 程序的过程。NC 程序可用于控制数控机床进行加工。刀具路径产生后,若未发现任何加工参数设置的问题,即可进行后处理操作。

(1)选择后处理器

后处理器是将刀具路径转换为特定机床的数控代码的转换器。不同数控系统所用的 NC 程序格式不同,应根据所使用的数控系统类型选择相应的后处理器。系统默认的后处理器为日本 FANUC 数控加工系统的 MPFAN.PST,可以通过单击"选择后处理"按钮,选取其他后处理器。

(2)后处理操作

在操作管理器中,单击 **G1** 按钮,弹出"后处理程序"对话框,如图 2-68 所示。该对话框可显示和设置后处理的有关参数,主要有"NC 文件"和"NCI 文件"两个选项组。

①NC 文件:用来设置后处理生成的 NC 代码,包括以下选项。

● 覆盖:当存在同名 NC 文件时,系统将直接覆盖已有的 NC 文件。

● 覆盖前询问:当存在同名 NC 文件时,提示是否覆盖已有的文件。

● 编辑:保存 NC 文件后,弹出 NC 文件编辑器供用户检查和编辑 NC 程序。

● NC 文件的扩展名:设置 NC 文件的扩展名。

图 2-68　"后处理程序"对话框

● 将 NC 程式传输至：将生成的 NC 程序通过连接电缆传输到加工机床。

②NCI 文件：对后处理过程中生成的 NCI 文件（刀具路径文件）进行设置。主要的选项设置与"NC 文件"类似，这里不再赘述。

后处理完成后，系统自动打开专用的文件编辑器，并且打开 NC 文件，可以对其进行检视和修改。

 **知识拓展**

一、绘制螺旋类曲线

1. 绘制旋绕线

"绘制螺旋线（间距）"命令可以灵活地创建属于 NURBS 样条线系列的旋绕线，在创建过程中可以在 X、Y 及 Z 平面中指定初始和最终的旋绕线距，设置旋绕圈数/高度以及旋绕方向（顺时针/逆时针方向）。单击单击主菜单【绘图】→【绘制螺旋线（间距）】命令，或操作栏上的"绘制螺旋线（间距）"按钮，弹出"螺旋形"对话框，如图 2-69 所示。对话框分为左、右两部分，左边用于输入旋绕线高度方向数据，右边用于输入旋绕线径向参数。主要选项含义见表 2-26。

如图 2-70 所示为中心点在 $(0,0,0)$，起始间距（左）为 2，结束间距（左）为 15，圈数为 6，高度为 45，起始间距（右）为 2，结束间距（右）为 24，最内圈半径为 20 的顺时针螺旋线。

表 2-26　　　　　　　　　　　　　　"螺旋线"参数说明

选项	说明
🕀	重新定位旋绕线中心基准点
"起始间距（左）"	在开始生成时相邻两圈旋绕线之间沿高度方向的距离
"结束间距（左）"	在生成终止时相邻两圈旋绕线之间沿高度方向的距离
"圈数/高度"	用于输入旋绕线的圈数/高度
"起始间距（右）"	在开始生成时相邻两圈旋绕线之间沿水平方向的距离
"结束间距（右）"	在生成终止时相邻两圈旋绕线之间沿水平方向的距离
"半径"	旋绕线最内圈的半径
"顺时针/逆时针"	用于设置旋绕线的旋向，分为顺时针方向和逆时针方向

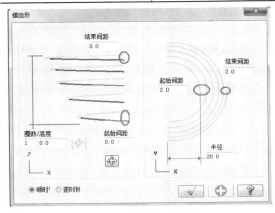

图 2-69　"螺旋形"对话框

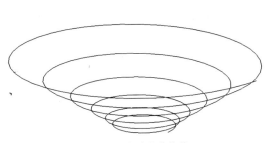

图 2-70　创建的旋绕线

2. 绘制螺旋线

"绘制螺旋线(锥度)"命令用于创建一条有锥度的螺旋线(连续的 NURBS 样条线),在创建过程中可以定义起始角度、半径、螺旋圈数/高度、螺距和螺旋方向(顺时针/逆时针方向)。单击单击主菜单【绘图】→【绘制螺旋线(锥度)】命令,或操作栏"绘制螺旋线(锥度)"按钮 ,弹出"螺旋状"对话框,如图 2-71 所示。"螺旋状"对话框中各选项参数的含义见表 2-27。

根据系统提示选择(0,0,0)作为螺旋线中心点,在对话框中设置螺旋线的参数,如图 2-71 所示。最后单击对话框中的"确认"按钮 ,创建的结果如图 2-72 所示。

表 2-27 "螺旋状"参数说明

选项	说明	选项	说明
"半径"	用于输入螺旋线第一圈的半径值	"锥度角"	用于指定螺旋线的锥度生成锥度螺旋线,0°生成圆柱螺旋线
"间距"	用于设置螺旋线螺距	"基准点"	定义放置基准点
"圈数"	用于设置螺旋线圈数	"旋转角"	绕其中心的旋转角度
"高度"	用于设置螺旋线总高度	"顺时针/逆时针"	用于设置螺旋线旋向,分为顺时针方向和逆时针方向

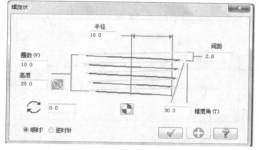

图 2-71 "螺旋形"对话框

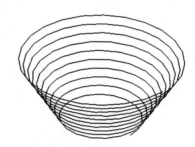

图 2-72 创建螺旋线

二、绘制样条曲线

在 MasterCAM X6 系统中提供了大量的创建样条曲线的方式,可以使用相应的操作栏对最终的几何图形进行更详尽的定义。单击单击主菜单【绘图】→【曲线】相关命令,或操作栏上的相关命令按钮,如图 2-73 所示,可以绘制样条曲线。

1. 手动创建样条曲线

"手动画曲线"命令用于通过在绘图区域单击并定义曲线的每个控制点来创建一条样条曲线。若要结束命令和固定样条曲线对象,可以通过双击最后一个点,单击"应用"按钮或者按 Enter 键来实现。单击单击主菜单【绘图】→【曲线】→【手动画曲线】命令或操作栏上的"手动画曲线"按钮 ,弹出如图 2-74 所示的操作栏。

根据系统提示,选择样条曲线所要经过的点(至少三点或更多),在绘图区域任意选择几个点(图中的点不一定存在,为容易理解特意显示出来),按 Enter 键结束,创建结果如图 2-75 所示。

图 2-73 创建样条曲线子菜单

图 2-74 "手动创建样条曲线"操作栏

2. 自动创建样条曲线

"自动生成曲线"命令可以根据一串已经存在的点(三点或者更多)自动创建一条样条曲线。选择该命令,然后在绘图区域定义曲线通过的三个点,曲线将会自动通过其余点,最后自动创建一条样条曲线。

单击单击主菜单【绘图】→【曲线】→【自动生成曲线】命令,或操作栏上的"自动生成曲线"按钮 ,弹出如图 2-76 所示的操作栏。

图 2-75　手动创建样条曲线　　　　图 2-76　"自动创建样条曲线"操作栏

如图 2-77(a)所示,根据系统提示在绘图区域的点群中,选择左下角作为第一个点,然后再选择左侧中间点作为第二个点,最后选择图中间的点作为第三个点,创建的结果如图 2-77(b)所示。

(a)　　　　　　　　　　　　　(b)

图 2-77　自动创建样条曲线

3. 转换成样条曲线

"转成单一曲线"命令创建的样条曲线是根据已经存在的几何图形(如线段、连续线和圆弧等)来转换成样条曲线。单击单击主菜单【绘图】→【曲线】→【转成单一曲线】命令或操作栏上的"转成单一曲线"按钮 ,弹出如图 2-78 所示的操作栏,同时也弹出一个"串联选项"对话框。各按钮的含义见表 2-28。

图 2-78　"转换成样条曲线"操作栏

表 2-28　　　　　　　　　　　"转换成样条曲线"选项说明

选项	说明
"串联"	单击该按钮,弹出"串联选项"对话框,用于选择要转换成样条曲线的对象
"误差" 0.02	曲线弦高用于设置新生成的样条曲线与原曲线的最大误差
"原始曲线" 删除曲线 ： 用于设置对原来几何图形的处理方式	"保留曲线":保留原来的几何图形对象
	"隐藏曲线":隐藏原来的几何图形对象
	"删除曲线":删除原来的几何图形对象
	"移动到层别":移动原来的几何图形对象到"当前"图层
"层别" 1	将几何图形移动到的图层设置

根据系统提示,选择绘图区域中的要转换为曲线的串联几何图形,选择如图 2-79 所示的连续线和一条线段,单击"串联选项"对话框中的"确定"按钮 ,结束串联选择。

设置原来几何图形的处理方式为"删除曲线",再单击操作栏上的"确定"按钮,则此时原来的线段就转换为样条曲线了,但是其外观无任何变化。可以通过单击主菜单【绘图】→【绘点】→【曲线节点】命令或单击操作栏上的"曲线节点"按钮 来检查所产生的曲线,转换后的样条曲线将显示曲线节点,如图 2-80 所示。

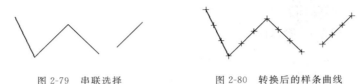

图 2-79　串联选择　　　　　　　图 2-80　转换后的样条曲线

4. 熔接样条曲线

"熔接曲线"命令用于在两个几何图形(如线段、连续线和圆弧等)之间产生一条和两个几何图形相切的样条曲线。单击单击主菜单【绘图】→【曲线】→【熔接曲线】命令或操作栏上的"熔接曲线"按钮 ,弹出如图 2-81 所示操作栏。操作栏上各选项的含义见表 2-29。

图 2-81　"熔接样条曲线"操作栏

表 2-29　　　　　　　　　　　　"熔接样条曲线"选项说明

选项	说明
"选择第一条曲线"	选择第一条线
"第一点范围" 1.0	第一条线相切度量值大小
"选择第二条曲线"	选择第二条线
"第二点范围" 1.0	第二条线相切度量值大小
"修剪" ,用于设置修剪方式	"无":对两条曲线都不修
	"两者":对两条曲线同时修剪
	"第一条曲线":修剪第一条线
	"第二条曲线":修剪第二条线

根据系统提示,在绘图区域选择如图 2-82 所示的几何图形对象。先熔接右上角两个对象,选择第一个对象的熔接位置,移动箭头到圆弧端点,单击鼠标左键;根据系统提示选择第二个对象的熔接位置,移动箭头到端点,单击鼠标左键,按 Enter 键,创建的结果如图 2-83 所示。

图 2-82　选择几何图形对象　　　　　图 2-83　熔接右上角两个对象

任 务 检 查

盖板零件造型设计与数控加工项目考核指标见表 2-30。

表 2-30　　　　　　　　　盖板零件造型设计与数控加工项目考核指标

任务名称	序号	任务内容	任务标准	分值	得分
盖板零件造型设计与数控加工	1	盖板零件造型设计	(1)快速、准确地阅读零件图； (2)高效完成盖板零件造型设计	15	
	2	工艺过程	(1)分析零件的工艺性,拟订零件加工方案(包括毛坯定位与夹紧,编制工序卡)； (2)合理选择刀具,编制刀具卡	15	
	3	刀具路径	选择合理加工刀具路径,编制加工程序,生成 G 代码,编制数控加工程序说明书	40	
	4	仿真结果	利用仿真软件,完成零件仿真加工并进行精度检测	10	
	5	文件资料	按照任务单准时、齐全、正确地提交相关文件	15	
	6	工作效率及职业操守	工作效率及时间观念、责任意识、团队合作、工作主动性强	5	

情境设计

如图 3-1 所示支座零件，单件加工，材料为 2A50，要求编制数控加工程序

情境描述

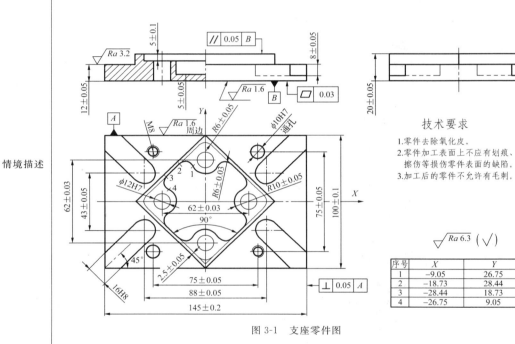

技术要求

1. 零件去除氧化皮。
2. 零件加工表面上不应有划痕、擦伤等损伤零件表面的缺陷。
3. 加工后的零件不允许有毛刺。

$\sqrt{Ra\ 6.3}$ ($\sqrt{}$)

序号	X	Y
1	−9.05	26.75
2	−18.73	28.44
3	−28.44	18.73
4	−26.75	9.05

图 3-1　支座零件图

学习任务

1. 查阅机械加工工艺手册、加工中心编程及操作手册等，分析零件信息，确定加工工艺，确定毛坯材料、形状及大小，确定加工工序。
2. 编制工艺文件，填写相关卡片。
3. 运用 MasterCAM 挤出实体、旋转实体等命令完成实体造型。
4. 编制刀具路径，生成加工程序。
5. 运用仿真软件进行加工仿真

学习目标	知识目标： 　1.熟悉 MasterCAM"平面铣""孔位加工"等刀具路径的特点及其应用。 　2.熟练掌握 MasterCAM 基本实体、旋转实体等命令并能灵活应用。 能力目标： 　1.规划数控加工工艺,编制工艺文件。 　2.会运用 MasterCAM 高效造型并编制刀具路径。 　3.会检验刀具路径、输出加工程序并加以优化。 素质目标： 　1.培养爱岗敬业、追求卓越的工作习惯。 　2.培养对比分析,科学评价的工作方法
教学资源	1.支座零件图、刀具卡、数控加工工序卡、加工程序说明书、机械加工工艺手册、切削用量手册、通用夹具选用手册等;相关刀具手册、机床操作编程手册等。 2.MasterCAM、仿真模拟等 CAD/CAM 软件、投影设备、网络化教学环境。 3.通用计算机、黑板、多媒体等
教学方法	具体方法：项目教学法、小组讨论法、案例分析法。 组织形式：创设学习情境,明确学习任务,教师协调下学生自愿分组,分工;提出资讯建议,提供获取资讯的方法与途径信息;重视立体轮廓类零件的结构特点分析
学习方法	1.资讯：分析零件信息、加工要求,工艺与程序编制方法、加工成本的确定方法等信息。 2.计划：三维造型方法确定,数控加工工艺的制定,数控加工程序的编制,仿真软件检验,填写数控加工工艺卡、程序单,制订总体工作计划等。 3.决策：制定工艺过程,确定加工设备,零件的装夹方法,选用刀具,确定毛坯。 4.实施：运用 MasterCAM 完成零件的三维造型;完成零件数控编程;输出加工程序并检验。 5.检查：三维造型的尺寸准确性检查,数控加工刀具路径的合理性检查,数控加工仿真检查。 6.评估：小组成果展示,反思工作过程,小组书面总结并交流

	序号	名称	数量	格式	内容及要求
学习成果	1	支座零件三维造型文件	1	.MCX	正确完成支座零件造型设计
	2	支座零件的数控加工工序卡	1	.doc	合理安排数控加工工序
	3	支座零件加工刀具卡	1	.doc	合理选用数控加工刀具
	4	支座零件刀具路径文件	1	.MCX	合理编制支座零件的刀具路径
	5	加工程序说明书	1	.doc	编辑优化数控加工程序
	6	支座零件仿真加工结果文件	1	.pj 或 .vpj	仿真检验加工程序
	7	任务学习小结	1	.doc	检查学习成果,书面总结并交流

注：资讯、计划、决策、实施、检查、评估根据实际情况取舍,但应体现教学过程。

工作任务

一、支座零件加工工艺分析

1.结构分析

该零件轮廓主要由直线、圆弧、孔、槽等构成,图纸尺寸标注准确、清晰。

2. 技术要求

该零件轮廓外形以及腔槽部分的尺寸精度、表面粗糙度要求较高,有垂直度、平行度等要求,须采用数控加工;工件材料为 2A50,具有良好的切削加工性能,刀具材料选用硬质合金。

3. 设备选择

由于零件加工部位较多,所需刀具较多,为了减少换刀次数,选择数控加工中心进行加工。零件的加工工艺路径参考机械加工工艺卡。

4. 装夹方案

本工件比较规则,采用机用平口虎钳一次装夹即可。装夹时需要找正钳口,合理选择垫铁,保证工件至少高出钳口 16 mm。

5. 机械加工工艺卡(表 3-1)

6. 数控加工工序卡(表 3-2)

7. 数控加工刀具卡(表 3-3)

表 3-1   机械加工工艺卡

××学院		机械加工工艺卡		产品型号			零件图号		3-1	
				产品名称			零件名称	支座	共1页	第1页
材料	2A50	毛坯种类	型材	毛坯尺寸/mm	145×100×21	每毛坯可制件数	1	每台件数		备注
工序号	工序名称	工序内容		车间	设备		工艺装备		工时/min	
									准终	单件/s
10	下料	下料		钳工车间	G7025					
20	铣	粗铣四方表面,保证高度 21±0.05 mm		机加车间	X5032A		平口钳、硬质合金铣刀			
30	铣	精铣四方,保证毛坯外形尺寸 145 mm×100 mm,精铣上表面,高度方向留 1 mm 余量		机加车间	X5032A		平口钳、硬质合金铣刀			
40	铣	精铣轮廓和腔槽		数控车间	VMC850		平口钳、硬质合金铣刀			
50	钻、铰	钻、铰 φ12 mm、φ10 mm 圆孔		数控车间	VMC850		平口钳、中心钻、麻花钻			
60	钳	去除全部毛刺		钳工车间			虎钳、锉刀等			
70	攻	攻 M8 螺纹		钳工车间			M8 丝锥、塞规			
80	检	按图纸要求全面检验		钳工车间			游标卡尺、深度尺等			
					设计(日期)	校对(日期)	审核(日期)	标准化(日期)		会签(日期)
标记	处数	更改文件号	签字	日期	标记	处数	更改文件号	签字	日期	

表 3-2　　　　　　　　　　　　　　　　数控加工工序卡

××学院		数控加工工序卡		产品型号		零件图号		3-1	
				产品名称		零件名称		支座	
材料牌号	2A50	毛坯种类	型材	毛坯尺寸/mm		备注			
工序号	工序名称	设备名称	设备型号	程序编号	夹具代号	夹具名称	冷却液	车间	
40、50	精铣轮廓、腔槽	加工中心	VMC 850			平口钳	乳化液	数控车间	
工步号	工步内容	刀具号	刀具	量、检具	主轴转速/ $(r \cdot min^{-1})$	进给速度/ $(mm \cdot min^{-1})$	背吃刀量/ mm	备注	
1	粗、精铣上表面	T01	ϕ50 mm 面铣刀	游标卡尺	1 200	150	1		
2	粗铣四方凸台	T02	ϕ20 mm 平底刀	游标卡尺	1 200	200	1		
3	精铣四方凸台	T03	ϕ10 mm 平底刀	游标卡尺	3 000	500	0.5		
4	粗铣四方内腔	T03	ϕ10 mm 平底刀	游标卡尺	3 500	600	1		
5	精铣四方内腔	T04	ϕ6 mm 平底刀	游标卡尺	1 200	200	0.5		
6	粗铣十字型腔	T03	ϕ10 mm 平底刀	游标卡尺	3 500	600	1		
7	精铣十字型腔	T04	ϕ6 mm 平底刀	游标卡尺	1 200	200	0.5		
8	粗铣开口槽	T03	ϕ10 mm 平底刀	游标卡尺	3 500	600	1		
9	精铣开口槽	T04	ϕ6 mm 平底刀	游标卡尺	1 200	200	0.5		
10	钻中心孔	T05	ϕ5 mm 中心钻	游标卡尺	1200	100	0.5		
11	钻孔	T06	ϕ9.8 mm 麻花钻	游标卡尺	800	80		属于 50 工序	
12	铰孔	T07	铰 ϕ10 mm 孔	游标卡尺	600	80			
13	铰孔	T08	铰 ϕ12 mm 孔	游标卡尺	600	80			
编制		审核		批准			共　页　第　页		

表 3-3　　　　　　　　　　　　　　　　数控加工刀具卡

××学院		数控加工刀具卡		产品型号			零件图号		3-1	
				产品名称			零件名称		支座	
材料	2A50	毛坯种类	型材	毛坯尺寸/mm		145×100×21	备注			
工序号	工序名称	设备名称	设备型号	程序编号		夹具代号	夹具名称	冷却液	车间	
50	精铣轮廓、腔槽	加工中心	VMC850				3 爪卡盘	乳化液	数控车间	
工步号	刀具号	刀具 名称	刀具规 格/mm	刀具参数		刀柄型号	刀补地址		换刀 方式	
				直径/mm	长度/mm		半径/mm	长度/mm		
1	T01	面铣刀	ϕ50	50	50	BT40、ER32	D1	H1	自动	
2	T02	平底刀	ϕ20	20	82	BT40、ER32	D2	H2	自动	
3	T03	平底刀	ϕ10	10	72	BT40、ER32	D3	H3	自动	
4	T04	平底刀	ϕ6	6	57	BT40、ER32	D4	H4	自动	
5	T05	中心钻	ϕ5	5	63	BT40、ER32		H5	自动	
6	T06	麻花钻	ϕ9.8	9.8	70	BT40、ER32		H6	自动	
7	T07	铰刀	ϕ10	10	50	BT40、ER32		H7	自动	
8	T08	铰刀	ϕ12	12	50	BT40、ER32		H8	自动	
编制		审核		批准			共　页		第　页	

二、支座零件 CAD 建模

该零件实体可以按照底座方块→凸台→槽→孔的顺序完成建模。

1. 工作环境初始化

启动 MasterCAM,进入工作界面。绘制图形之前,建议首先规划图层、设置视角,设置构图面、设置工作深度。(具体步骤略)

2. 绘制矩形轮廓线

(1)设置中心线属性并绘制中心线

①按 F9 键,打开系统的坐标原点。设置"线型"为"中心线","线宽"默认"细线","颜色"选择"红色 12",设置为"2D"绘图。

②绘制中心线

利用直线命令绘制中心线。

(2)设置"线型"为"连续线","线宽"默认"粗线",设置"轮廓线的层别"为"2",选择"颜色"为"绿色 10",绘制"宽"为"145","长"为"100"的矩形,如图 3-2 所示。

3. 绘制开口槽及圆

(1)在状态栏输入"工作深度""12"。

(2)绘制圆心为(-44,-21.5),半径为"8"的圆,如图 3-3 所示。

(3)利用"直线"命令绘制过图 3-3 中圆心的和 X 轴呈 45°夹角的直线,并绘制该直线相切于圆的平行线,如图 3-4 所示。

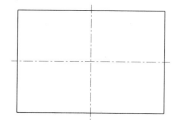
图 3-2　绘制中心线与矩形

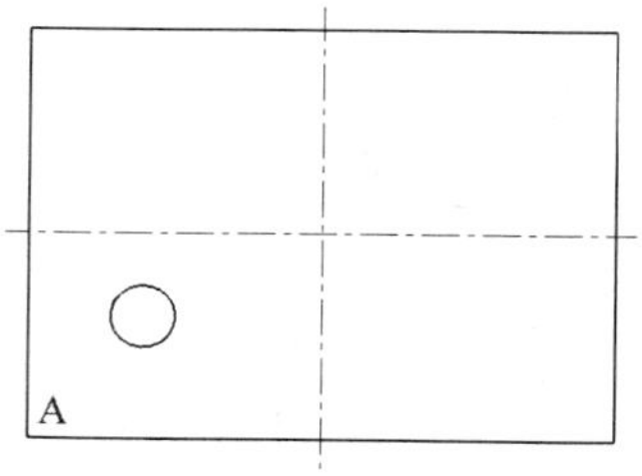

图 3-3　绘制圆

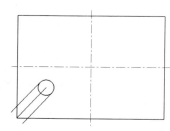
图 3-4　绘制直线及其平行线

(4)删除过圆心的直线,修剪曲线并封闭图形,结果如图 3-5 所示。

(5)利用"镜像"命令创建如图 3-6 所示图形。

(6)分别绘制圆心为(-37.5,-37.5),半径为"5"的圆和圆心为(-37.5,37.5),半径为"4"的圆,结果如图 3-7 所示。

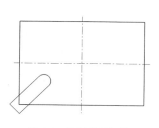
图 3-5　绘制的封闭槽

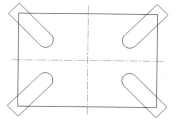
图 3-6　镜像特征

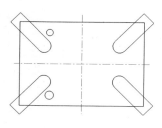
图 3-7　绘制两个圆

（7）利用"旋转"命令，分别选择刚才绘制的圆，旋转180°，选择"复制"选项，如图3-8所示。完成"工作深度"为"12"的所有图形绘制，如图3-9所示。

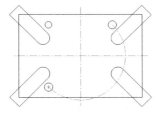 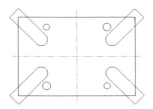

图3-8 旋转特征　　　　　　　图3-9 绘制的开口槽和圆

4.绘制十字腔槽轮廓

（1）在状态栏输入"工作深度"为"15"。

（2）利用"圆"命令，以（0,31）为圆心，分别绘制半径为"10"和"6"的两个圆。

（3）按照图纸给出的坐标值，利用"点"命令绘制四个点，如图3-10所示。

（4）绘制如图3-11所示圆弧和直线。

（5）利用"旋转"命令旋转复制圆弧和直线并修剪，结果如图3-12所示。

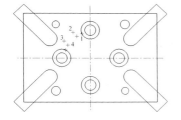 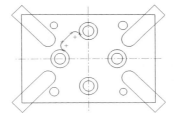 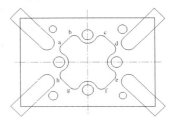

图3-10 绘制的圆和点　　　图3-11 绘制的圆弧和直线　　　图3-12 绘制十字腔槽轮廓

5.绘制四方腔槽内外轮廓

（1）在状态栏输入"工作深度"为"20"。

（2）选择图3-12中的线段"ab、cd、ef、gh"，利用"平移"命令沿＋Z方向复制移动"5"，利用"修剪"命令创建如图3-13所示图形。

（3）利用"串联补正"命令，把刚才得到的四边形向外偏移"2.5"，选择"复制"单选按钮，选择转角类型为"无"，完成四方腔槽外轮廓的绘制。对内轮廓倒圆角，得到四方腔槽内外轮廓，如图3-14所示。

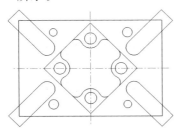 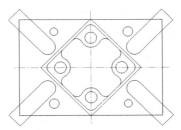

图3-13 复制平移并修剪后的图形　　　图3-14 四方腔槽内外轮廓

6.创建底座实体

(1)规划实体图层,关闭中心线层。

(2)单击主菜单【实体】→【挤出】命令,在"串联选项"对话框中单击 ⚬⚬⚬ 按钮,在绘图区选择矩形,单击 ☑ 按钮,弹出"挤出串联"对话框,选择创建主体,"延伸距离"为"12",单击 ☑ 按钮,完成底座的创建,结果如图 3-15 所示。

7.创建开口槽

单击主菜单【实体】→【挤出】命令,在"串联选项"对话框中单击 ⚬⚬⚬ 按钮,在绘图区选择四个开口槽的封闭轮廓线,单击 ☑ 按钮,在"挤出串联"对话框中选择"切割实体"选项,"距离"设定为"8",调整方向使之向下切割,单击 ☑ 按钮,完成开口槽的创建,结果如图 3-16 所示。

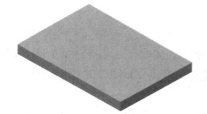

图 3-15　创建底座

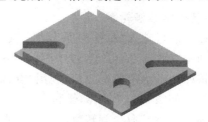

图 3-16　开口槽

8.创建通孔、盲孔

(1)单击主菜单【绘图】→【基本实体】→【圆柱体】命令,在弹出的"圆柱体"对话框中选择"实体"选项,在 🕐 按钮后输入圆柱体半径"4",在 📏 按钮后输入高度"6",在自动抓点操作栏中输入圆柱体基准点位置(−37.5,37.5,6),创建圆柱体。同样方法在(37.5,−37.5,6)位置创建半径为"4",高度为"6"的圆柱体;分别以(−37.5,−37.5,0)和(37.5,37.5,0)为基准位置创建半径为"5",高度为"12"的两个圆柱体。

(2)单击主菜单【实体】→【布尔运算-切割】命令,依提示选取底座零件为"目标主体",选取圆柱体为"工件主体"(为了方便准确选取,可以激活验证选取按钮 🔲 1.0 ▾ ⬍),单击 ⬤ 按钮,完成通孔、盲孔的创建,结果如图 3-17 所示。

9.创建四方腔槽凸台

单击主菜单【实体】→【挤出】命令,在"串联选项"对话框中单击 ⚬⚬⚬ 按钮,在绘图区选择四方腔槽外轮廓线,单击 ☑ 按钮,在"挤出串联"对话框中选择"增加凸缘"选项,延伸距离设定为"8",调整方向,单击 ☑ 按钮,完成方形凸台的创建,结果如图 3-18 所示。

10.创建四方腔槽

单击主菜单【实体】→【挤出】命令,在"串联选项"对话框中单击 ⚬⚬⚬ 按钮,在绘图区选择四方腔槽内轮廓线,单击 ☑ 按钮,在"挤出串联"对话框中选择"切割实体"选项,距离设定为"5",调整方向,单击 ☑ 按钮,完成方形槽的创建,结果如图 3-19 所示。

图 3-17　创建通孔、盲孔

图 3-18　方形凸台

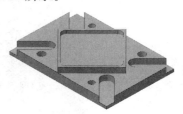

图 3-19　四方腔槽

11. 创建十字腔槽

单击主菜单【实体】→【挤出】命令，在"串联选项"对话框中单击⊙⊙⊙按钮，在绘图区选择十字腔槽轮廓串联，单击主菜单✅按钮，在"挤出串联"对话框中选择"切割实体"选项，距离设定为"15"，调整方向，单击✅按钮，完成十字槽的创建，结果如图 3-20 所示。

12. 创建通孔

单击主菜单【绘图】→【基本实体】→【圆柱体】命令，依次以（0，31，0）、（0，-31，0）、（31，0，0）、（-31，0，0）为基准位置创建半径为"6"的圆柱体实体，利用布尔切割运算，完成通孔的创建，结果如图 3-21 所示。

图 3-20　创建十字腔槽

图 3-21　四个通孔

三、支座零件的 CAM 编程

支座零件的造型结构规则适用于二维刀具路径加工，这里隐藏实体所在图层以及中心线图层，以便于编制刀具路径。

1. 选择机床类型

单击主菜单【机床类型】→【铣床】→【默认】命令，选择铣床（加工中心）作为加工设备。

2. 设定毛坯材料

根据机械加工工艺安排，此工件前期已经安排了普铣工艺，因此这里直接按照半成品设置数控加工用毛坯。在"刀具操作管理器"中"刀具路径"选项卡下，展开"属性"选项，单击"素材设置"，弹出"机器群组属性"对话框。在"素材设置"选项卡中设置"素材原点""X=0，Y=0，Z=21"，边界盒的长、宽、高分别为"X=145，Y=100，Z=21"。单击✅按钮，完成毛坯设置。

3. 粗铣零件上表面

（1）单击主菜单【刀具路径】→【平面铣】命令，系统将提示"输入新的 NC 名称"，输入名称"支座_CAM"，单击✅按钮。

（2）在弹出的"串联选项"对话框中，确认选择"串联"选项，选择"145×100"的矩形作为外形轮廓，单击✅按钮，弹出"2D 刀具路径-平面铣削"对话框。

（3）单击左侧列表框中"刀具"选项，定义 $\phi50$ mm 面铣刀，"刀长"为"50"，"进给率"为"150"；"主轴转速"为"1200"；"下刀速率"为"100"，其余参数选择默认；

（4）单击左侧列表框中"切削参数"选项，定义"截断方向超出量"为"20％"、"引导方向超出量"为"60％"、"进刀引线长度""退刀引线长度"均为"50％"，设置"最大步进量"为"50％"，"底面预留量"为"0"，其余参数选择默认。

（5）单击"Z 轴分层铣削"，勾选"深度切削"复选框，设置"最大粗切步进量"为"0.5"，"精修次数"为"1"，"精修量"为"0.2"，勾选"不提刀"。

(6)单击左侧列表框中"共同参数"选项,确认"参考高度"为"增量坐标25.0","进给下刀位置"为"增量坐标10","工件表面"为"绝对坐标21","深度"为"绝对坐标20"。

(7)单击左侧列表框中"冷却液"选项,设置"Flood"选项为"on"。

(8)单击☑按钮,完成平面铣刀具路径的创建。

4. 粗铣四方凸台

(1)单击主菜单【刀具路径】→【2D挖槽】命令,在弹出的"串联选项"对话框中,确认选择"串联"选项,选择"145×100"的矩形和方形凸台的轮廓线,如图3-22所示,单击☑按钮,弹出"2D刀具路径-2D挖槽"对话框。

(2)单击左侧列表框中"刀具"选项,定义 ϕ20 mm平底刀,"进给率"为"200";"主轴转速"为"1200";"下刀速率"为"100"。

(3)单击左侧列表框中"切削参数"选项,选择"顺铣","挖槽加工方式"为"平面铣","壁边预留量"为"0.5","底面预留量"为"0","粗加工方式"为"依外形环切","切削间距"为"50%","进刀方式"为"螺旋式",关闭精加工。

(4)单击"Z轴分层铣削",勾选"深度切削"复选框,设置"最大粗切步进量"为"1","精修次数"为"1","精修量"为"0.2",勾选"不提刀",分层铣深的顺序选择"依照深度"

(5)单击左侧列表框中"共同参数"选项,确认"参考高度"为"增量坐标25.0","进给下刀位置"为"增量坐标10","工件表面"为"绝对坐标20","深度"为"绝对坐标12"。

(6)单击右侧列表框中"冷却液"选项,设置"Flood"选项为"on"。

(7)单击☑按钮,完成挖槽刀具路径的创建。

(8)单击操作管理窗口❷按钮,弹出"验证"对话框,选择"碰撞停止"选项,单击▶按钮,模拟实体加工,最终结果如图2-23所示。

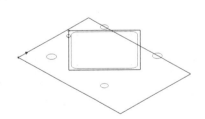
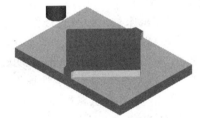

图3-22　选择"串联"　　　　图3-23　四方凸台模拟加工

5. 精铣四方凸台外轮廓

(1)单击主菜单【刀具路径】→【外形铣削】命令,在弹出的"串联选项"对话框中,确认选择"串联"选项,选择四方凸台的轮廓线,单击☑按钮,弹出"2D刀具路径-外形铣削"对话框。

(2)单击左侧列表框中"刀具"选项,创建 ϕ10 mm平底刀,"进给率"为"500";"主轴转速"为"2500";"下刀速率"为"100"。

(3)单击左侧列表框中"切削参数"选项,选择"外形铣削方式"为"2D","刀具在转角处走圆角"选项设为"无","壁边预留量"为"0","底面预留量"为"0",其余参数选择默认。

(4)单击左侧列表框中"Z轴分层铣削",勾选"深度切削"复选框,设置"最大粗切步进量"为"1.0","精修次数"为"0",勾选"不提刀"。

(5)单击左侧列表框中"进/退刀参数",不勾选"在封闭轮廓的中点位置执行进/退刀"复选框。

(6)单击左侧列表框中"XY轴分层铣削",勾选"XY轴分层铣削"复选框,在"粗加工"选项下,设置"次数"为"2","间距"为"5",设置"精加工次数"为"1","间距"为"0.5",勾选"不提刀"。

(7)单击左侧列表框中"共同参数"选项,确认"参考高度"为"增量坐标25.0","进给下刀位置"为"增量坐标10","工件表面"为"绝对坐标20","深度"为"绝对坐标12"。

(8)单击左侧列表框中"冷却液"选项,设置"Flood"选项为"on"。

(9)单击 按钮,完成刀具路径的创建,如图3-24所示。

(10)单击操作管理窗口 按钮,弹出"验证"对话框,选择"碰撞停止"选项,单击 按钮,模拟实体加工,最终结果如图2-25所示。

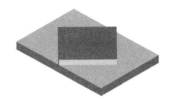

图3-24　选择"串联"　　　　　图3-25　四方凸台模拟加工

6. 粗铣四方腔槽

(1)单击主菜单【刀具路径】→【标准挖槽】命令,在弹出的"串联选项"对话框中,确认选择"串联"选项,选择四方腔槽内轮廓线,单击 按钮,弹出"2D刀具路径-2D挖槽"对话框。

(2)单击左侧列表框中"刀具"选项,选择 ϕ10 mm平底刀,"进给率"为"200";"主轴转速"为"1200";"下刀速率"为"100"。

(3)单击左侧列表框中"切削参数"选项,选择"顺铣","挖槽加工方式"为"标准","壁边预留量"为"0.2","底面预留量"为"0"。

(4)单击左侧列表框中"粗加工"选项,"切削方式"为"平行环切","切削间距(直径％)"为"50",关闭精加工。

(5)单击左侧列表中的"进刀方式",选择"螺旋式"进刀。

(6)单击左侧列表中"Z轴分层铣削",勾选"深度切削"复选框,设置"最大粗切步进量"为"1","精修次数"为"0",勾选"不提刀";

(7)单击左侧列表框中"共同参数"选项,确认"参考高度"为"相对坐标25.0","进给下刀位置"为"相对坐标10","工件表面"为"绝对坐标20","深度"为"绝对坐标15"。

(8)单击左侧列表框中"冷却液"选项,设置"Flood"选项为"on"。

(9)单击 按钮,完成四方腔槽粗加工刀具路径的创建。

7. 精铣四方腔槽

(1)单击主菜单【刀具路径】→【外形铣削】命令,在弹出的"串联选项"对话框中,确认选择"串联"选项,选择四方腔槽内轮廓线,单击 按钮,弹出"2D刀具路径-外形铣削"对话框。

(2)单击左侧列表框中"刀具"选项,创建 ϕ6 mm平底刀,"进给率"为"500";"主轴转速"为"2500";"下刀速率"为"100"。

(3)单击左侧列表框中"切削参数"选项,选择"外形铣削方式"为"2D","壁边预留量"为"0","底面预留量"为"0",其余参数选择默认。

(4)单击左侧列表框中"Z轴分层铣削",勾选"深度切削"复选框,设置"最大粗切步进量"为"1.0","精修次数"为"1","精修量"为"0.2",勾选"不提刀"。

(5)单击左侧列表框中"进/退刀参数",勾选"在封闭轮廓的中点位置执行进/退刀"复选框。设置为"圆弧进刀""圆弧退刀","进/退刀半径"均为"6"。

(6)单击左侧列表框中"XY轴分层铣削",勾选"XY轴分层铣削"复选框,在"粗加工"选项下,设置"次数"为"1","间距"为"3",设置"精加工次数"为"2","间距"为"0.5",勾选"不提刀"。

(7)单击右侧列表框中"共同参数"选项,确认"参考高度"为"相对坐标25.0","进给下刀位置"为"相对坐标10","工件表面"为"绝对坐标20","深度"为"绝对坐标15"。

(8)单击右侧列表框中"冷却液"选项,设置"Flood"选项为"on"。

(9)单击![✓]按钮,完成四方腔槽精加工刀具路径的创建。

8. 粗铣十字腔槽

(1)单击主菜单【刀具路径】→【2D挖槽】命令,在弹出的"串联选项"对话框中,确认选择"串联"选项,选择十字腔槽轮廓线,单击![✓]按钮,弹出"2D刀具路径-2D挖槽"对话框。

(2)单击左侧列表框中"刀具"选项,选择ϕ10 mm平底刀,"进给率"为"200";"主轴转速"为"1200";"下刀速率"为"100"。

(3)单击左侧列表框中"切削参数"选项,选择"顺铣","挖槽加工方式"为"标准","壁边预留量"为"0.5","底面预留量"为"0"。

(4)单击左侧列表框中"粗加工"选项,"切削方式"为"平行环切","切削间距(直径%)"为"50",关闭精加工。

(5)单击左侧列表中的"进刀方式",选择"螺旋式"进刀方式。

(6)单击左侧列表中"Z轴分层铣削",勾选"深度切削"复选框,设置"最大粗切步进量"为"1","精修次数"为"1","精修量"为"0.2",勾选"不提刀";

(7)单击左侧列表框中"共同参数"选项,确认"参考高度"为"相对坐标25.0","进给下刀位置"为"相对坐标10","工件表面"为"绝对坐标15","深度"为"绝对坐标5"。

(8)单击左侧列表框中"冷却液"选项,设置"Flood"选项为"on"。

(9)单击![✓]按钮,完成十字腔槽粗加工刀具路径的创建,如图3-26所示。

(10)单击操作管理窗口![]按钮,弹出"验证"对话框,选中"碰撞停止"选项,单击![▶]按钮,模拟实体加工,最终结果如图3-27所示。

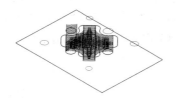

图3-26 选择"串联"

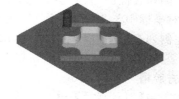

图3-27 四方槽腔模拟加工

9. 精铣十字腔槽

(1)单击主菜单【刀具路径】→【外形铣削】命令,在弹出的"串联选项"对话框中,确认选择"串联"选项,选择十字腔槽内轮廓线,单击![✓]按钮,弹出"2D刀具路径-外形铣削"对话框。

(2)单击左侧列表框中"刀具"选项,选择ϕ6 mm平底刀,"进给率"为"500";"主轴转速"

为"2500";"下刀速率"为"100"。

(3)单击左侧列表框中"切削参数"选项,选择"外形铣削方式"为"2D","壁边预留量"为"0","底面预留量"为"0",其余参数选择默认。

(4)单击左侧列表框中"Z轴分层铣削",勾选"深度切削"复选框,设置"最大粗切步进量"为"1.0","精修次数"为"0",勾选"不提刀"。

(5)单击左侧列表框中"XY轴分层铣削",勾选"XY轴分层铣削"复选框,在"粗加工"选项下,设置"次数"为"1","间距"为"2","设置精加工次数"为"1","间距"为"0.2",勾选"不提刀"。

(6)单击左侧列表框中"共同参数"选项,确认"参考高度"为"相对坐标25.0","进给下刀位置"为"相对坐标10","工件表面"为"绝对坐标15","深度"为"绝对坐标5"。

(7)单击右侧列表框中"冷却液"选项,设置"Flood"选项为"on"。

(8)单击✅按钮。完成十字腔槽精加工刀具路径的创建。

10. 粗、精铣开口槽

(1)单击主菜单【刀具路径】→【2D挖槽】命令,在弹出的"串联选项"对话框中,确认选择"串联"选项,选择开口槽的轮廓线,单击✅按钮,弹出"2D刀具路径-2D挖槽"对话框。

(2)单击左侧列表框中"刀具"选项,定义ϕ10 mm平底刀,"进给率"为"200";"主轴转速"为"1200";"下刀速率"为"100"。

(3)单击左侧列表框中"切削参数"选项,选择"顺铣","挖槽加工方式"为"开放式挖槽"。"壁边预留量"为"0.3","底面预留量"为"0.2"。

(4)单击左侧列表框中"粗加工",设置"切削方式"为"平行环切","切削间距"为"50%"。

(5)单击左侧列表框中"进刀方式",选择"关"。

(6)单击左侧列表框中"Z轴分层铣削",勾选"深度切削"复选框,设置"最大粗切步进量"为"0.2","精修次数"为"1","精修量"为"0.1",勾选"不提刀"。

(7)单击左侧列表框中"共同参数"选项,确认"参考高度"为"增量坐标25.0","进给下刀位置"为"增量坐标5","工件表面"为"绝对坐标12","深度"为"绝对坐标4"。

(8)单击左侧列表框中"冷却液"选项,设置"Flood"选项为"on"。

(9)单击✅按钮,完成开放式挖槽刀具路径的创建。

(10)用同样方法创建开口槽精加工刀具路径。

11. 钻中心孔

(1)单击主菜单【刀具路径】→【钻孔】命令,系统弹出"选取钻孔的点"对话框,单击"选择图素"按钮,在绘图区域选择ϕ10 mm的两个圆,单击⬤按钮确定,单击✅按钮,弹出"2D刀具路径-钻孔/全圆铣削 深孔钻-无啄钻"对话框。

(2)单击左侧列表框中"刀具"选项,定义ϕ5 mm的中心钻,"进给率"为"100";"主轴转速"为"1200";"下刀速率"为"100"。

(3)单击左侧列表框中"共同参数"选项,确认"参考高度"为"增量坐标10.0","工件表面"为"绝对坐标12","深度"为"绝对坐标9"。

同样方法选择ϕ10 mm和ϕ8 mm的圆,点钻中心孔。

12. 粗加工ϕ12 mm的孔

(1)单击主菜单【刀具路径】→【钻孔】命令,在弹出的"选取钻孔的点"对话框中单击"选择图素"按钮,在绘图区域选择ϕ12 mm的四个圆,单击✅按钮,弹出"2D刀具路径-钻孔/全圆铣削深孔钻-无啄钻"对话框。选择"刀具路径类型"为"全圆铣削"。

（2）单击左侧列表框中"刀具"选项，选择 ϕ10 mm 的平底刀钻头，"进给率"为"100"；"主轴转速"为"1200"；"下刀速率"为"100"。

（3）单击左侧列表框中"共同参数"选项，确认"参考高度"为"增量坐标 10.0"，"工件表面"为"绝对坐标 15"，"深度"为"绝对坐标 0"。

（4）单击左侧列表框中"贯穿"选项，勾选"贯穿"，在"贯穿距离"后的文本框中输入"3"。

（5）单击左侧列表框中"冷却液"选项，设置"Flood"选项为"on"。

13. 精加工 ϕ12 mm 的孔

（1）单击主菜单【刀具路径】→【钻孔】命令，在弹出的"选取钻孔的点"对话框中单击"选择图素"按钮，在绘图区域选择 ϕ12 mm 的四个圆，单击 ✓ 按钮，弹出"2D 刀具路径-钻孔"对话框。

（2）单击左侧列表框中"刀具"选项，定义 ϕ12 mm 铰刀，"进给率"为"100"；"主轴转速"为"1200"；"下刀速率"为"100"。

（3）单击左侧列表框中"共同参数"选项，确认"参考高度"为"增量坐标 10.0"，"工件表面"为"绝对坐标 15"，"深度"为"绝对坐标 0"。

（4）单击左侧列表框中"刀尖补正"选项，勾选"刀尖补正"，设置"贯穿距离"为"2"。

（5）单击左侧列表框中"冷却液"选项，设置"Flood"选项为"on"。

14. 粗加工 ϕ10 mm 的孔

（1）单击主菜单【刀具路径】→【钻孔】命令，在弹出的"选取钻孔的点"对话框中单击"选择图形"按钮，在绘图区域选择 ϕ10 mm 的两个圆，单击 ✓ 按钮，弹出"2D 刀具路径-钻孔"对话框。

（2）单击左侧列表框中"刀具"选项，定义 ϕ9.8 mm 的钻头，"进给率"为"100"；"主轴转速"为"1200"；"下刀速率"为"100"。

（3）单击左侧列表框中"共同参数"选项，确认"参考高度"为"相对坐标 10.0"，"工件表面"为"绝对坐标 12"，"深度"为"绝对坐标 0"。

（4）单击左侧列表框中"刀尖补正"选项，勾选"刀尖补正"，设置"贯穿距离"为"2"。

（5）单击左侧列表框中"冷却液"选项，设置"Flood"选项为"on"。

15. 精加工 ϕ10 mm 的孔

参照前述步骤，新建 ϕ10 mm 的铰刀完成 ϕ10 mm 孔的精加工。

16. 粗/精加工 M8 的螺纹孔

参照前述步骤，新建 ϕ6.8 mm 的钻头，完成螺纹底孔加工，新建 M8×1.25 的右牙螺纹刀，完成 M8 螺纹的加工。

17. 加工程序与加工报表的生成

（1）生成加工程序

选择刀具路径管理器中的某刀具路径，单击 G1 按钮，在弹出的"后处理程序"对话框中单击 ✓ 按钮确认，在弹出的"另存为"对话框中选择存储路径，输入文件名，单击"保存"按钮，即可产生相应加工程序，并自动启动 MasterCAM X6 编辑器。在编辑器中可以对 NC 代码进行编辑修改。

（2）生成加工报表

在刀具路径管理器空白处单击鼠标右键，在弹出的快捷键菜单中选择"加工报表"，弹出"加工报表"对话框，输入相关信息，单击 ✓ 按钮，即可生成加工报表。

四、支座零件数控仿真加工

（1）启动斯沃数控仿真软件，选择 FANUC 0i M 加工中心，打开急停按钮，选择回参考点模式，单击"X、Y、Z"，回参考点。

（2）设置并装夹毛坯"145×100×20"，对中装夹。

（3）按照 CAM 软件编程时设置的刀具刀位号和刀具号，添加刀具到机床刀库。

（4）选择基准工具，完成对刀。

（5）导入程序，自动加工。结果文件参见附盘。

⚙ 相关知识 ┄┄┄┄┄┄┄┄┄┄┄┄┄┄┄┄┄┄┄┄┄┄┄┄┄┄┄┄▶

MasterCAM 中的三维造型可以分为线架造型、曲面造型以及实体造型，这三种造型产生的模型从不同角度来描述一个物体。

线架模型用来描述三维对象的轮廓及端面特征，它主要由点、直线、曲面等组成，不具有面和体的特征，不能进行消隐、渲染等操作。

曲面模型用来描述曲面的形状，一般是将线架模型经过进一步处理得到的。曲面模型不仅可以显示出曲面的轮廓，而且可以显示出曲面的真实形状。各种曲面是由许多的曲面片组成的，而这些曲面片又通过多边形网格来定义。

实体造型使设计者们能在三维空间中建立计算机模型。实体模型中除包含二维图形数据外，还包括相当多的工程数据，如体积、边界面和边等。实体模型具有体的特征，可以进行布尔运算等操作。

一、创建基本实体

基本实体的创建方法比较简单，只需定义模型的尺寸参数和放置的位置坐标即可创建模型。MasterCAM 提供了创建圆柱体、圆锥体、立方体、球体和圆环体等基本实体的操作。

1. 创建圆柱体

单击主菜单【绘图】→【基本实体】→【圆柱体】命令，弹出如图 3-28 所示"圆柱体"对话框，可以选择创建"实体"或者"曲面"。

（1）指定或者在绘图区选择一点作为圆柱体的基准点，用以确定圆柱体的位置。对于圆柱体和圆锥体，基准点是指其下底面圆心的位置；对于立方体，是指其下底面左下角顶点的位置；对于球体，是指其球心的位置；对于圆环体，是指其圆环中心点的位置。

（2）在"半径"和"高度"文本框中分别输入对应数值，用以确定圆柱体的大小。激活⊞１、⊞２按钮，可以分别编辑圆柱体的半径和高度。

（3）单击切换方向按钮 ⟷ ，用以确定圆柱体的方向。

（4）单击 ✓ 按钮，完成圆柱体的创建。

2. 创建圆锥体

单击主菜单【绘图】→【基本实体】→【圆锥体】命令，弹出"锥体"对话框，如图 3-29 所示，可以选择创建"实体"或者"曲面"。

（1）指定或者在绘图区选择一点作为圆锥体的基准点，用以确定圆锥体的位置。

（2）在"基部"选项中输入圆锥体底部的半径值或在绘图区选取一点，用以确定圆锥体底部的大小。

(3)在"基部"选项中输入圆锥体高度值或在绘图区选取一点,用以确定圆锥体的高度。

(4)单击切换方向按钮 ⟵⟋⟶ ,用以确定圆锥体的方向。

(5)单击 ✛ 按钮,可以激活相应参数并进行修改。

(6)单击 ✓ 按钮,完成圆锥体的创建。

注意:若要创建圆台,则在"顶部"选项中输入顶部圆半径或圆锥体的锥角。

3. 创建立方体

单击主菜单【绘图】→【基本实体】→【立方体】命令,弹出如图 3-30 所示"立方体选项"对话框,可以选择"实体"或者"曲面"选项。

(1)在绘图区选择一点作为立方体的基准点,用以确定立方体的位置。

(2)在"立方体"对话框中分别输入立方体的长、宽、高的数值,用以确定立方体的大小。单击 ✛ 按钮,可以激活相应参数并进行修改。

(3)单击切换方向按钮 ⟵⟋⟶ ,用以确定立方体的方向。

(4)单击 ✓ 按钮,完成立方体的创建。

图 3-28 "圆柱体"对话框

图 3-29 "锥体"对话框

图 3-30 "立方体选项"对话框

4. 创建球体

单击主菜单【绘图】→【基本实体】→【球体】命令,弹出如图 3-31 所示"球体"选项对话框,可以选择"实体"或者"曲面"选项。

(1)在绘图区选择一点作为球体的基准点,用以确定球体的位置。

(2)在"球体"对话框输入球体半径数值,用以确定球体的大小。单击 ✛ 按钮,可以激活相应参数并进行修改。

(3)单击 ✓ 按钮,完成球体的创建。

5. 创建圆环体

单击【绘图】→【基本实体】→【圆环体】命令,弹出如图 3-32 所示"圆环体"对话框,选择"实体"选项。

(1)在绘图区选择一点作为圆环体的基准点,用以确定圆环体的位置。

(2)在"圆环体"对话框中分别输入圆环体外圆半径数值和内圆半径数值,用以确定圆环体的大小。单击 ✛ 按钮,可以激活相应参数并进行修改。

(3)单击 ✓ 按钮,完成圆环体的创建。

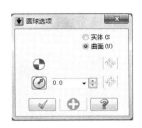

图 3-31　"球体选项"对话框

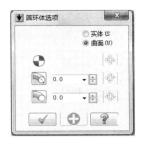

图 3-32　"圆环体选项"对话框

二、旋转实体

旋转实体是选取一个或多个串联曲线，围绕一根轴线旋转而成的实体，如图 3-33 所示。
创建旋转实体的步骤如下：

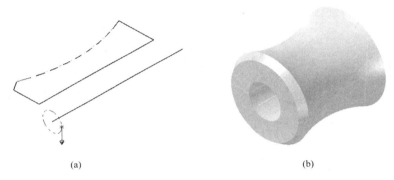

(a)　　　　　　　　　　　　　　　　(b)

图 3-33　旋转实体示意

（1）单击主菜单【实体】→【旋转】命令，选择串联方式。

（2）在绘图区选取创建旋转实体的曲线串联，选择一个旋转轴，弹出"方向"对话框，
如图 3-34 所示。

（3）在"方向"对话框中，可以重新选择旋转轴。单击"反向"按钮可以调整旋转方向，单
击 ☑ 按钮，弹出"旋转实体的设置"对话框，如图 3-35 所示。

图 3-34　"方向"对话框

图 3-35　"旋转实体的设置"对话框

①"旋转"选项卡："起始角度"文本框设置旋转体的起始角度；"终止角度"文本框设置旋

转体的终止角度。

②"薄壁设置"选项卡：选择"薄壁实体"复选框，可以创建薄壁实体。

（4）单击 ☑ 按钮，创建旋转实体。

三、编辑三维实体

1. 倒圆角

实体倒圆角是以指定的曲率半径或变化的曲率半径构建一个圆弧面，构建的圆弧面与相邻的两个面相切，以实现曲面与平面、曲面与曲面、曲线与曲面之间的平滑过渡。

（1）边倒圆角

①创建步骤

● 单击主菜单【实体】→【倒圆角】→【实体倒圆角】命令，选取实体边、面或整个实体，如图 3-36 所示。

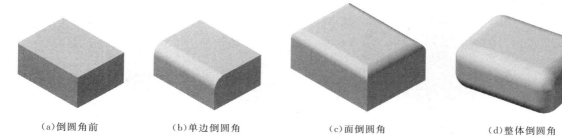

| (a)倒圆角前 | (b)单边倒圆角 | (c)面倒圆角 | (d)整体倒圆角 |

图 3-36　实体倒圆角示例

● 单击"结束选择"按钮 或按 Enter 键。

● 弹出"倒圆角参数"对话框，如图 3-37 所示，设置相关选项和参数后（表 3-4），单击"确定"按钮 ☑，创建圆角特征。

图 3-37　"倒圆角参数"对话框

表 3-4　　　　　　　　　　　　　　倒圆角参数说明

参　数	说　明
固定半径	倒圆角半径固定不变
变化半径	倒圆角半径沿边界变化。对于变化半径倒圆角，需指定半径的变化形式为线性或平滑，并定义各参考点的半径值； "线性"：半径值在两关键点之间线性变化； "平滑"：半径值在两关键点之间平滑变化

续表

参　数	说　明
固定半径	<div align="center">倒圆角半径固定不变</div>
半径	设置某点处的半径值
超出的处理	当倒圆角半径过大,超出了实体与圆角相接的某个面时,称为超出。"超出的处理"设定倒圆角圆弧面超出两相切的实体表面时圆弧面的熔接方式,有默认、维持熔接和维持边界三种处理方式,如图 3-38 所示,其中: 默认:系统根据要倒圆角的两面的实际情况,选择一种最佳方式; 维持熔接:尽可能维持圆角处的变化趋势,其他相关面可能发生如延伸、修剪等变化; 维持边界:尽可能维持与圆角相关的面上的边界
边角斜接	仅用于固定半径倒圆角,当三个或三个以上边界交于一点形成角落倒圆角时的处理方式如图 3-39 所示
沿切线边界延伸	是否将圆角延伸相切的边上,如选中,则虽然只单击了一处要倒圆角的边界,但只要与该边界相切的所有边界都将倒出圆角,直到不相切为止,如图 3-40 所示

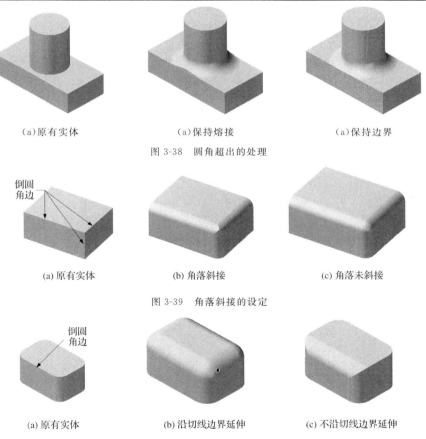

(a)原有实体　　　　(a)保持熔接　　　　(a)保持边界

图 3-38　圆角超出的处理

(a) 原有实体　　　　(b) 角落斜接　　　　(c) 角落未斜接

图 3-39　角落斜接的设定

(a) 原有实体　　　　(b) 沿切线边界延伸　　　　(c) 不沿切线边界延伸

图 3-40　沿切线边界延伸的设定

②要点说明

● 固定半径方式倒圆角时,先设定圆角半径,再对"超出的处理"一项进行设置。

● 选中"角落斜接"复选框,倒圆角时交角采用线性相交方式;未选中该复选框时,倒圆角的交角处采用相切相交方式。

● 若选中"沿切线边界延伸"复选框,则与所选边相切的边一并进行倒圆角。

（2）变半径倒圆角

如图3-41所示,在"倒圆角参数"对话框中选择"变化半径",单击右下方"编辑"按钮,弹出编辑菜单。

①选择"动态插入",可以在已选取的边界上,单击鼠标左键并移动光标箭头来动态选取插入点的位置,按提示输入该点的半径值,按Enter键返回。

②选择"中点插入",可以在选取边界的中点,自动插入半径点,按提示输入该点的半径值。

③选择"修改位置",可以改变选取圆角边界上半径点的位置,但不能改变端点和交点的位置。

④选择"修改半径",可以改变选取边界上点的半径值。

⑤选择"移动",可删除插入的半径点,但不能删除端点。

⑥选择"循环",可以循环显示端点及各插入点,并可输入新的半径值改变各插入点处的半径,结果如图3-42所示。

图3-41　变半径圆角编辑菜单

图3-42　变化半径倒圆角结果

（3）面倒圆角

①创建步骤

● 单击主菜单【实体】→【倒圆角】→【面与面倒圆角】命令。

● 选取第1个（组）实体面,单击⬤键确认;接着选取第2个（组）实体面,单击⬤键确认。

● 弹出"实体的面与面倒圆角参数"对话框,如图3-43所示,设置相关选项和参数后（表3-5）,单击☑按钮。

图3-43　"实体的面与面倒圆角参数"对话框

表 3-5　　　　　　　　　　　　　　　　面倒圆角参数说明

参　数	说　明
名称	在文本框中输入实体面与面倒圆角的名称
半径	选中该单选按钮,则通过指定圆角半径来进行实体面与面倒圆角操作
宽度	选中该单选按钮,则通过指定圆角的宽度值来进行实体面与面倒圆角操作
控制线	选中该单选按钮,则通过指定实体面上的圆角边界来进行实体面与面倒圆角操作
宽度值	在文本框中指定圆角的宽度值
两方向的跨度	在文本框中指定两个或两组实体面圆角跨度值的比值
单侧	选中该单选按钮,则指定其中的一个或一组实体面上的圆角边界
双侧	选中该单选按钮,则指定两个或两组实体面上的圆角边界
沿切线边界延伸	与实体倒圆角时的意义相同
曲率连续	选中该复选框,则采用圆角曲率连续的方式进行实体面与面倒圆角操作

② 选项说明

● 选择半径方式时,以固定半径方式生成过渡圆角,需定义圆角半径值,如图 3-44 所示。

● 选择宽度(弦长)方式生成过渡圆角时,需定义圆角的宽度和两方向的跨度。两方向的跨度代表两组表面的弦长分配比率,即第二个(组)表面所分配的弦长与第一个(组)表面所分配的弦长之比,如图 3-45 所示。

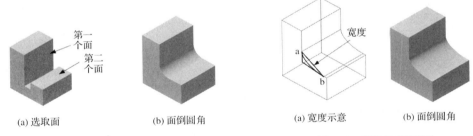

图 3-44　半径方式面倒圆　　　　　　　　　图 3-45　宽度方式面倒圆

● 选择控制线方式时,以控制线方式生成过渡圆角,即以选定的单向或者双向控制线作为过渡圆角的边,并自动调整圆角半径或者弦长生成过渡圆角。需选择是"单向"还是"双向"并选取控制线,如图 3-46 所示。

(a) 原有实体　　　　　　(b) 椭圆线的单向控制　　　　　(c) 椭圆和圆的双向控制

图 3-46　倒圆角的单向控制与双向控制

2. 倒角

实体倒角可通过选取实体边、实体面或整个实体创建实体倒角的操作。步骤如下:

（1）单击主菜单【实体】→【倒角】→【单一距离倒角】或【不同距离】或【距离/角度】命令。

（2）选取需创建倒角操作的实体边、面或整个实体。

（3）弹出"倒角参数"对话框，如图3-47所示，设置相关选项和参数后（表3-6），单击 ✓ 按钮。

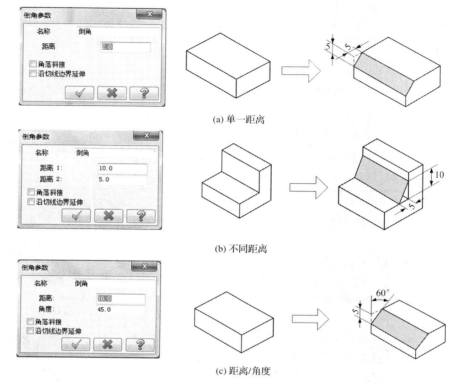

(a) 单一距离

(b) 不同距离

(c) 距离/角度

图3-47 "倒角参数"对话框及其示意

表 3-6 实体倒角参数说明

参　数	说　明
名称	输入实体倒角的名称
距离	用于单一距离实体倒角时指定倒角距离
距离1	用于不同距离和距离/角度实体倒角时指定参考面一侧的倒角距离
距离2	用于不同距离实体倒角时指定非参考面一侧的倒角距离
角度	用于距离/角度实体倒角时指定参考面一侧的倒角角度

3. 布尔运算

布尔运算通过结合、切割、交集的方法将多个实体合并为一个实体。它是实体造型中的一种重要方法，利用它可以迅速地构建出复杂而规则的形体。在布尔运算中选择的第一个实体为目标主体，其余的为工件主体，运算的结果为一个主体。

（1）关联布尔运算

在目标实体上添加相应的布尔运算操作，使若干工具实体组合到目标实体上形成相互关联的一个整体。其"结果"继承目标实体的图层、颜色等属性。

①布尔运算-结合

将工具主体合并到目标主体上形成一个新的实体。操作步骤：

● 单击主菜单【实体】→【布尔运算-结合】命令。

● 选取一个目标实体。

● 选取一个或多个工具实体。

②布尔运算-切割

将指定的目标主体减去所有选取的工具主体,生成一个新的实体。操作步骤：

● 单击主菜单【实体】→【布尔运算-切割】命令 。

● 选取一个目标实体。

● 选取一个或多个工具实体。

③布尔运算-交集

求出目标主体与工具主体的公共部分,并创建一个新的实体。操作步骤：

● 单击主菜单【实体】→【布尔运算-交集】命令。

● 选取一个目标实体。

● 选取一个或多个工具实体。

（2）非关联布尔运算

利用目标实体和工具实体共同创建一个新实体,原有的目标实体和工具实体可以保留或删除。其"结果"具有当前的构图属性。

①非关联实体-切割

用于创建非关联的切割实体。

● 单击主菜单【实体】→【非关联实体】→【切割】命令。

● 选取一个目标主体。

● 选取一个或多个工具主体。

● 在实体非关联的布尔运算对话框中,根据需要进行相关设定。

②非关联实体-交集

用于创建非关联的交集实体。

● 单击主菜单【实体】→【非关联实体】→【交集】命令。

● 选取一个目标实体。

● 选取一个或多个工具实体。

● 在实体非关联的布尔运算对话框中,根据需要进行相关设定。

四、面铣削加工

面铣加工用于铣削工件的顶部平面或凸台的上表面等特征表面。一般情况下,由于机床加工的需要或者工艺保障的要求,用来加工的坯料表面,其形状精度和位置精度不能满足使用要求。在进行其他特征加工前,可采用"面铣"铣削加工方式对表面进行铣削加工,以达到对表面形状、位置精度和表面粗糙度的要求。面铣可以选择封闭的一个或多个外形边界进行平面加工。铣削的主要加工部位都是平面,可以连续加工多个封闭的外形边界平面,加工时,主要采用大刀具,加工速度快、效率高。

单击主菜单【刀具路径】→【平面铣】命令,弹出"输入新的 NC 名称"对话框,如图 3-48 所示,输入刀具路径名称,单击 ☑ 按钮,弹出"串联选项"对话框,选择串联,单击 ☑ 按钮,弹出"2D 刀具路径-平面铣削"对话框,如图 3-49 所示。

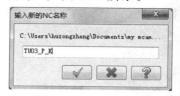

图 3-48　"输入新的 NC 名称"对话框

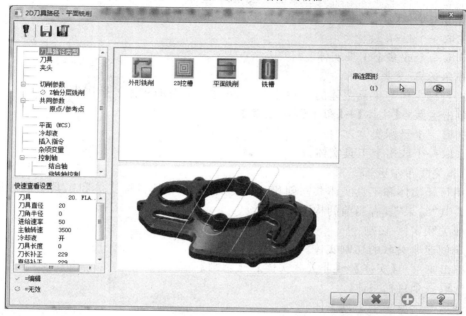

图 3-49　"2D 刀具路径-平面铣削"对话框

1. 面铣刀具设置

平面铣削需要从刀具库中选择面铣刀进行。面铣刀与一般的铣刀相比切削面积更大,效率更高。"刀具参数"选项卡的设置同前。

2. 平面铣削加工参数

在设置平面铣削参数时,除了要设置一组刀具、材料等共同参数外,还要设置一组其特有的加工参数。其特有参数的含义如下。

(1)切削方式:用来设置加工时的切削方式,共有双向、单向、一刀式和动态四种方式,如图 3-50 所示。在面铣削中一般使用"双向"方式来提高加工效率。

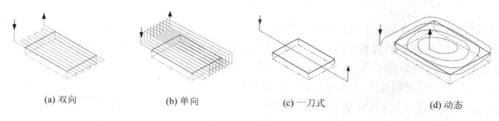

(a) 双向　　　　　(b) 单向　　　　　(c) 一刀式　　　　　(d) 动态

图 3-50　切削方式

①双向切削:刀具在工件表面双向来回切削,刀具在整个刀具路径中都进行加工,切削效率高。

②单向切削:刀具在一次走刀之后提升到安全高度,然后沿着斜角运动到下一次走刀点之前,刀具仅在一个方向上切削。单方向可以按顺铣或者逆铣方向切削,按逆铣方向切削,可选择较大吃刀量。

③一刀式:进行一次加工,这个选项仅在选用的刀具大于或等于工件宽度时才能选用,刀具路径的位置为工件的中心位置。

④动态:形成由外到内切削的光滑的环绕式刀具路径。

(2)最大步进量:设置相邻两条刀具路径间的距离或百分比,即切削间距,其数值根据所选用的刀具直径进行确定。在实际加工中,两条刀具路径间的距离一般会小于该值,这是因为系统在生成刀具路径时,首先计算出铣削的次数,铣削的次数等于铣削宽度除以设置的"切削间距"值后向上取整。实际的刀具路径间距为总铣削宽度除以铣削次数,所以两条刀具路径间的距离一般会小于设定值。

(3)自动计算角:系统自动计算加工角度,计算出来的角度与所选加工边界最长边平行。

(4)粗切角度:根据所输入的值,将产生带有一定角度的刀具路径进行加工,如图 3-51 所示。

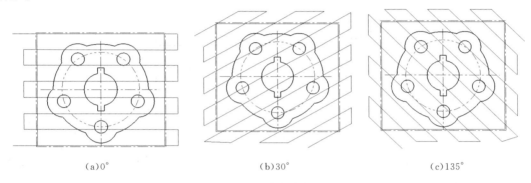

(a)0°　　　　　　　　(b)30°　　　　　　　　(c)135°

图 3-51　粗切角度

(5)两切削间的位移方式:当选择双向切削方式时,需要设置刀具在两次铣削间的过渡方式,有高速回圈、线性和快速位移三种。

①高速回圈:在两切削间位移位置产生圆弧过渡的刀具路径。

②线性:在两切削间位移位置产生直线的刀具路径。

③快速位移:在两切削间位移位置以 G00 快速移动到下一切削位置,其效果分别如图 3-52 所示。

当选择"高速回圈"或"线性"方式过渡时,用户可以指定两次切削之间的位移进给率。当选择"快速位移"方式过渡时,采用系统默认速度。

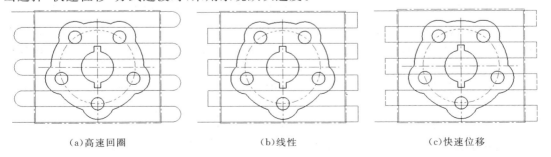

(a)高速回圈　　　　　　　(b)线性　　　　　　　(c)快速位移

图 3-52　两切削间的位移方式

（6）刀具超出量

①截断方向超出量：设置垂直刀具路径方向（Y方向）超出面铣削轮廓的范围值，以刀具直径百分比来确定。

②引导方向超出量：设置沿刀具路径方向（X方向）超出面铣削轮廓的范围值，以刀具直径百分比来确定。

③进刀引线长度：设置进刀时刀具路径超出面铣削轮廓的长度，即起点附加距离，以刀具直径百分比来确定。

④退刀引线长度：设置退刀时刀具路径超出面铣削轮廓的长度，即终点附加距离，以刀具直径百分比来确定。

在实际应用中，应合理地选择超出量与引线长度，以减少残料以及空行程，具体含义如图 3-53 所示。

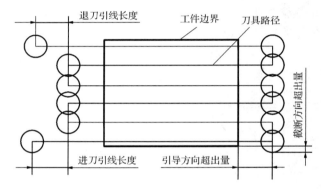

图 3-53　超出量参数示意图

"平面铣削"加工参数选项卡中的其他参数与"外形加工参数"选项卡中的设置大致一样，在此不再重复介绍。

五、钻孔加工

钻孔加工是机械加工中经常使用的一种方法，它可以应用于钻直孔、镗孔和攻螺纹孔等加工。

MasterCAM X6 的钻孔加工可以指定多种参数进行加工，设定钻孔参数后，自动输出相对应的钻孔固定循环加工指令，包括钻孔、铰孔、镗孔、攻丝等加工方式，常用的刀具有钻头、镗刀、铰刀、攻丝、中心钻等。在进行钻孔加工时，孔的大小是由刀具直径确定的，所以在绘制图形时，不必画出圆，只要确定圆心位置并标出圆心点即可。如果只画出圆而没有标出圆心点，系统可通过所存在的圆来确定圆心位置，所以钻孔加工程序可以用于工件上各种点的加工，对于使用数控加工中心进行加工的工件来说，为了保证有足够的精度，通常在数控加工机床上直接进行孔的加工。

单击主菜单【刀具路径】→【钻孔】命令，弹出"选取钻孔的点"的对话框，如图 3-54 所示，在绘图区选中钻孔的点，单击 ✓ 按钮，弹出"2D 刀具路径-钻孔"对话框，如图 3-55 所示。其中刀具参数以及公共参数的设置与前面介绍的相同，下面介绍钻孔特有的加工选项设置方法。

钻孔参数除了要设置公共刀具参数外，还要设置专用的两组铣削参数，包括钻孔参数和用户自定义参数。

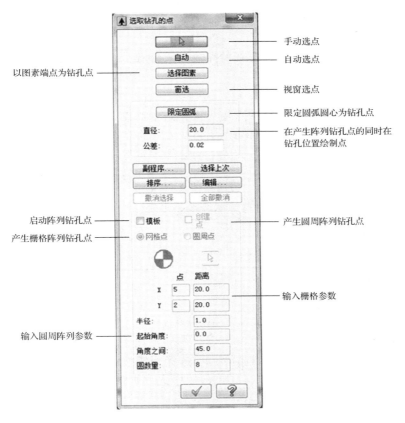

图 3-54　"选取钻孔的点"对话框

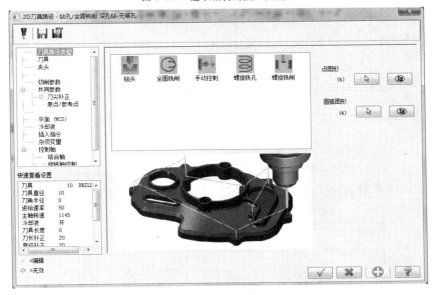

图 3-55　"2D 刀具路径-钻孔"对话框

1. 钻孔点的选择

钻孔加工的选点方式有手动选取、自动选取、选取图素、窗选、限定圆弧等。"选取钻孔的点"对话框各项参数含义如下：

（1）手动选点

手动选点要求用户通过选择已存在的点或输入钻孔点坐标，或捕捉几何图形上的某一点等来产生钻孔点。

（2）自动选点

系统自动选择一系列已经存在的点作为钻孔的中心点。单击"自动"按钮，系统提示选取第一点、第二点和最后一点，然后自动产生钻孔刀具路径，如图 3-56 所示。

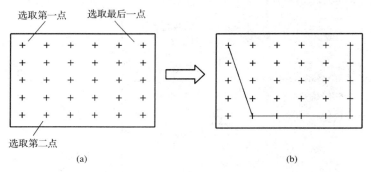

图 3-56　自动选择钻孔点

（3）选取图素

单击"选取图素"按钮，系统提示选择图素，选择完毕按 Enter 键确认，系统自动选择所选图素的端点作为钻孔点，如图 3-57(a)所示，顺序选取矩形的四条边线，按 Enter 键确认，产生的钻孔刀具路径如图 3-57(b)所示。

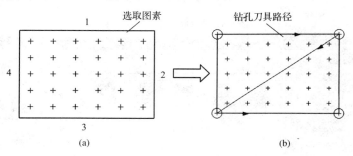

图 3-57　图素选取钻孔点

（4）窗选

单击"窗选"按钮，用鼠标框选点，系统自动将视窗内的点作为钻孔点，如图 3-58(a)所示，以四边形的两个对角点作为窗选点选角落，产生的钻孔刀具路径如图 3-58(b)所示。

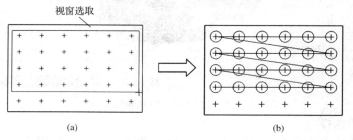

图 3-58　窗选钻孔点

在窗选结束时还可以单击"排序"按钮,进行钻孔顺序的设置,如图 3-59 所示。

（a）2D 排序

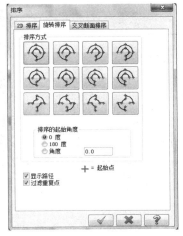

（b）旋转排序

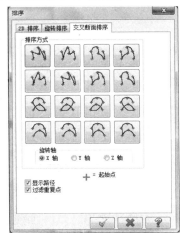

（c）交叉断面排序

图 3-59　排序

（5）栅格阵列产生钻孔点

勾选"图样"复选框,选择"网格点"单选按钮,在"X""Y"栏中输入要阵列的钻孔数目和间距,系统将产生栅格形式的钻孔刀具路径,如图 3-60 所示。

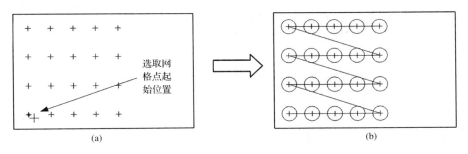

图 3-60　栅格阵列产生钻孔点

（6）圆周阵列产生钻孔点

选择"圆周点"单选按钮,设置半径、实体孔的个数等参数后,选择圆心放置点,系统将产生圆周阵列形式的钻孔刀具路径,如图 3-61 所示。

2.钻孔加工参数设置

（1）钻孔方式

MasterCAM X6 提供了标准钻孔、深孔啄钻、断屑式钻孔、攻螺纹、镗孔 1♯、镗孔 2♯、高级镗孔七种钻孔方式和一种自定义钻孔方式,如图 3-62 所示。各种钻孔方式的含义如下。

①标准钻孔（Drill/Counterbore）

一般用于钻削和镗削孔深度 H 小于 3 倍刀具直径 $D(H<3D)$ 的一般钻孔或点窝加工。孔底要求平整,可在孔底暂停,对应的 NC 指令为 G81/G82。若给定在孔底暂留的时间为非零值,则自动按 G82 生成程序（用于做沉孔座）;否则按 G81 生成程序。

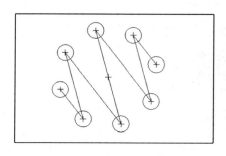

图 3-61 圆周阵列产生钻孔点　　　　图 3-62 钻孔方式

②深孔啄钻

深孔啄钻也称为步进式钻孔,常用于钻削孔深度 H 大于 3 倍刀具直径 $D(H>3D)$ 且不易排屑的深孔。钻削时刀具会间断性地提刀至安全高度,以排除切屑。其常用于切屑难以排除的场合,对应的 NC 指令为 G83。

③断屑式钻孔

一般用于韧性材料的断屑式钻孔,可以钻削孔深度 $H>3D$ 时的深孔。它和深孔啄钻的不同之处是在于钻头不需要退回到安全高度或参考高度,只需要缩回少量高度。钻削时刀具会间断性地以退刀量提刀返回一定的高度,以打断切屑(对应的 NC 指令为 G73)。该钻孔循环可节省时间,但排屑能力不及深孔啄钻方式。

④攻螺纹

攻螺纹用于攻右旋或左旋的内螺纹孔,对应的 NC 指令为 G84。

⑤镗孔 1♯(Bore ♯1)(Feed-out)

采用该方式镗孔时,系统以进给速度进刀和退刀,加工一个平滑表面的直孔,对应的 NC 指令为 G85/G89。

⑥镗孔 2♯(Bore ♯2)(Stop Spindle,Rapid Out)

采用该方式镗孔时,系统以进给速度进刀,至孔底主轴停止,刀具快速退回,对应的 NC 指令为 G86。其中,主轴停止是为了防止刀具划伤孔壁。

⑦高级镗孔(Fine Bore)(Shift)

采用该方式镗孔,刀具在孔深处停转,允许将刀具旋转一定角度后退刀,在程序中生成 G76 代码。

⑧"Rigid Tipping Cycle"可以设置为刚性攻螺纹方式。

⑨自定义钻孔方式

用户可以根据需要自己定义钻孔方式,总共可以自定义 12 种钻孔循环。

(2)安全高度和退刀高度

①安全高度

设置该值时主要考虑安全性,一般应高于零件的最高表面。勾选"只有在开始及结束的操作才使用安全高度",刀具在钻孔加工过程中路径转换时抬刀到退刀高度,而只在起始位置和结束位置抬刀到安全高度。即相当于 G 指令的 G99 固定循环 R 点复归。抬刀到转换位置的抬刀路径相对较短,可以节省抬刀时间。

②退刀高度

退刀高度参数是设置刀具在钻削点之间退回的高度,该值即指令代码中的 R_值,从该位置起,刀具将切削进给。对于深孔啄钻加工,抬刀时将抬刀该位置;而铰孔时进给抬刀也将抬到该位置。

(3)刀尖补偿

①深度计算器

在"钻孔"对话框的深度文本框输入深度值,若钻削孔深度不是通孔,则输入的深度值只是刀尖的深度。如果要刀具的有效深度达到输入的深度,就必须加深孔的输入深度。由于钻头尖部夹角为 118°,为方便计算,系统提供的深度补偿功能可以很好地解决此问题。单击"深度"按钮右边的"计算器"按钮■,弹出"深度的计算"对话框。该"深度的计算"对话框会根据用户所设置的"刀具直径"和"刀具尖部包含的角度"自动计算应该补偿的深度。

②刀尖补正

刀尖补偿功能用于自动调整钻削的深度至钻头前端斜角部位的长度,以作为钻头端的刀尖补正值。当激活刀尖补偿选项时,钻头的端部斜角部分将不计算在深度尺寸内。

单击"刀尖补正"按钮,在如图 3-63 所示的对话框中可以设置钻头的"贯穿距离"和"刀尖角度",系统依据钻头直径和刀尖角度自动计算出刀尖长度,确保钻孔时刀具钻穿工件。当激活刀尖补偿选项时,钻头的端部斜角部分将不计算在深度尺寸内,否则深度是按刀尖来计算。

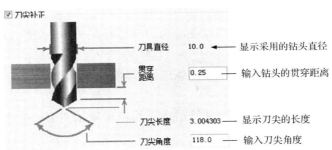

图 3-63　"钻头尖部补偿"对话框

3. 钻孔的注意事项

(1)一般钻孔前需先钻定位点。

(2)钻孔加工时尽量安排最短的加工路线。

(3)钻螺纹底孔时需加深 2~3 个螺距深度。

(4)钻大于 $\phi30$ mm 以上的孔最好先钻一个小孔后再扩孔。

(5)绝对深度是指孔底部 Z 的深度。

(6)钻深孔时,使用深孔啄钻和断屑式钻孔。深孔啄钻用于铁屑难排的工件,断屑式钻孔不退至安全高度,可节省时间,但排屑能力不及深孔啄钻。步进距离一般为 $1.5D(D$ 为钻头直径)。

(7)攻丝时,主轴转速要和进给量配合,如果使用了可伸缩夹头,则要求可以降低。

知识拓展

一、全圆铣削加工

全圆铣削的刀具路径是从圆心开始进刀绕内圆加工一圈后退加圆心位置。全圆加工是以圆弧、圆或圆心点为几何模型进行加工的，是专门为圆设定的加工路径，由切入刀具路径、全圆刀具路径和切出刀具路径组成。全圆铣削加工一般用于扩孔加工。

单击主菜单【刀具路径】→【钻孔】命令，单击"输入新的 NC 名称"对话框中的 ☑ 按钮，弹出"选取钻孔的点"对话框，在绘图区点选需加工的整圆，单击 ☑ 按钮，在弹出的"2D 刀具路径-钻孔/全圆铣削 深孔钻-无啄孔"对话框中，选择"刀具路径类型"为"全圆铣削"。设置加工参数，单击 ☑ 按钮完成刀具路径的创建。

另外，单击主菜单栏【刀具路径】→【全圆铣削路径】命令，子菜单提供了"全圆铣削""螺旋铣削""自动钻孔""钻起始孔""铣键槽""螺旋铣孔"六种加工方式。

全圆铣削特有的参数如下：

(1)圆的直径：当选取圆或圆弧图素或捕捉圆的圆心点时，直接采用该圆或圆弧的直径值；当选取点图素时，则可在此设置圆外形的直径。

(2)起始角度：设置全圆刀具路径起始点的角度。

(3)进/退刀圆弧的扫描角：设置进刀/退刀圆弧刀具路径的扫掠角度，该值应小于或等于 180°，一般取 30°即可。

(4)由圆心开始：选中该复选框，则以圆心为刀具路径的起点；否则，以进刀圆弧的起点为刀具路径的起点。

(5)垂直进刀：选中该复选框，除增加圆弧进/退刀段外，还增加垂直于圆弧的直线进/退刀段。

(6)粗铣设置：选中该复选框后，全圆铣削加工相当于挖槽加工。对于无下刀孔的整圆铣削，应安排粗铣加工。

(7)XY 平面多次铣削设置：此项设置可参考图示，如果将粗切次数设置为"0"，刀具完成螺旋线下刀后只需走到精修前的边界上粗铣一周后即可开始精铣加工，可以简化刀具路径。

二、螺旋铣孔加工

可以采用高速螺旋铣削方式实现圆孔的加工。

三、螺旋铣削加工

"螺旋铣削加工"可用于内螺纹或外螺纹的铣削加工。生成螺旋铣削方式刀具路径的步骤如下：

(1)单击主菜单【刀具路径】→【全圆铣削路径】→【螺旋铣削】命令，弹出"选取钻孔的点"

对话框。

（2）在绘图区点选需加工的整圆，单击 ▣ 按钮，弹出"螺旋铣削"对话框，设置"螺旋铣削参数"。完成后单击"确定"按钮，生成螺旋铣削刀具路径。

（3）螺旋铣削参数

①齿数（使用非牙刀时设为 0）：设置刀具的实际齿数，即使刀具的实际齿数大于 1，也可以设置为 1。

②安全高度：设置间隙平面。

③螺旋的起始角度：设置螺纹开始角。

④补正方式：选择补偿类型为计算机补偿或控制器补偿。

（4）说明

螺纹铣削的刀具路径具有螺旋形的特点，主要用来加工零件中的外螺纹和内螺纹，外螺纹的直径要等于螺纹的大径，内螺纹的孔径要等于螺纹的小径。螺纹的进退刀方式一般采用螺旋圆弧。单刃螺纹铣刀加工螺纹时优先选从下往上铣。注意各型号螺纹的标准以及螺纹刀粒角度的选择。

四、自动钻孔加工

可对选取的圆或圆弧自动从刀具库中选择适当的刀具，按点钻、钻孔、倒角等工序完成钻孔加工刀具路径。自动钻孔铣削步骤与前面两种铣削方法类似，不同的是自动钻孔铣削的刀具设置参数不同，如图 3-64 所示。

（1）"参数"选项组：用于设置自动钻孔刀具参数。有"精加工刀具形式""在选取的点上构建圆弧"等。

（2）"点钻的操作"选项组：用于点钻操作参数设置。有"产生点钻操作"复选框、设置"最大的刀具深度""默认的点钻直径"等。

图 3-64 "自动圆弧钻孔"对话框

（3）"使用点钻倒角"选项组：设置在点钻时构建斜角。

①"无":不构建斜角。

②"增加点钻操作的深度":将构建斜角作为点钻操作的最后一部分。

③"产生单独的操作":设置构建斜角为一个单独的操作。

五、起始孔加工

可依据已完成的挖槽加工等操作,自动计算下刀起始位置,创建相应的钻孔刀具路径。

六、铣键槽加工

可用于生成适应键槽加工特点的刀具路径。

任务检查

支座零件造型设计与数控加工项目考核指标见表 3-7。

表 3-7　　　　　　　　　支座零件造型设计与数控加工项目考核指标

任务名称	序号	任务内容	任务标准	分值	得分
支座零件造型设计与数控加工	1	支座零件造型设计	(1)快速、准确地阅读零件图; (2)高效地完成支座零件造型设计; (3)尺寸符合图纸要求	15	
	2	工艺过程	(1)分析零件的工艺性,拟订零件加工方案(包括毛坯定位与夹紧); (2)编制工序卡; (3)合理选择刀具,编制刀具卡	15	
	3	刀具路径	选择合理加工刀具路径,编制加工程序,生成 G 代码,编制数控加工程序说明书	40	
	4	仿真结果	利用仿真软件,选择合理设备,完成零件仿真加工并进行精度检测	10	
	5	文件资料	按照任务单准时、齐全、正确地提交相关文件	15	
	6	工作效率及职业操守	工作效率及时间观念、责任意识、团队合作、工作主动性强	5	

情 境 设 计

情境描述

如图 4-1 所示某密码器外壳型芯,要求进行数控加工工艺设计与程序编制。该零件为单件加工,材料为 45 钢,要求在数控铣床上进行加工

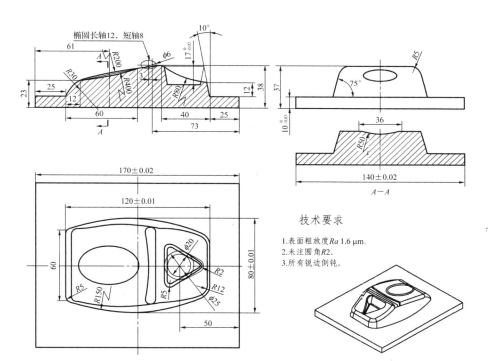

图 4-1　密码器外壳型芯零件图

技术要求

1.表面粗放度 Ra 1.6 μm。
2.未注圆角 R2。
3.所有锐边倒钝。

学习任务

1.查阅机械加工工艺手册、数控铣床编程及操作手册等,分析零件信息,确定毛坯材料、形状及大小。
2.分析技术要求,确定加工工艺,填写工艺文件。
3.运用 CAD/CAM 软件进行造型,编制刀具路径,生成加工程序。
4.运用仿真软件进行加工模拟检查

学习目标	知识目标： 1.掌握 MasterCAM 举升实体、扫描实体的应用。 2.掌握 MasterCAM 牵引曲面、旋转曲面、扫描曲面、直纹/举升曲面、曲面的修补等命令并能熟练应用。 3.掌握 MasterCAM 曲面铣削加工公共参数及其设置。 4.掌握曲面挖槽等刀具路径的参数设置和典型应用。 能力目标： 1.能运用 MasterCAM 完成曲面零件实体造型。 2.能够选择设备、刀具、夹具、量具与切削用量，能编制数控加工工艺。 3.能运用 MasterCAM 编制刀具路径。 4.能够优化数控加工程序。 素质目标： 1.具有较强的自我控制能力和团队协作能力，有较强的责任感和认真的工作态度。 2.具有较强的口头与书面表达能力、人际沟通能力。 3.具有较好的学习新知识与技能的能力
教学资源	1.密码器外壳零件图、刀具卡、数控加工工序卡、机械加工工艺手册、刀具手册、机床操作编程手册等。 2.MasterCAM、投影设备、网络化教学环境。 3.通用计算机、课件、黑板、多媒体等。 4.视频文件
教学方法	具体方法：项目教学法、引导文法、小组讨论教学法、案例分析法。 组织形式：创设学习情境，明确学习任务，教师协调，学生分工；提供获取资讯的方法与途径信息；重视同一刀具路径的不同应用
学习方法	1.资讯：分析零件信息、加工要求，确定加工工艺，刀具路径类型及其编制、加工成本的确定方法等。 2.计划：三维造型方法的对比优化，数控加工工艺规程的制定，数控加工程序的编制，仿真检验，数控加工工艺文件填写，工作计划制订等。 3.决策：确定加工设备、毛坯及其装夹方法，选用刀具，制定工艺过程。 4.实施：运用 MasterCAM 完成零件的三维造型；完成零件数控编程；输出加工程序并校验。 5.检查：三维造型的准确性检查，数控加工刀具路径的合理性检查，数控加工仿真检查。 6.评估：小组成果展示交流与总结

	序号	名称	数量	格式	内容及要求
学习成果	1	密码器外壳型芯三维造型文件	1	.MCX	熟练、正确地完成密码器外壳造型设计
	2	密码器外壳型芯数控加工工序卡	1	.doc	文件规范、内容完整、工艺合理
	3	密码器外壳型芯加工刀具卡	1	.doc	刀具选用合理，参数表述清晰
	4	密码器外壳型芯刀具路径文件	1	.MCX	合理编制盖板零件的刀具路径
	5	加工程序说明书	1	.doc	程序精练、高效，能够反映工艺文件，能够保证技术要求
	6	密码器外壳型芯零件仿真加工结果文件	1	.pj 或 .vpj	按时完成仿真任务
	7	任务学习小结	1	.doc	检查学习成果，总结学习过程

注：资讯、计划、决策、实施、检查、评估根据实际情况取舍，但应体现教学过程。

工作任务

一、密码器外壳型芯的加工工艺分析

1. 结构分析

该零件外形轮廓主要由直线、圆弧等构成,组成特征包含了平面、斜面、圆角曲面以及部分非规则曲面,图纸尺寸标注完整、准确、清晰。

2. 技术要求

该工件尺寸精度、表面粗糙度要求较高,材料为 45 钢,毛坯尺寸为 172 mm×142 mm×40 mm,无热处理和硬度要求。加工的难点主要是分型面以及凸台上的腔槽斜面、圆角曲面以及非规则曲面。

3. 设备选择

该零件结构规则,单件生产,可采用普通机床进行产品的半成品加工,选择数控铣床进行精加工,刀具选择硬质合金类。在数控加工环节,粗、精加工两次分别进行,第一次粗加工,采用曲面挖槽、曲面等高外形加工,尽可能选择大刀具,以提高加工效率;第二次精加工,选择球形刀具,采用平行铣、交线清角等加工刀路。由于凸台腔槽斜面较陡,可以采用陡斜面式精加工刀具路径。加工工艺路径参考机械加工工艺卡。

4. 装夹方案

本工件底座外形为规则矩形,采用机用平口虎钳装夹即可。装夹时需要找正钳口,合理选择垫铁,保证工件至少高出钳口 38.5 mm。

5. 机械加工工艺卡(表 4-1)

6. 数控加工工序卡(表 4-2(a)、表 4-2(b))

7. 数控加工刀具卡(表 4-3)

表 4-1   机械加工工艺卡

××学院		机械加工工艺卡		产品型号		零件图号		4-1		
				产品名称		零件名称	密码器	共 1 页	第 1 页	
材料	45 钢	毛坯种类	型材	毛坯尺寸/mm	172×142×40	每毛坯可制件数	1	每台件数		备注
工序号	工序名称	工序内容		车间	设备	工艺装备		工时/min		
								准终	单件/s	
10	下料	下料		钳工车间	G7025					
20	铣	粗铣表面,保证高度 39±0.2 mm		机加车间	X5032A	平口钳、硬质合金铣刀				
30	铣	精铣四方,保证毛坯外形尺寸 170 mm×140 mm,精铣上表面,底座高度方向留 1 mm 余量		机加车间	X5032A	平口钳、硬质合金铣刀				

××学院	机械加工工艺卡			产品型号		零件图号		4-1		
				产品名称		零件名称	密码器	共1页	第1页	

材料	45钢	毛坯种类		型材	毛坯尺寸/mm	172×142×40	每毛坯可制件数	1	每台件数		备注	

工序号	工序名称	工序内容	车间	设备	工艺装备	工时/min	
						准终	单件/s
40	铣	粗铣表面轮廓、腔槽和分型面等	数控车间	MVC650	平口钳、硬质合金铣刀		
50	铣	精铣表面轮廓、腔槽、分型面等	数控车间	MVC650	平口钳、硬质合金铣刀		
60	钳	去除全部毛刺	钳工车间		虎钳、锉刀等		
70	检	按图纸要求全面检验	钳工车间		游标卡尺、深度尺等		

					设计（日期）	校对（日期）	审核（日期）	标准化（日期）	会签（日期）
标记	处数	更改文件号	签字	日期	标记	处数	更改文件号	签字	日期

表 4-2(a)　　　　　　　　数控加工工序卡(1)

××学院	数控加工工序卡		产品型号		零件图号	4-1
			产品名称		零件名称	密码器

材料牌号	45钢	毛坯种类	型材	毛坯尺寸/mm		备注	
工序号	工序名称	设备名称	设备型号	程序编号	夹具代号	夹具名称	冷却液	车间
40	粗铣	数控铣床	MVC 650			平口钳	乳化液	机加车间

工步号	工步内容	刀具号	刀具	量、检具	主轴转速/(r·min⁻¹)	进给速度/(mm·min⁻¹)	背吃刀量/mm	备注
1	整体粗铣表面轮廓及分型面	T01	ϕ16 mm 圆鼻刀	游标卡尺	1 500	1 000	0.5	余量0.3 mm
2	粗铣腔槽	T02	ϕ10 mm 圆鼻刀	游标卡尺	1 200	600	0.5	余量0.3 mm
编制		审核				共 页 第 页		

表 4-3(b) 　　　　　　　　　　数控加工工序卡(2)

××学院		数控加工工序卡		产品型号		零件图号		4-1
				产品名称		零件名称		密码器外壳
材料牌号	45 钢	毛坯种类	型材	毛坯尺寸/mm		备注		
工序号	工序名称	设备名称	设备型号	程序编号	夹具代号	夹具名称	冷却液	车间
50	精铣	数控铣床	FANUC 0i D			平口钳	乳化液	数控车间

工步号	工步内容	刀具号	刀具	量、检具	主轴转速/ (r·min⁻¹)	进给速度/ (mm·min⁻¹)	背吃刀量/ mm	备注
1	精加工腔槽	T03	ϕ10 mm 球刀	游标卡尺	3 000	500	0.2	
2	精加工凸台侧面	T02	ϕ10 mm 圆鼻刀	游标卡尺	2 500	1 000	0.2	
3	精加工顶部圆弧槽	T02	ϕ10 mm 圆鼻刀	游标卡尺	3 000	1 000	0.1	
4	交线清角加工	T04	ϕ6 mm 圆鼻刀	游标卡尺	3 000	800	0.2	
5	整体精加工	T05	ϕ6 mm 球刀	游标卡尺	3 000	1 20C	0.2	
编制		审核				共　页　第　页		

表 4-3 　　　　　　　　　　数控加工刀具卡

××学院		数控加工刀具卡		产品型号		零件图号		4-1
				产品名称		零件名称		密码器
材料	45 钢	毛坯种类	型材	毛坯尺寸/mm		备注		
工序号	工序名称	设备名称	设备型号	程序编号	夹具代号	夹具名称	冷却液	车间
40、50	精铣	数控铣床	MVC 650			3 爪卡盘	乳化液	数控加工

工步号	刀具号	刀具 名称	刀具规 格/mm	刀具参数		刀柄型号	刀补地址		换刀 方式
				直径/mm	长度/mm		半径/mm	长度/mm	
1	T01	D16R1 圆鼻刀	ϕ16	16	75	BT40、ER32	D1	H1	手动
2	T02	D10R05 圆鼻刀	ϕ10	10	75	BT40、ER32	D2	H2	手动
3	T03	D10R5 球铣刀	ϕ10	10	60	BT40、ER32	D3	H3	手动
4	T04	D6R05 圆鼻刀	ϕ6	6	40	BT40、ER32	D4	H4	手动
5	T05	D6R3 球铣刀	ϕ6	6	60	BT40、ER32	D5	H5	手动
编制		审核			批准		共　页		第　页

二、密码器零件 CAD 建模

该零件主要特征有方块、带斜面腔槽、圆角曲面以及非规则曲面等,实体建模步骤可以规划为:拉伸长方体底座→扫描凸台整体→举升切除斜面腔槽→通过牵引曲面、旋转曲面、扫描曲面、直纹曲面等命令完成侧壁以及圆角曲面特征的创建。

启动 MasterCAM,进入工作界面。

1. 设置图层

单击状态栏"图层"按钮,在弹出的"层别管理"对话框中,完成图层规划,1 号图层"层别名称"为"lunkuoxian",2 号图层"层别名称"为"solid",3 号图层"层别名称"为"tool_path"。

2. 绘制中心线

(1)设置中心线属性

按 F9 键,打开系统的坐标原点。左键单击状态栏线型处,选择"中心线","线宽"默认"细线"。左键单击状态栏"2D/3D"处,设为"2D"。左键单击状态栏"系统颜色"处,选择"红色 12",单击 ✓ 按钮确定,完成中心线属性设置。

(2)绘制中心线

设置构图平面为俯视图 ▣,绘制中心线。

3. 绘制凸台轮廓线

(1)选择图层 1,设置图素属性,选择前视图 ▣ 为构图平面。

(2)单击直线命令按钮 ↘,绘制"Y=10,Y=22,Y=24 和 Y=37"的三条水平线,绘制"X=60,X=49,X=0,X=−20"和"X=−60"的五条垂直线,绘制一条起点坐标为(−60,10),与 X 轴夹角为 80°的直线,结果如图 4-2 所示。

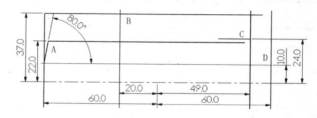

图 4-2　绘制直线

(3)单击圆弧命令按钮 ⊕,分别绘制过图 4-2 所示"A、B"两点,半径为"80"的圆弧、过"B、C"两点,半径为"400"的圆弧和过"C、D"两点,半径为"30"的圆弧,利用修剪命令 ✂ 修剪多余线条,结果如图 4-3 所示。

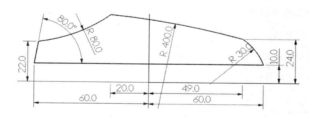

图 4-3　绘制的轮廓线

(4)选择构图平面为右视图 ▣,单击直线命令按钮 ↘ 绘制一条"Y=0"的关于 X 轴对称的长度为"100"的水平线。

4. 创建凸台实体

(1)单击"层别"选择 2 号层为当前图层,关闭暂时不用的图层。

(2)单击主菜单【实体】→【扫描】命令,在"串联选项"对话框中单击 ⟳ 按钮,在绘图区选择如图 4-4 所示线串,单击 ✓ 按钮,如图 4-5 所示选择引导线串,设置"扫描实体"对话框,单击 ✓ 按钮,完成凸台的创建,结果如图 4-6 所示。

图 4-4 选择线串 1

图 4-5 "扫描实体"对话框

5.创建斜面腔槽

（1）构建线架模型

设置构图平面为俯视图 ，"Z 轴深度"为"20"，构建如图 4-7 所示线架。设置"Z 轴深度"为"37"，构建如图 4-8 所示线架。

图 4-6 创建凸台

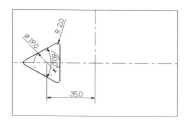

图 4-7 绘制线架 1

（2）单击主菜单【实体】→【举升】命令，如图 4-9 所示，依次选择刚才所绘线架为举升用线串，单击 按钮，在弹出的"举升实体"对话框中，选择"举升操作"方式为"切割实体"，单击 按钮，完成斜面腔槽的创建，结果如图 4-10 所示。

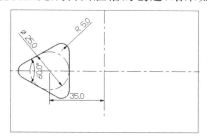

图 4-8 绘制线架 2

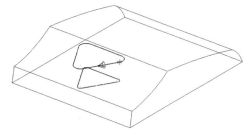

图 4-9 选择线串 2

6.牵引曲面修剪凸台

（1）选择俯视图为构图平面，设置"Z 轴高度"为"10"，过原点绘制相互垂直的两条中心线。绘制一个中心在原点的"120×80"的矩形。绘制如图 4-11 所示圆弧。

图 4-10 举升实体

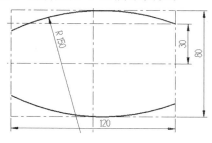

图 4-11 绘制圆弧

（2）单击主菜单【绘图】→【曲面】→【牵引曲面】命令，选择刚才绘制的圆弧曲线为串联线串,单击 ✅ 按钮,系统弹出"牵引曲面"对话框,在 按钮后输入"长度"为"40",在 按钮后输入"角度"为"45",单击 ✅ 按钮完成牵引曲面的创建,如图 4-12 所示。用类似的方法创建另一侧的牵引曲面。

(3)单击主菜单【实体】→【修剪】命令,在弹出的"修剪实体"对话框中,选择"修剪到"选项的"曲面"单选项,在系统"选择要执行修剪的曲面"的提示下,在绘图区域选择生成的牵引曲面,单击"修剪另一侧"选择需要保留的部分,单击 ✅ 按钮,完成实体修剪。用同样的方法修剪实体另一侧。然后隐藏曲面,结果如图 4-13 所示。

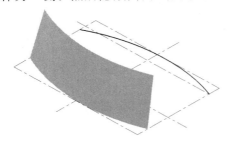

图 4-12　生成牵引曲面

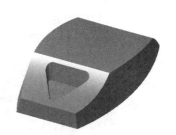

图 4-13　修剪后的凸台

7. 扫描曲面修剪凸台

(1)转换视角到前视图,选择前视图平面为构图平面,绘制如图 4-14 所示中心线和圆弧。

(2)转换视角到右视图,选择右视图平面为构图平面,设置"构图深度"为"24",绘制如图 4-15 所示中心线和圆弧。

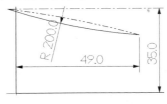

图 4-14　绘制中心线和圆弧 1

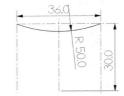

图 4-15　绘制中心线和圆弧 2

(3)单击主菜单【转换】→【平移】命令,如图 4-16 所示,把圆弧移动到"A"点。

(4)单击主菜单【绘图】→【曲面】→【扫描曲面】命令,定义截面外形和引导线方向,如图 4-17 所示。单击"串联选项"对话框中的 ✅ 按钮,完成扫描曲面的创建。

(5)参考前面步骤,用扫描曲面修剪实体,并隐藏曲面,结果如图 4-18 所示。

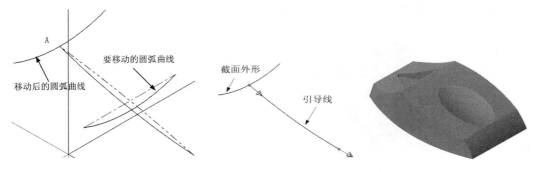

图 4-16　平移圆弧曲线　　　　图 4-17　定义扫描曲面　　　图 4-18　扫描曲面修剪后的凸台

8. 直纹曲面修剪凸台

（1）转换视角到前视图，选择前视图平面为构图平面，设置"构图模式"为"2D"，"构图深度"为"40"，绘制中心在（-9,38），"长半轴"为"6"，"短半轴"为"4"的椭圆。

（2）转换视角到前视图，选择前视图平面为构图平面，设置"构图模式"为"2D"，"构图深度"为"0"，绘制中心在（-12,38），"半径"为"3"的圆弧。

（3）转换视角到前视图，选择前视图平面为构图平面，设置"构图模式"为"2D"，"构图深度"为"-40"，绘制中心在（-9,38），"长半轴"为"6"，"短半轴"为"4"的椭圆。

（4）单击主菜单【绘图】→【曲面】→【直纹/举升曲面】命令，依次选择三个截面外形，如图4-19所示。单击"串联选项"对话框中的 ▥ 按钮，完成直纹曲面的创建，如图4-20所示。

（5）参考前面步骤，用直纹曲面修剪实体，并隐藏曲面，结果如图4-21所示。

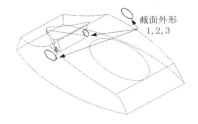

图 4-19　选择截面图形　　　　图 4-20　创建直纹曲面　　　　图 4-21　剪切凸台实体

9. 生成底座实体

（1）单击"矩形"命令按钮 ▥ ，单击 ▥ 按钮，设置基准点为中心，在操作栏输入矩形的"宽度"和"长度"，选择原点，绘制"170×140"的矩形。

（2）单击"挤出实体 ▥ "命令完成实体建模。"拉伸距离"为"10"，方向向上，如图4-22所示。

10. 倒圆角

单击主菜单【实体】→【倒圆角】→【倒圆角】命令，在绘图区选择需要倒圆角的边，单击 ▥ 按钮确定，在弹出的"倒圆角参数"对话框中输入圆角半径，单击 ▥ 按钮即可完成边角倒圆角操作。参照图4-1依次生成所有圆角，最后结果如图4-23所示。

图 4-22　挤出实体　　　　　　　　图 4-23　密码器外壳型芯

三、密码器零件 CAM 编程

1. 建立数控编程坐标系

（1）为了方便对刀，在数控铣床加工时一般设置工件上表面为编程坐标原点。单击主菜单【绘图】→【边界盒】命令,在弹出的"边界盒选项"对话框中,勾选"创建"选项卡下的"线或弧","延伸"设置为"0","形状"选择"立方体",绘制一个矩形边界盒。连接边界盒上表面矩形对角线,如图 4-24 所示。

(2)利用平移命令,移动所有图素,使得图 4-24 中的"A"点与系统原点重合,结果如图 4-25 所示。

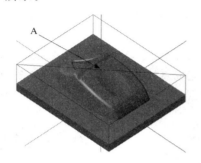

图 4-24　创建边界盒

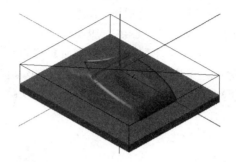

图 4-25　平移图素后

2. 转换曲面

为了方便选取加工面、干涉面等,建议把实体转换成曲面。设置一个新图层为当前图层,单击主菜单【绘图】→【曲面】→【由实体生成曲面】命令,在绘图区选择密码器外壳型芯实体模型,按 Enter 键,单击▼按钮,保留实体特征,单击✓按钮,完成曲面的创建。

3. 选择机床类型

单击主菜单【机床类型】→【铣床】→【默认】命令,选择数控铣床作为加工设备。

4. 设定毛坯材料

数控加工前该零件已经经过粗铣、精铣等工序,零件底座四周已经达到尺寸要求。这里首先创建毛坯几何体,以便于模拟刀具路径。

为了方便毛坯的选择,关闭其他图层,只留毛坯层。在"刀具操作管理器"中的"刀具路径"选项卡下,展开"属性"选项,单击"素材设置",弹出"机器群组属性"对话框。在"素材设置"选项卡中单击"线架"单选按钮,设置"X、Y、Z"坐标分别为"170、140、38",设置素材原点坐标为(0,0,1),单击✓按钮,完成毛坯设置。

5. 创建刀具

单击主菜单【刀具路径】→【刀具管理】命令,参照数控加工刀具卡创建所有刀具。

6. 整体粗加工

(1)单击主菜单【刀具路径】→【曲面粗加工】→【平行铣削加工】命令。

(2)在弹出的"选择工件形状"对话框中,选择"凸"单选按钮,输入新的 NC 名称"4-1",单击✓按钮。

(3)选择所有曲面作为加工曲面,按 Enter 键确认,系统弹出"刀具路径的曲面选取"对话框,依提示选择边界盒外轮廓作为边界范围,单击✓按钮。

(4)选择 $\phi16$ mm 的圆鼻刀,"名称"为"D16R1",修改切削参数。

(5)单击"曲面参数"选项卡,设置"参考高度"和"进给下刀位置","加工面预留量"为"0.3"。

(6)单击"粗加工平行铣削参数"选项卡,单击"整体误差(T)","加工误差"设为"0.02",设置"过滤比例"为" 2∶1",勾选"产生 XZ 平面圆弧和 YZ 平面圆弧",设置"最小和最大圆弧半径",如图 4-26 所示。设置"Z 轴最大进给量"为"0.5","切削方式"选择"双向","切削间距"为"4",单击"切削深度","第一刀的相对位置"为"1",其他深度的预留量为"0",单击"间隙设定",勾选"切削顺序最佳化",如图 4-27 所示。单击☑按钮生成刀路并仿真,结果如图 4-28 所示。

图 4-26　设置整体误差

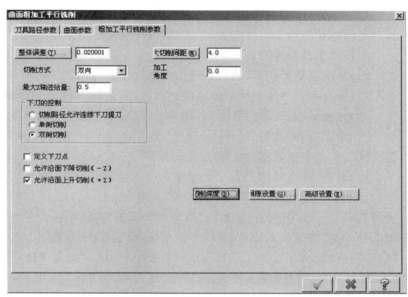

图 4-27　粗加工平行铣削参数的设置

7. 粗加工凸台腔槽

(1)单击主菜单【刀具路径】→【曲面粗加工】→【粗加工挖槽加工】命令。

(2)如图 4-29 所示,选择需要挖槽加工的曲面,按 Enter 键确认;选择边界范围,单击☑按钮。

图 4-28　整体粗加工仿真结果

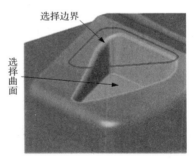

图 4-29　选择加工面和加工范围

(3)选择 ϕ10 mm 的圆鼻刀,名称为"D10R05",并修改切削参数。

(4)单击"曲面参数"选项卡,设置"参考高度"为"工件表面上方相对位置 5","进给下刀位置"为"工件表面上方相对位置 3","加工面预留量"为"0.3"。

(5)单击"粗加工参数"选项卡,设置"加工误差"为"0.02",单击"整体误差(T)",选择"过滤比例"为"2：1",勾选"产生 XZ 平面圆弧和 YZ 平面圆弧",设置"最小和最大圆弧半径",单击☑按钮退出"整体误差设置"对话框。设置"Z 轴最大进给量"为"0.5"。勾选并单击"螺旋式下刀",在弹出的"螺旋/斜插式下刀参数"对话框中选择"螺旋式下刀"选项卡,设置"最小半径"和"最大半径",取消选择"只有在螺旋失败时采用和沿着边界渐降下刀",单击✓按钮。单击"切削深度",设置"第一刀的相对位置"为"0.5","其他深度的预留量"为"0",单击✓按钮。单击"间隙设定",勾选"切削顺序最佳化"。

(6)单击"挖槽参数"选项卡,选择"粗切方式"为"双向","切削间距"为"30%",勾选"刀具路径最佳化",单击✓按钮,生成刀路并仿真。

8. 精加工凸台腔槽

(1)单击主菜单【刀具路径】→【曲面精加工】→【精加工等高外形】命令。

(2)选择和上一步相同的加工曲面和边界,选择干涉面,参考图 4-30,单击✓按钮。

(3)选择 φ6 mm 的圆鼻刀,名称为"D6R05",并修改切削参数。

(4)单击"曲面参数"选项卡,设置"参考高度"为"工件表面上方相对 5","进给下刀位置"为"工件表面上方相对 3","加工面预留量"为"0"。

(5)单击"等高外形精加工参数"选项卡,设置"加工误差"为"0.02",单击"整体误差(T)",选择"过滤比例"为"2∶1",勾选"产生 XZ 平面圆弧和 YZ 平面圆弧",设置"最小和最大圆弧半径",单击✓按钮退出"整体误差设置"对话框。设置"Z 轴最大进给量"为"0.1"。勾选并单击"平面加工(S)",如图 4-31 所示设置"浅平面加工"对话框。勾选并单击"平面区域(F)",在"平面区域加工设置"对话框中选择"3D","加工平面区域的步距"为"0.1"。单击✓按钮,生成刀具路径。

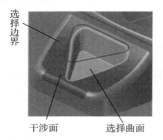

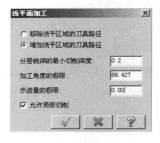

图 4-30 选择加工面、干涉面和加工范围   图 4-31 浅平面加工设置

9. 精加工凸台侧面

(1)单击主菜单【刀具路径】→【曲面精加工】→【精加工平行陡斜面】命令。

(2)选择如图 4-32(a)所示的凸台侧面为要加工平面,选择分型面为干涉面,选择辅助矩形作为切削范围,单击✓按钮。

(3)选择 φ6 mm 的圆鼻刀,名称为"D6R05",修改切削参数。

(4)单击"曲面参数"选项卡,设置"参考高度"为"工件表面上方相对 5","进给下刀位置"为"工件表面上方相对 3","加工面预留量"为"0"。

(5)单击"陡斜面精加工参数"选项卡,设置"误差"为"0.02",单击"整体误差(T)",选择"过滤比例"为"2∶1",勾选"产生 XZ 平面圆弧和 YZ 平面圆弧",设置"最小和最大圆弧半径",单击✓按钮回到"曲面精加工平行式陡斜面"对话框。设置"最大切削间距"为"0.5","陡斜范围"为"30°～90°",设置"加工角度"为"90",勾选包含外部的切削,单击"间隙设定",弹出"刀具路径的间隙设置"对话框,在"当位移小于间隙时,不提刀"下的列表中,选择过渡方式为"平滑",勾去"间隙的位移用下刀及提刀速率",单击✓按钮确定。单击"高级设置",弹出"高级设置"对话框,选择"刀具在两曲面间走圆角",单击 [✓] 按钮确定,生成刀具路径,如图 4-32(b)所示。

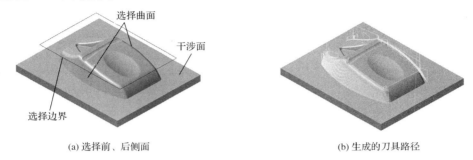

(a) 选择前、后侧面   (b) 生成的刀具路径

图 4-32 生成"精加工平行陡斜面"刀具路径 1

10. 复制并编辑刀具路径

(1)在"刀具路径管理器"中选择上一步创建的"曲面精加工平行式陡斜面"刀具路径,单击鼠标右键,在弹出的快捷菜单中选择"复制"命令,再次单击鼠标右键,在弹出的快捷菜单中选择"粘贴"命令,完成刀具路径的复制。

(2)展开复制的刀具路径,单击 📄💾 图形 按钮,重新弹出"刀具路径的曲面选取"对话框,选择如图 4-33(a)所示的曲面作为要加工的曲面,其余不变;单击 📄 参数 按钮,在"陡斜面精加工参数"选项卡中修改"加工角度"为"0",其余不变。单击"刀具路径管理器" 🔧 按钮,重新生成刀具路径,如图 4-33(b)所示。

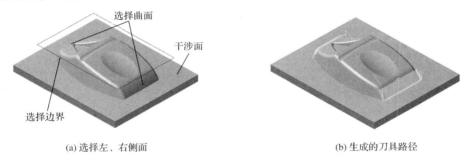

(a) 选择左、右侧面   (b) 生成的刀具路径

图 4-33 生成"精加工平行陡斜面"刀具路径 2

11. 精加工凸模顶部圆弧槽

(1)单击主菜单【刀具路径】→【曲面精加工】→【精加工平行铣削】命令,如图 4-34(a)所示选择加工曲面和干涉面,单击 [✓] 按钮。

(2)选择 φ6 mm 的球刀,设置切削参数。

(3)单击"曲面参数"选项卡,设置"参考高度"为"工件表面上方相对 5","进给下刀位置"为"工件表面上方相对 2","加工面预留量"为"0"。

(4)单击"精加工平行铣削参数"选项卡,设置"加工误差"为"0.02",单击"整体误差(T)",选择"过滤比例"为"2∶1",勾选"产生 XZ 平面圆弧和 YZ 平面圆弧",设置"最小和最大圆弧半径",单击 [✓] 按钮退出"整体误差设置"对话框。选择"切削方式"为"双向","最大切削间距"为"0.5","加工角度"为"90",单击 [✓] 按钮,生成刀具路径,如图 4-34(b)所示。

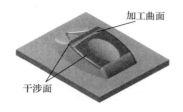

(a) 选择加工面与干涉面　　　　　　　　(b) 完成的刀具路径

图 4-34　精加工凸模顶部圆弧槽

12. 残料清角精加工

(1)单击主菜单【刀具路径】→【曲面精加工】→【精加工交线清角】命令,选择所有曲面为加工曲面,按 Enter 键确认,选择图 4-32(a)所示的矩形作为切削范围边界,单击 ☑ 按钮确定。

(2)选择 $\phi 6$ mm 的球刀,并设置切削参数。

(3)单击"曲面参数"选项卡,设置"参考高度"为"工件表面上方相对 5","进给下刀位置"为"工件表面上方相对 2","加工面预留量"为"0"。

(4)单击"交线清角精加工参数"选项卡,设置"加工误差"为"0.02",单击"整体误差(T)",选择"过滤比例"为"2∶1",勾选"产生 XZ 平面圆弧和 YZ 平面圆弧",设置"最小和最大圆弧半径",单击 ☑ 按钮退出"整体误差设置"对话框。设置"刀具半径接近值"为"3",单击 ☑ 按钮确定,生成刀具路径。

13. 整体精加工

(1)单击主菜单【刀具路径】→【曲面精加工】→【精加工平行铣削】命令,选择所有曲面,按 Enter 键,选择 $\phi 6$ mm 的球刀,设置切削参数。

(2)单击"曲面参数"选项卡,设置"参考高度"为"工件表面上方相对 5","进给下刀位置"为"工件表面上方相对 2","加工面预留量"为"0"。

(3)单击"精加工平行铣削参数"选项卡,设置"加工误差"为"0.02",单击"整体误差(T)",选择过滤比例为"2∶1",勾选"产生 XZ 平面圆弧和 YZ 平面圆弧",设置"最小和最大圆弧半径",单击 ☑ 按钮退出"整体误差设置"对话框。选择"切削方式"为"双向","最大切削间距"为"0.5","加工角度"为"45",单击 ☑ 按钮确定,生成刀具路径,如图 4-35 所示。

14. 实体切削验证

在操作管理窗口中单击 ☑ 按钮,选择全部操作,然后单击 ☑ 按钮,弹出实体切削验证对话框,选择"碰撞停止"选项,单击 ▶ 按钮,进行实体切削过程验证,结果如图 4-36 所示。

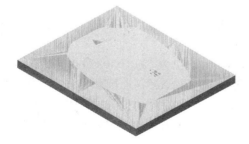

图 4-35　整体精加工刀具路径　　　　　图 4-36　实体切削验证结果

15.加工程序与加工报表的生成

（1）生成加工程序

选择刀具路径管理器中的某刀具路径，单击**G1**按钮，单击"后处理程序"对话框 按钮确认，在弹出的"另存为"对话框中选择存储路径，输入文件名，例如"mimaqi_waike"，单击"保存"按钮，产生加工程序，并启动 MasterCAM X6 编辑器，以便编辑修改 NC 代码

（2）生成加工报表

在刀具路径管理器空白处单击鼠标右键，在弹出的快捷键菜单中选择"加工报表"，弹出"加工报表"对话框，输入相关信息，单击 按钮，即可生成加工报表。

四、密码器零件数控仿真加工

1.启动 VNUC5.0 数控仿真软件

选择 FANUC 0i M 数控系统，打开急停按钮，选择回参考点模式，单击"X＋、Y＋、Z＋"，回参考点。

2.设置并装夹毛坯(170 mm×140 mm×38 mm)，对中装夹

单击主菜单【工艺流程】→【毛坯】命令，弹出"毛坯零件列表"对话框，单击"新毛坯"，如图 4-37 所示设置毛坯。夹具选择虎钳，在弹出的"夹具"对话框中调整工件装夹位置。单击"确定"按钮退出对话框，完成设置。

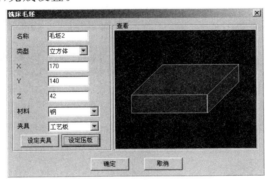

图 4-37　"铣床毛坯"对话框

3.刀具设置

单击主菜单【工艺流程】→【铣床刀具库】命令，弹出"刀具库"对话框，如图 4-38 所示。输入"名称"，选择"类型"，选择主轴旋转方向，添加"备注"，设置刀具具体尺寸，单击"新建刀具"按钮，完成刀具创建。在列表中选择需要安装的刀具，单击"安装"按钮，即可把该刀装入主轴。

注意：添加刀具到机床刀库时的顺序必须和在 CAM 软件中编程时设置的顺序一样，添加的刀位号要对应刀具号，完成设置后单击"确认"按钮。

4.选择基准工具，完成对刀

（1）对刀求工件原点的机床坐标值

打开"刀具库"，选择"基准工具"，修改基准工具长度与半径后单击"确认"按钮，单击"安装"按钮，在视图区可以看到基准工具已装到主轴上。

（2）单击主菜单【工具】→【辅助视图】命令，视图区下方出现如图 4-39 所示对刀辅助视图，在此可以选择"塞尺厚度"，并显示基准工具移动情况。

于视图区单击鼠标右键，选择"显示/隐藏手轮"，出现如图 4-40 所示手轮，选择进给轴，如选择 X 轴，调节倍率，转动手轮移动基准工具，使其从 X 方向趋近工件，直到基准工具接近工件侧面，提示区显示"塞尺检查结果，合适"为止。此时记下 X 轴对刀点的机床坐标值。根据对刀点的机床坐标值、刀具直径、对刀点与工件原点的距离，以及塞尺厚度计算出工件坐标系原点的机床坐标值。

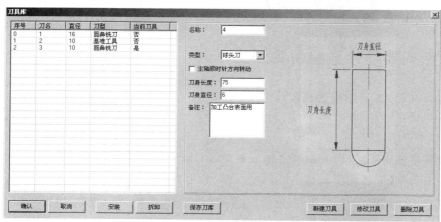

图 4-38　"刀具库"对话框

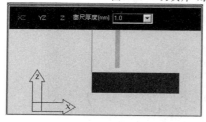

图 4-39　塞尺检查

图 4-40　手轮

（3）输入工件坐标系原点的机床坐标值

单击 ⊞ 按钮，选择软键"坐标系"，在如图 4-41 所示坐标系设置界面移动光标到 G54 的 X 位置，输入对刀获得的工件坐标系 X 原点的机床坐标值，单击 ⇩ 按钮即可。用同样方法设置工件坐标系 Y、Z 原点。此时工件坐标系 G54 设置完毕，在 NC 程序中用 G54 调用即可。

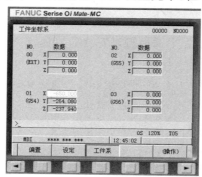

图 4-41　坐标系设置界面

（4）校验

对刀完毕后，将主轴向 Z 正方向抬起，选择"MDI"模式，单击"PROG"按钮，单击"MDI"按钮，手工输入程序"G90G54；G00X0Y0Z10"，单击"循环启动"按钮，检验对刀是否正确。

5. 导入程序

（1）选择数控机床编辑模式，单击"程序"按钮，新建程序。

（2）单击主菜单【文件】→【加载 NC 代码文件】命令，选择从 CAM 软件中生成的数控加工程序，单击"打开"按钮，即可传送程序到仿真软件中。

6. 自动加工

设置完成后，选择"自动加工"模式，单击"循环启动"按钮，数控机床自动加工。本例最后的加工结果参见附盘文件。

相关知识

三维实体是指封闭的三维几何体，它占有一定的空间，包含有一个或多个面，这些面构成了实体的封闭边界。三维实体除了可以描述三维模型的轮廓和表面特征之外，还可以描述模型体积的特征，它是由多个特征组成的一个整体。MasterCAM X6 不仅提供了直接创建 3D 实体的方法，即三维基本实体，还可以通过对二维图形串联进行拉伸、旋转、扫描或举升等操作来创建实体。前文已经学习了挤出实体以及旋转实体，这里主要介绍举升实体以及扫描实体等。

一、举升实体

举升实体是指将两个或两个以上的封闭曲线串联按选取的熔接方式进行熔接所生成的新的实体，也可以作为工具实体与选取的目标实体进行布尔运算操作。创建举升实体的步骤如下：

（1）创建举升实体需要的外形图素并且在适当位置打断线段。

（2）单击主菜单【实体】→【举升】命令，弹出"串联选项"对话框，单击 ◠◠ 按钮选择串联方式。

（3）在绘图区选取创建举升实体的曲线串联，如图 4-42（a）所示。注意确保三个外形的箭头和起始点的方向一致，单击 ✓ 按钮。

（4）在弹出的"举升实体"对话框中选择建立主体，单击按钮 ✓ 确定，产生如图 4-42（b）所示举升实体。

在"举升实体"对话框中，如果选择"以直纹方式产生实体"，则生成如图 4-42（c）所示的以直线连接的举升实体，否则生成以圆弧连接的举升实体。

（5）说明

①举升操作有"创建主体""切割实体"和"增加凸缘"三种。

②在选取各曲线串联时应保证各串联的方向和起点一致，否则举升实体将发生扭曲。

③同样的图素，若选取的顺序不同，所得到的放样图形也不同，按照图素选取的先后顺序进行放样。

④对于某些曲线的串联，还应考虑串联时的图素对应关系。

(a) 线架

(b) 举升实体着色显示

(c) 直纹曲面实体

图 4-42　构建举升实体示例

二、扫描实体

扫描实体是指将一个或多个共面的二维封闭曲线链(截面曲线链)沿一定的一条平滑轨迹线(路径曲线链)运动后,由截形运动轨迹所形成的实体特征。扫描既可构建主体,也可增加凸缘或切割主体。其中封闭线框可以是不止一个,但这些线框必须在同一个平面内才能进行扫掠处理。创建扫描实体的步骤如下:

(1)单击主菜单【实体】→【扫描】命令,采用串联方式串联若干截面外形。

(2)选取扫描路径,选取图素,弹出"扫描实体"对话框。

(3)单击 ☑ 按钮,创建扫描实体。

(4)扫描操作步骤及实例(用户扫描实体命令创建如图 4-43 所示零件的实体模型)

①在前视图绘制如图 4-44 所示截面线。

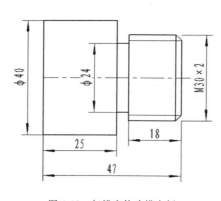

图 4-43　扫描实体建模实例

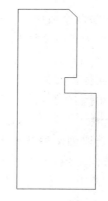

图 4-44　绘制截面线

②在俯视图绘制一个半径为 20 mm 的圆,参考图 4-45。

(3)选择扫描实体命令,如图 4-45 所示选择扫描截面和扫描路径。单击 ☑ 按钮,在弹出的如图 4-46 所示"扫描实体"对话框中单击 ☑ 按钮,完成扫描实体的创建,如图 4-47 所示。

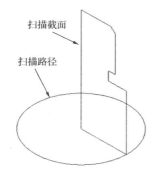

图 4-45　选择扫描截面及路径　　　　图 4-46　"扫描实体"对话框

（4）单击主菜单【绘图】→【绘制螺旋线（锥度）】命令，如图 4-48 所示设置"螺旋状"对话框，绘制如图 4-49 所示螺旋线。

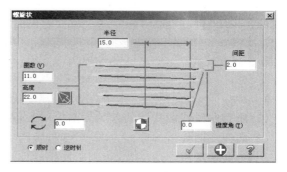

图 4-47　创建的扫描实体　　　　　　　图 4-48　"螺旋状"对话框

（5）参考图 4-49 绘制扫描三角形。

（6）选择扫描实体命令，参考图 4-49 选择扫描截面和扫描路径，勾选"扫描实体"对话框"切割实体"选项，单击 按钮，完成扫描切割实体的创建，结果如图 4-50 所示。

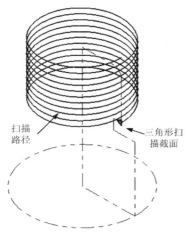

图 4-49　绘制的螺旋线和三角形　　　　图 4-50　完成实体扫描

三、直纹/举升曲面

使用曲面造型可以很好地表达和描述物体的形状,曲面造型已广泛地应用于汽车、轮船、飞机机身和各种模具的设计和制造中。三维曲面以面的特征形象表现三维物体的外形。利用 MasterCAM X6 的曲面功能可绘制多种不同种类的曲面,而且可以方便地进行曲面的修整及曲面间的顺接。

直纹/举升曲面是由两个或两个以上的外形按照一定的算法,以熔接的方式而形成的一个曲面,其中直纹曲面是以直线的方式熔接,而举升曲面是以抛物线的方式熔接。

单击主菜单【绘图】→【曲面】→【直纹/举升曲面】命令,在弹出的"串联"对话框中按照系统提示依次选择用来作为截面形状的若干线串。单击 ▨ 按钮确定,系统弹出如图 4-51 所示的"直纹/举升"操作栏,同时自动计算并生成一个举升曲面(默认)。如果单击 ▨ 按钮,则生成的是一个直纹曲面。单击 ▨ 按钮,完成曲面创建。

图 4-51 "直纹/举升"操作栏

1. 说明

(1)所有曲线或曲线链的起始点都应对齐,否则生成的曲面扭曲,如图 4-52(a)所示。

(2)曲线或曲线链串联的方向应相同,否则生成的曲面扭曲,如图 4-52(b)所示。

(3)串联选取次序应一致,否则所产生的举升曲面不同,如图 4-52(c)所示。

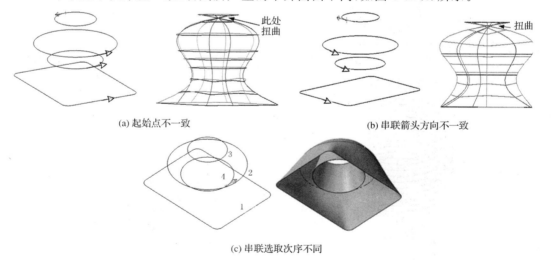

(a) 起始点不一致

(b) 串联箭头方向不一致

(c) 串联选取次序不同

图 4-52 创建直纹/举升曲面注意事项

2. 实例

(1)打开附盘文件"4_CAD"文件夹中 4-53.MCX-6 文件,如图 4-53(a)所示。

(2)单击"曲面"操作栏中的"直纹/举升曲面"按钮 ▤,在弹出的"串联"对话框中,依次选择图 4-53 所示的线架(注意起始点要一致,可通过选择起始点、换向、向前移动、向后移动、恢复选取来调整起始点),单击 ▨ 按钮。

（3）在"直纹/举升"操作栏中单击"直纹"按钮⊞，生成如图 4-53（b）所示的图形。

（4）在"直纹/举升"操作栏中单击"举升"按钮⊞，生成如图 4-53（c）所示的图形。

（a）曲面线架　　　　　　　（b）直纹曲面　　　　　　　（c）举升曲面

图 4-53　直纹/举升曲面实例

四、旋转曲面

旋转曲面是指将任意曲线绕某一轴旋转指定角度而生成的曲面。旋转曲面可以用多个图素串联而进行旋转，所得到的曲面数目等于所有串联图素的数目。创建旋转曲面的步骤如下：

（1）绘制如图 4-54（a）所示支架的线架模型。

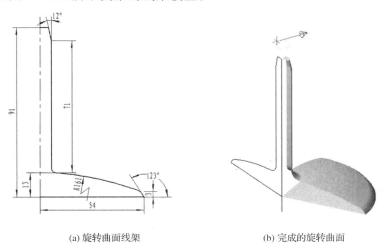

（a）旋转曲面线架　　　　　　　　　　　（b）完成的旋转曲面

图 4-54　旋转曲面

（2）单击主菜单【绘图】→【曲面】→【转曲面】命令或者"曲面"操作栏中的"旋转曲面"按钮，选择所需截面，单击✓按钮，系统弹出如图 4-55 所示的旋转曲面操作栏，旋转角度的正负由用户选取截面图形时的串联方向来确定，满足右手螺旋定则，大拇指指向串联方向，四个手指方向即角度的正方向。

（3）在绘图区选择旋转轴线，系统在轴线的一端显示一个临时箭头，指出旋转的方向。在"旋转曲面"操作栏中输入起始角度和终止角度，单击✓按钮，生成如图 4-54（b）所示的旋转曲面。

图 4-55　"旋转曲面"操作栏

五、牵引曲面

牵引曲面是指将某一串联边界线沿某一方向做牵引运动后生成的曲面。该边界线可以是二维的,也可以是三维的;可以是封闭的,也可以是开放的。牵引曲面的方向线,不是一段已经画好的图素,而是一段不可见的直线。创建牵引曲面的操作步骤如下:

(1)绘制线架模型,如图 4-56 所示。

(2)将构图面设置为俯视图构图面。

(3)单击主菜单【绘图】→【曲面】→【牵引曲面】命令或者单击"曲面"操作栏中的"牵引曲面"按钮◈,选择折线,系统自动串联所有图素,单击 ☑ 按钮,在弹

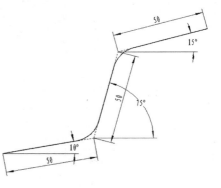

图 4-56　牵引曲面线

出的如图 4-57 所示"牵引曲面"对话框中输入长度、角度(如角度为 0,则倾斜长度与长度相等,否则不等),单击 ☑ 按钮,生成如图 4-58 所示曲面。

图 4-57　"牵引曲面"对话框

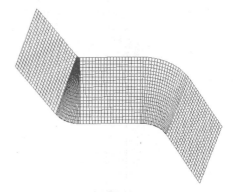

图 4-58　完成的牵引曲面

也可以通过指定平面确定牵引高度。例如首先在俯视图平面内绘制一个 50 mm×30 mm 的矩形,并沿 Z 轴平移 50 mm;在右部距顶边 15 mm 处绘制一平行线或绘制两个点以便确定平面;以底面中心为基准点绘制一个长轴为 50 mm,短轴为 30 mm 的椭圆,结果如图 4-59 所示;选择"牵引曲面"命令,设置由平面确定牵引高度,并由两线或三点确定平面,设置拔模角度为 8°,得到如图 4-60 所示的牵引曲面。

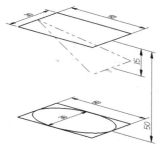

图 4-59　牵引曲面线

图 4-60　完成的牵引曲面

六、扫描曲面

扫描曲面是指将选取的一个截面外形沿着一个或两个轨迹曲线移动，或将多个截面外形沿一个轨迹曲线移动而生成的曲面。MasterCAM X6 提供了三种形式的扫描曲面，下面分别以实例的方式来加以说明。

1. 一个截面图形和一条轨迹线

（1）打开附盘文件"4_CAD"文件夹中的"4-61. MCX-6"文件，如图 4-61 所示。

（2）单击主菜单【绘图】→【曲面】→【扫描曲面】命令或者单击"曲面"操作栏中的"扫描曲面"按钮，选择曲线 1 作为截面图形，单击按钮，选择曲线 2 为轨迹线，单击按钮。单击"扫描曲面"操作栏中的"旋转（2）"按钮，单击按钮，生成如图 4-62 所示的曲面。

说明：

转换（1）：截面图形随轨迹线扫描不旋转。

旋转（2）：截面图形随轨迹线扫描而自动旋转。

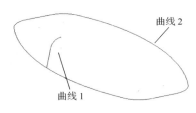

图 4-61　线架模型 1　　　　　　　　　　图 4-62　扫描曲面 1

2. 多个截面图形和一条轨迹线

（1）打开附盘文件"4_CAD"文件夹中的"4-63. MCX-6"文件，如图 4-63 所示。

（2）单击"曲面"操作栏中的"扫描曲面"按钮，选择曲线 1，2，3 作为截面图形（注意保证串联起始点及方向一致），单击按钮。选择曲线 4 为轨迹线，单击按钮。在"扫描曲面"操作栏中"旋转（2）"按钮，单击按钮，生成如图 4-64 所示的曲面。

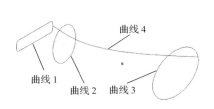

图 4-63　线架模型 2　　　　　　　　　　图 4-64　扫描曲面 2

3. 一个截面图形和两条轨迹线

（1）绘制如图 4-65 所示的轨迹图形。

（2）绘制如图 4-66 所示的半径为 10 mm 的圆弧。

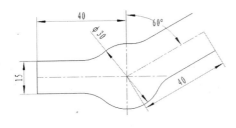

图 4-65 轨迹图形

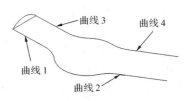

图 4-66 绘制截面图形

（3）单击"曲面"操作栏中的"扫描曲面"按钮 ⟨⟩，单击"单体"按钮 ⟋，选择"R10"的圆弧作为截面图形，单击 ✓ 按钮。单击"局部串联"按钮 ∞，选择曲线 1 和曲线 2（系统自动将选择曲线间的圆弧）作为轨迹线 1，选择直线 3 和曲线 4（系统自动将选择直线间的圆弧）作为轨迹线 2，单击 ✓ 按钮，生成如图 4-67 所示的曲面。

图 4-67 扫描曲面 3

七、曲面铣削加工及其公共参数设置

MasterCAM X6 能对曲面、实体以及 STL 文件产生刀具路径。曲面加工可分为曲面粗加工和曲面精加工。不管是粗加工还是精加工，它们都有一些共同的参数。

1.加工曲面/干涉面/加工范围

在 MasterCAM X6 中生成刀具路径时，当选择要加工的曲面并按 Enter 键确认后，系统会弹出"刀具路径的曲面选取"对话框，主要参数如图 4-68 所示，其中"加工面"指需要加工的曲面；"干涉面"指不需要加工的曲面；"边界范围"指在加工曲面的基础上再限定某个范围来加工；"指定进刀点"用来选择某点作为下刀或进刀位置。另外，在"曲面加工参数"选项卡中单击"选取"按钮，也可以弹出"刀具路径的曲面选取"对话框。

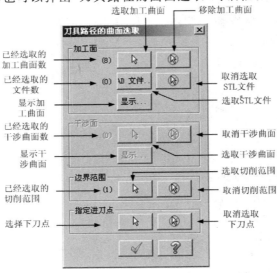

图 4-68 "刀具路径的曲面选取"对话框

2. 刀具路径参数设置

刀具路径参数主要用来设置与刀具相关的参数。三维刀具路径参数所需的刀具通常与曲面的曲率半径有关。精修时刀具半径不能超过曲面曲率半径。一般粗加工采用大刀、平刀或圆鼻刀,精修采用小刀、球刀。在"刀具路径参数"选项卡中可以创建或者编辑刀具、设置刀具参数、速率、构图面等,如图 4-69 所示。

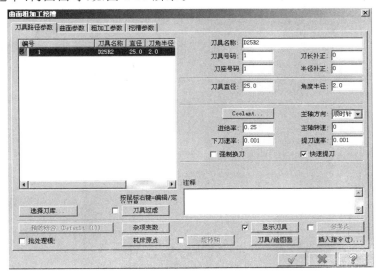

图 4-69 "刀具路径参数"选项卡

(1)机床原点

机床原点是机床出厂时设定的。一般 CNC 开机后,都需要先使其回归到机床原点,换刀或程序结束时刀具也回归到机床原点。单击 机床原点 按钮,即可弹出"机床原点"对话框,可以设置机床原点位置。

(2)刀具/绘图面

刀具平面为刀具工作的表面,通常为垂直于刀具轴线的平面。数控加工中有三个主要刀具平面:俯视图、前视图和侧视图。在 NC 代码中分别由 G17、G18 和 G19 指令来指定。刀具平面与构图平面的选择方法相同。单击 刀具/绘图面 按钮,系统弹出"刀具面/绘图面的设置"对话框,可以控制刀具在何种平面上加工。应注意的是刀具平面一般都设置为俯视图,要与一般的机床坐标系一致。

(3)参考点

MasterCAM X6 提供了三种辅助用的原点,分别是系统原点、刀具原点和构图原点,而且这三种原点可以在同一点。系统原点是程序所提供的原点,构图面原点是绘图时给定的原点,刀具原点是定义刀具路径用的原点。单击 参考点 按钮,系统弹出换刀参考点对话框,可以设置进入点(进刀时刀具暂停的位置坐标点,又称为起刀点,即程序开始时刀具首先到达的位置)和退出点(退刀时刀具停止的位置点,又称为终刀点,即程序结束时刀具所在位置)。

(4)旋转轴

该复选框主要用来设置工件的旋转轴,一般在车床路径中使用。用户可选择 X 轴或 Y 轴作为替代的旋转轴,并可设置旋转方向、旋转直径等参数。在铣削模组中一般用来设定第四轴。

3. 曲面参数

不管是粗加工还是精加工，用户都需要设置"曲面参数"选项卡的参数。如图 4-70 所示，主要设置包括安全高度、参考高度、进给下刀位置和工件表面。一般没有深度选项，因为曲面的底部就是加工的深度位置，该位置是由曲面的外形决定，故不需要用户设置。

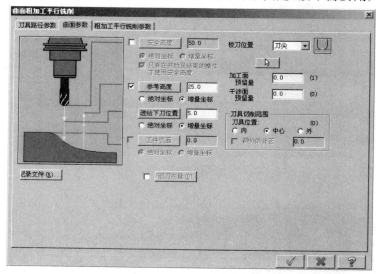

图 4-70 "曲面参数"对话框

（1）进/退刀向量

选中"进/退刀向量"复选框，单击"进/退刀向量"按钮，弹出"方向"对话框。该对话框用来设置曲面加工时刀具的切入与退出的方式。其中"进刀向量"选项用来设置进刀时的向量，"退刀向量"选项用来设置退刀时的向量，两者的参数设置完全相同。

（2）校刀位置

在"曲面参数"选项卡中单击"校刀位置"下拉列表，可以选择校刀方式为"球心"或者"刀尖"。当选择"刀尖"选项时，产生的刀具路径为刀尖所走的轨迹。当选择"球心"选项时，产生的刀具路径为刀具中心所走的轨迹。由于平刀不存在球心，所以这两个选项在使用平刀一样，但在使用球刀时不一样。如图 4-71（a）所示为选择刀尖为校刀位置的刀具路径。如图 4-71（b）所示为选择球心为校刀位置的刀具路径。

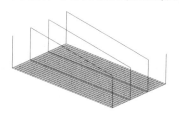
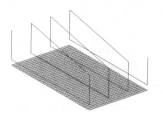

（a）球刀校刀位置为刀尖　　　　　　（b）球刀校刀位置为球心

图 4-71 校刀位置

（3）预留量设置

"预留量"是指在曲面加工过程中，预留少量的材料不予加工，或留给后续的加工工序来加工，包括加工曲面的预留量和加工刀具避开干涉面的距离。在进行粗加工时一般需要设置加工面的预留量,通常设置为 0.2～0.5 mm,目的是为了便于后续精加工。而设置加工刀具避开干涉面的距离可以防止刀具过切干涉面。如图 4-72(a)所示为干涉曲面预留量为 0。如图 4-72(b)所示为干涉曲面预留量为 2,很明显抬高了一定高度。

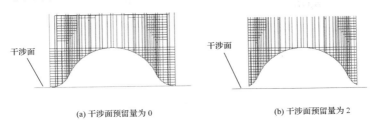

(a) 干涉面预留量为 0　　　　(b) 干涉面预留量为 2

图 4-72　预留量设置

（4）刀具切削范围

在"曲面参数"对话框的"刀具切削范围"选项组中,"刀具位置"选项包括内、中心、外。其参数含义如下:

"内":选择该项时刀具在加工区域内侧切削,即切削范围就是选择的加工区域。

"中心":选择该项时刀具中心走加工区域的边界,切削范围比选择的加工区域多一个刀具半径。

"外":选择该项时刀具在加工区域外侧切削,切削范围比选择的加工区域多一个刀具直径。

4.一些通用的铣削参数

（1）切削深度

切削深度是用来控制加工铣削深度的,即控制 Z 方向要加工的范围。Z 方向加工的分层控制,主要是设定 Z 方向步距值。单击"切削深度"按钮　,弹出"切削深度设置"对话框,如图 4-73 所示。该对话框主要用来设置第一刀和最后一刀的深度值。

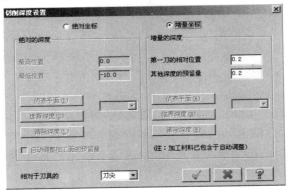

图 4-73　"切削深度设置"对话框

切削深度的设置分为增量坐标和绝对坐标两种方式,其中增量坐标方式为系统默认。默认设定是顶部和底部都预留 0.2 mm 的增量坐标方式,如图 4-74(a)所示,即加工范围为曲面最高点下方 0.2 mm 到曲面最低点上方 0.2 mm;如果需要人为控制 Z 方向加工范围,可设定绝对坐标方式,如图 4-74(b)所示,可通过在"最高位置"和"最低位置"文本框输入值来限制刀具路径的深度范围,这样根据曲面的曲率变化情况有意识地将曲面按不同的 Z 区

段以不同的 Z 步距进行刀路设计,从而有效地控制加工质量。

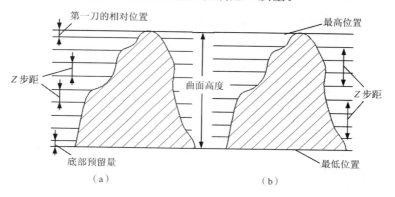

图 4-74 切削深度控制示意图

(2)间隙设置

连续的曲面上有缺口或者断开的地方,或者两曲面之间相隔很近,都可以视为间隙。单击"间隙设置"按钮,弹出如图 4-75 所示的"刀具路径的间隙设置"对话框,该对话框用来设定刀具在跨越不同间隙时的运动方式。其中"允许的间隙"选项组用来设置允许间隙;"位移小于允许间隙时,不提刀"选项组用于设置当移动量小于设置的允许间隙时刀具的移动方式。

①直接:直接以直线切削方式从前一刀具路径的终点移动到下一刀具路径的起点。

②打断:刀具遇到间隙后,如果刀具是从下向上运动,则先上升,再平移到间隙的另一边,继续切削。如果刀具是从上向下运动,则先下降,再平移到间隙的另一边,继续切削。

③平滑:刀具路径平滑地越过间隙处,常用于高速进给加工。

④沿着曲面:刀具从一曲面刀具路径的终点沿着前一段曲面外形变化趋势移动到另一曲面刀具路径的起点。

"位移大于允许间隙时,提刀至安全高度"选项组用于设置当移动量大于设置的允许间隙时刀具的移动方式。"切弧的半径"文本框用于输入在边界处刀具路径延伸切弧的半径。"切弧的扫描角度"文本框用于输入在边界处刀具路径延伸切弧的角度。"切削顺序最佳化"用于设定刀具先在一个区域进行加工,直至该区域加工完毕,再移动到另一区域进行加工。

(3)高级设置

单击"高级设置"按钮,弹出"高级设置"对话框,可以设置刀具在曲面和实体边缘的处的加工方式。通过该对话框也可以检查隐藏的曲面和实体面是否有折角,如图 4-76 所示。其中"刀具在曲面(实体面)的边缘走圆角"选项组用来选择刀具在边缘处加工圆角的方式,其中:

①自动:系统根据曲面的实际情况自动决定是否在曲面边界走圆角。

②只在两曲面(实体面)之间:刀具只在两曲面(实体面)之间的边界走圆角。

③在所有的边缘:刀具在所有曲面边界走圆角。

"尖角部分的误差(在曲面/实体面的边缘)"选项组用于设置刀具走圆角时移动量的误差,值越大,生成的锐角越平缓。可选择"距离"单选按钮,在其后的文本框中直接输入误差值;也可以选择"切削方向误差的百分比"单选按钮,以切削量的百分比来设置误差值;勾选"忽略实体中隐藏面的侦测"选项对刀具切不到的曲面将不产生刀具路径,也不进行计算,以加快生成程序的速度;勾选"检查曲面内部的锐角"选项,系统检查曲面内部的局部凸起,避免刀具过切。

图 4-75 "刀具路径的间隙设置"对话框

图 4-76 "高级设置"对话框

(4)整体误差

"整体误差"文本框用来设置刀具路径与几何模型的精度误差,仅在曲面刀具路径中有效。误差值设置得越小,加工得到的曲面越接近几何模型,但加工速度较低。单击"整体误差"按钮,弹出如图 4-26 所示"整体误差设置"对话框。

整体误差是过滤误差和切削误差的总和,在该对话框中可以调整过滤误差和切削公差的比率、改变公差值、选择圆弧选项等。通常过滤误差和切削公差的比率为 2:1。使用整体公差可以防止过滤误差与切削误差之比过大或者过小。如果过滤比率设为"off",则整体误差的值就等于切削公差的值。

①过滤误差:当刀具路径中一点到另一点的间距小于或等于设定的误差值时,将取消这一段刀路,从而达到精简优化刀具路径的目的,这个过程称为过滤。

②切削公差:决定了曲面加工刀具路径的精度。采用弦高法(刀具路径和真实曲线、曲面或实体表面之间的距离)来决定这个精度,值越小,刀具路径和真实曲线、曲面或实体表面之间的距离越近,当然加工时间也越长,NC 程序也越大。

设置"最小圆弧半径"和"最大圆弧半径"后,当过滤一个刀具路径时,可以用半径在设定的最大值和最小值之间的圆弧运动取代某些直线刀具运动。

八、曲面挖槽粗加工

曲面挖槽粗加工也称为口袋式粗加工,它是一种等高方式的加工。挖槽粗加工是将工件在同一高度上进行等分后产生分层铣削的刀具路径,即在同一高度上完成所有的加工后再进行下一个高度的加工,在每一层上的走刀方式与二维挖槽类似。挖槽粗加工分为两种情形,一种是凸形曲面挖槽粗加工,一种是凹形曲面挖槽加工。在实际粗加工过程中使用频率最多,绝大多数的工件都可以利用挖槽进行开粗,也称为"万能粗加工"。挖槽粗加工提供了多样化的刀具路径及多种下刀方式,是粗加工中最为重要的刀具路径。另外,曲面挖槽粗加工方法还是一个高效率的曲面加工方法,与二维挖槽加工类似,刀具切入的起始点可以人为控制,可以选择切入起始点在工件之外,再逐渐切入,使得切入过程平稳,保证加工质量。

单击主菜单【刀具路径】→【曲面粗加工】→【粗加工挖槽加工】命令,依系统提示选择需要加工的曲面,单击⬤按钮,在弹出的"串联选项"对话框中,选择串联作为边界范围,单击☑按钮,弹出"曲面粗加工挖槽"对话框,如图 4-77 所示。

该对话框包含 4 个选项卡(刀具路径参数、曲面参数、粗加工参数和挖槽参数)。其中刀具参数和曲面参数在前面已经讲过,这里只介绍粗加工参数和挖槽参数。

1. 粗加工参数

(1)Z 轴最大进给量:设置两相邻切削路径层间的最大 Z 方向距离(切深)。

(2)进刀选项:设定曲面挖槽加工的下刀方式(螺旋式或斜线式),保证刀具进入切削区域时平稳而又高效,利于提高加工效率和延长刀具寿命。

(3)铣平面:勾选此按钮前复选框,单击"铣平面"按钮,在弹出的"平面铣削加工参数"对话框中设置启用型腔内的平面加工。

(4)指定进刀点:系统以用户指定的点作为切削的起始点进入切削。每一层的刀具路径都将在指定点位置下刀。

(5)由切削范围外下刀:在型芯粗加工时比较常用,可以在毛坯外不切削区域快速下刀,再水平进刀切削。

(6)下刀位置针对起始孔排序:勾选此复选框,从预钻孔进刀。

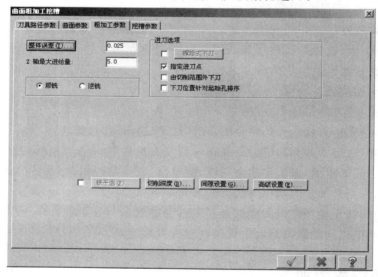

图 4-77 "曲面粗加工挖槽"对话框

2. 挖槽参数

挖槽参数选项卡如图 4-78 所示。其中主要参数如下:

(1)粗加工:勾选该复选框,可以进行粗加工参数的设置。

(2)切削方式:用于选择切削方法,主要有:

①双向:定义双向切削模式。该方式产生一组往复直线刀具路径来粗铣挖槽。刀具路

径的方向由粗切角度决定,粗切角度也决定了挖槽路径的起点。

②等距环切:构建一粗加工刀具路径,以恒定步距环形铣削切除毛坯,并根据新的毛坯余量重新计算,重复处理直至系统铣完内腔,该选项构建较小的线性移动,可清除干净所有的毛坯加工余量。

③平行环切:按照步距量平行式环形铣削,不保证能将中间或者角部材料清除干净。

④平行环切清角:按照步距量平行式环形铣削,可以清角,不保证能将中间材料清除干净。

⑤高速环切:高速铣削模式。

⑥螺旋切削:以相切的圆弧围成加工路径,生成光滑的刀具路径轨迹和较短的程序,材料去除效果好。

⑦单向:单向铣削模式。类似于双向切削,只是切削的刀具路径只在一个方向上切削。

⑧依外形环切:通过在边界和岛屿之间的逐渐插补去除材料,粗加工内腔。该选项最多只能有一个岛屿。

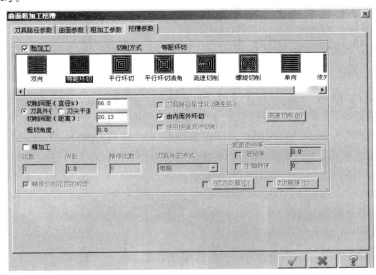

图 4-78　"挖槽参数"选项卡

(3)切削间距(直径%):用于设置以刀具直径衡量的刀具轨迹之间的横向步距(%)。其中,"刀具外径"选项适用于圆鼻铣刀,"刀尖平面"选项适用于端铣刀。设定好该参数后系统自动调整参数"切削间距(距离)"的值。

(4)切削间距(距离):用于设置横向步距距离,等于"切削间距(%)"乘以刀具直径。

(5)粗切角度:用于设置双向和单向粗加工刀具路径铣刀移动的角度,是切削方向和工作坐标系 X 轴的夹角。

(6)刀具路径最佳化(避免插):当环绕切削内腔岛屿时提供最佳刀具路径,避免损坏刀具,要使用较小刀具加工。该选项在双向铣削时有效,并能避免刀具插入绕岛屿的毛坯太深。

(7)由内而外环切:用于所有螺旋铣削挖槽的刀具路径,螺旋刀具路径从内腔中心(内)至内腔外壁(外部),默认的螺旋铣削方法,是刀具从内腔外壁移至中心。

(8)使用快速双向切削：勾选该复选框，按照粗加工夹角生成快速双向铣削刀具路径，仅适用于双向加工方式。

(9)高速切削：选择高速加工方式，此按钮被激活。用于设置高速切削参数。

(10)精加工：勾选此复选框，可以进行精加工参数的设置。其中：

①次数：定义精加工切削次数。

②间距：定义每次切除材料的数量。

③精修次数：用于设置精加工刀路重复的次数。

④刀具补正方式：用于选择刀具补偿方式，有电脑、控制器、刀具损耗三种补偿方式。

⑤进/退刀向量：用于设置精加工切削的进/退刀向量。

⑥壁边精修：将刀具路径划分为深度方向的多次加工。单击该按钮，系统弹出"壁边精修参数"对话框，可设置精修方向、每层深度的精修次数以及计算后的精修量等。

说明：在进行凸模的挖槽粗加工时，一定要定义限制边界，否则将不能形成"槽"，也不能形成刀具路径。挖槽粗加工适用于凹槽形的工件加工，并提供了多种下刀方式。在加工时如果凹槽底部空间很小，容易产生进刀失败，需要多加注意。

九、等高外形精加工

当零件完成粗加工后，根据零件的精度要求和工艺安排还经常要对零件进行精加工，以得到准确、光滑的曲面。

等高外形精加工在工件上产生沿等高线分布的刀具路径，相当于将工件沿 Z 轴进行等分，沿着三维模型外形生成精加工刀具路径，适用于有特定高度或斜度较大的结构特征加工。等高外形除了可以沿 Z 轴等分外，还可以沿外形等分。采用等高线精加工时，在曲面的顶部或坡度较小的位置可能不能进行切削，一般可采用浅平面精加工来对这部分的材料进行铣削。

单击主菜单【刀具路径】→【曲面精加工】→【精加工等高外形】命令，选取加工曲面后，单击 按钮，弹出"曲面精加工等高外形"对话框，选择"等高外形精加工参数"选项卡，如图 4-79 所示。该对话框用来设置等高外形精加工参数。

1. 封闭式轮廓的方向

用于定义等高外形加工中封闭式轮廓的切削方向。有顺铣和逆铣两个选项。

2. 起始长度

用于定义每层刀具路径的起始位置与上一层刀具路径的起始位置之间的偏移距离。设置该选项主要是为了避免由于各层起点位置一致而造成的刀痕。

3. 开放式轮廓的方向

用于定义等高外形加工中开放式曲面外形轮廓的切削方向，有单向和双向两个选项。

4. 两区段间的路径过渡方式

该栏用于设置当移动量小于允许间隙时刀具移动的形式，其中：

(1)高速回圈：以高速加工的模式圆弧过渡到下一加工行。

(2)打断：先水平移动，再垂直移动过渡到下一加工行。

(3)斜插：沿斜向(斜线)移动过渡到下一加工行。

(4)沿着曲面：沿曲面形状过渡到下一加工行。

5. 由下而上切削

选择该复选框后，从底部向上部执行等高外形加工。

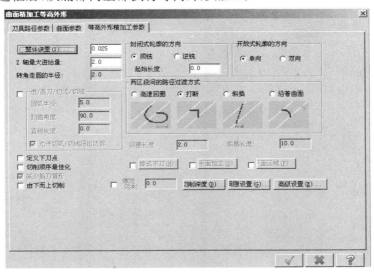

图 4-79 "等高外形精加工参数"选项卡

6. 平面加工

勾选 平面加工(S) 按钮前的复选框，单击该按钮，系统弹出"浅平面加工"对话框。该选项用于在等高外形加工路径上增加或者去除浅平面刀具路径，以保证曲面上较平坦部位的加工效果。

等高外形分为"沿 Z 轴等分"和"沿外形曲线等分"两种，"沿 Z 轴等分"大部分用于粗加工，"沿外形曲线等分"一般选用圆鼻刀，用于精加工，使用方式是在选择"切削范围"时多选择一个外形曲线，外形线要在同一平面要、同一方向而且头尾要能串联。由于刀具的走法是沿着曲面依外形线走，所以"切削深度"的设定无效，可以在工件的平面和底面画出水平线以确定加工到平面或底面，也可将水平线提高若干。如图 4-80、图 4-81 所示。

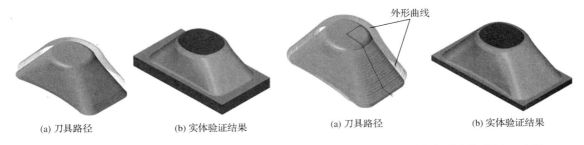

(a) 刀具路径　　　　(b) 实体验证结果　　　　　　(a) 刀具路径　　　　(b) 实体验证结果

图 4-80 "沿 Z 轴等分"等高外形精加工实例　　　图 4-81 "沿外形曲线等分"等高外形精加工实例

十、平行铣精加工

平行铣精加工是以指定的角度产生一组相互平行的切削路径。在加工比较平坦的曲面时，此刀具路径加工的效果非常好，精度也比较高。

单击主菜单【刀具路径】→【曲面精加工】→"精加工平行铣削"命令，选取要加工的曲面，

单击 ![✓] 按钮，弹出"曲面精加工平行铣削"对话框，如图 4-82 所示。

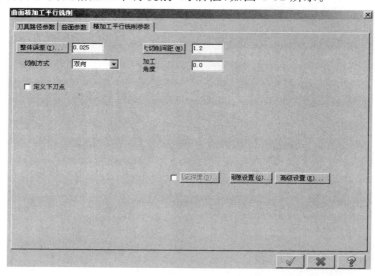

图 4-82 "曲面精加工平行铣削"对话框

由于精加工不进行分层加工，所以没有层进刀量和下刀/提刀方式的设置，同时允许刀具沿曲面上升和下降方向进行切削。

1. 最大切削间距

用来设置两相邻切削路径层间的最大距离。该设置值必须小于刀具的直径。

2. 加工角度

加工角度是指刀具路径与 X 轴的夹角。定位方向：$0°$为$+X$，$90°$为$+Y$，$180°$为$-X$，$270°$为$-Y$，$360°$为$+X$。

3. 定义下刀点

当选中该选项前的复选框时，在设置完各参数后，需要指定刀具路径的起始点，系统将选取最近的工件角点为刀具路径的起始点。

十一、精加工交线清角

精加工交线清角用于在两个或多个曲面间的交角处加工，在两曲面相交处产生刀具路径，主要用于清除曲面交线上残留的材料，并在交角处产生一致的半径，相当于在曲面间增加一个倒圆曲面。

在粗加工中，在曲面的交线处刀具路径有时并不处于最佳位置或刀具选择过大，加工完成后在曲面的交线处可能会残留一些材料，此时使用交线清角精加工最为合适。常常需要与其他精加工模块配合使用。

单击主菜单【刀具路径】→【曲面精加工】→【精加工交线清角】命令，选择需要清角加工的曲面，按 Enter 键确定，弹出"曲面精加工交线清角"对话框，如图 4-83 所示。选择刀具，定义加工方向、清角曲面的最大角度、平行加工次数等参数，系统自动生成精加工交线清角刀具路径，沿着曲面间内部边进行加工。其中"平行加工次数"用于设置是否生成平行式的刀具路径。

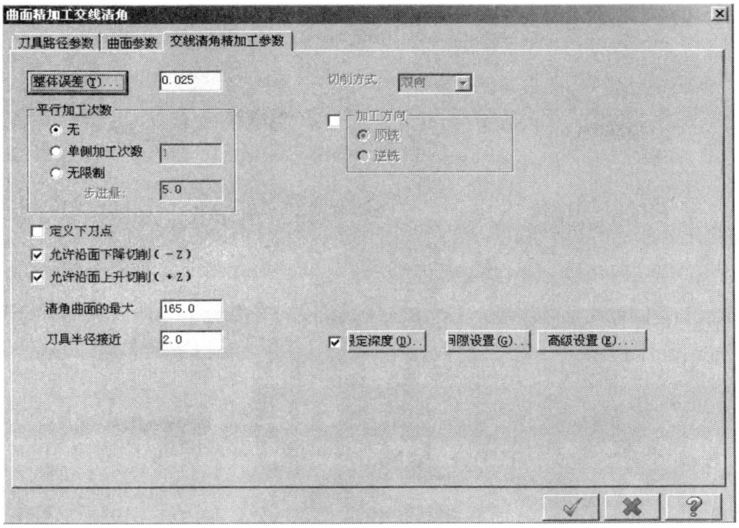

图 4-83　"曲面精加工交线清角"对话框

"无"：选择此选项，生成单个交线清角刀具路径，无平行路径。

"单侧的加工次数"：选择此选项，则定义以"步进量"中设置的数值，在交线每一侧曲面上生成的平行于清角交线加工轨迹的刀具路径数目。

"无限制"：选择此选项，则以"步进量"中设置的数值，在交线每一侧曲面上生成的平行于精加工清角交线轨迹的刀具路径数目不受限制，会覆盖至整个曲面边界。

十二、精加工平行式陡斜面

精加工平行式陡斜面适用于对比较陡的斜面进行加工，可在陡斜面区域上以设定的角度产生相互平行的陡斜面精加工刀具路径。主要用于在粗加工或精加工后，切除残留在曲面较陡的斜坡上的材料，一般需要与其他精加工刀具路径配合使用。

单击主菜单【刀具路径】→【曲面精加工】→【精加工平行陡斜面】命令，弹出"曲面精加工平行式陡斜面"对话框，选择"陡斜面精加工参数"选项卡，如图 4-84 所示。该对话框用来设置陡斜面精加工参数。设置相关参数后，系统将在加工的曲面中自动找出符合斜角范围的部位，并在此处生成精加工刀具路径。

"陡斜面的范围"：用于设置陡峭区域，其中：

"从倾斜角度"：用来指定需要进行陡斜面精加工区域的最小斜角度。

"到倾斜角度"：用来指定需要进行陡斜面精加工区域的最大斜角度。系统仅对坡度在最小斜角度和最大斜角度之间的曲面进行陡斜面精加工。这里的角度是指曲面法线与Z轴的夹角。

"包含外部的切削"：勾选该复选框，可以加工垂直于切削方向的陡峭区域和超出陡峭区域以外的浅平面，仅留下平行于加工方向的陡峭曲面未被加工；取消勾选该复选框，则仅加工平行于刀具运动轨迹方向的陡峭曲面，如图 4-85 所示。合理应用此选项可以避免曲面的相同部位被多次加工。

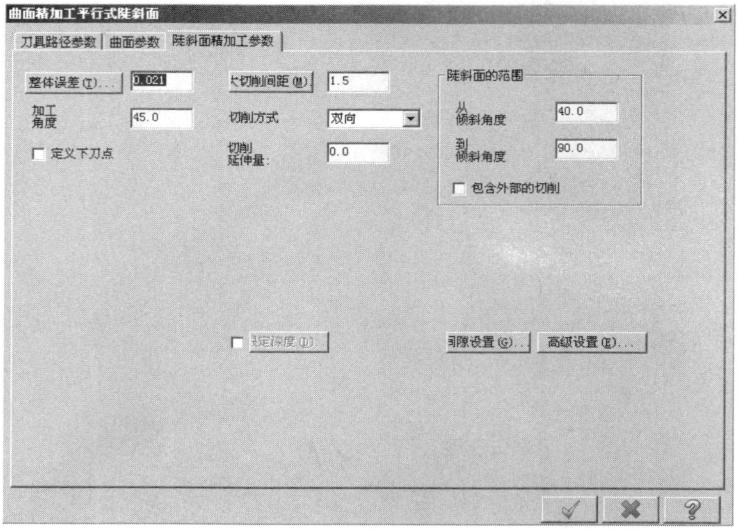

图 4-84　"曲面精加工平行式陡斜面"对话框

"切削延伸量"：用来设置一个附加的在切削方向的延伸量，以便于刀具可以在已经加工过的地方下刀，实际上扩大了切削范围。

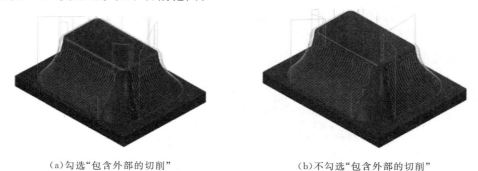

(a)勾选"包含外部的切削"　　　　　　　　　(b)不勾选"包含外部的切削"

图 4-85　"包含外部的切削"选项示意

知识拓展

一、CAD 模型的 CAM 程序编制准备

由于 CAD 造型人员更多的是考虑零件设计的方便性和完整性，并不顾及对 CAM 加工的影响，所以要根据加工对象的确定及加工区域规划对模型加以完善，通常有以下内容。

1. 坐标系的确定

坐标系是加工的基准，应将坐标系定位于适合机床操作人员确定的位置，同时保持坐标系的统一。

2. 过滤对象

过滤对象是指隐藏部分对加工不产生影响的曲面，按曲面的性质进行分色或分层。这样，一方面看上去更为直观清楚；另一方面在选择加工对象时，可以通过过滤方式快速地选

择所需对象。

3. 修补部分曲面

对于有不加工部位存在造成的曲面空缺部位,应该补充完整。如钻孔的曲面存在狭小的凹槽的部位,应该将这些曲面重新做完整,这样获得的刀具路径规范而且安全。增加安全曲面,如边缘曲面进行适当的延长。

4. 对轮廓曲线进行修整

对于数据转换获取的数据模型,可能存在看似光滑的曲线其实也存在着断点,看似一体的曲面在连接处不能相交等现象,可通过修整或者创建轮廓线构造出最佳的加工边界曲线。例如,运用分析命令,将公差设为最小,例如"0.00005",然后"串联"选择看似连续的曲线,如出现断点,表明该处曲线断开,可用曲线融接的方法使其连续。

5. 构建刀具路径限制边界

对于规划的加工区域,需要使用边界来限制加工范围,即先构建出边界曲线。

二、加工方法中的分区铣削

加工比较复杂的工件时,需要使用分区铣削的策略。例如对于一些型腔尺寸比较大的复杂模具;或者一个工件有多个部位要加工,但各加工部位之间没有多少关联性;或者因装夹压板等原因,出于装夹强度、刀具长度、工件变形等因素考虑要采用分区进行加工;或者各加工部位所要达到的精度不一而需要对不同部位采用不同的加工方法等。实现分区的主要用法有:

1. 采用加工范围

这种方法在 MasterCAM 中用得最多,在 3D 加工中主要是采用加工范围来决定要加工什么部位,要避让哪些部位。建议创建的加工范围加框线最好能完全包围加工面,即要求范围线在加工面以外,但不要超过一个刀具半径。另外如果分区加工时要做的加工范围线条较多,建议最好是不同区域之间的加工范围有各自的线条,不要共用线条的某一部分,以免因修改了某一个范围的线条而使另一个加工范围的线条也被破坏。

2. 采用分区加工时加工面的选择

一般采用分区加工的工件造型比较复杂,曲面比较多。因此在选择加工面时,建议只选取加工范围内和与加工范围内共面的面作为加工对象,以提高运算速度。注意选取部分加工面时要完全选取与加工范围内有关的所有加工面。

3. 优先选用曲面编程

对于实体造型,最好先转换成曲面,然后再进行编程。

4. 合理选择干涉面构建加工区域

分区加工时的粗加工方法一般选取曲面挖槽粗加工,需要注意的就是下刀方式的选择,建议选择螺旋下刀,而且螺旋下刀的角度尽可能小。以 2~5°为宜,以保证加工平稳,噪声较小。对于"如果所有进刀法失败时"选项,建议选择"中断程序",否则当加工到底部不能螺旋或斜线下刀时,就会直插下来。在螺旋下刀参数栏中,勾选"沿着边界斜降下刀",可以使刀具可以下到工件的最深处,且环绕式下刀。在精加工最好不要采用分区加工,以免生成接刀痕。

总之,MasterCAM X6 具有强大的曲面粗加工及灵活的曲面精加工功能,如何从中选择最好的方法,安全地加工最复杂的零件,还需要在重点学习软件核心功能的同时,不断培养标准化、规范化的工作习惯,重视加工工艺的经验积累,熟悉所使用的数控机床、刀具、加工材料的特性,以便使工艺参数设置更为合理。

任务检查

密码器外壳型芯设计与数控加工项目考核指标见表 4-4。

表 4-4　　　　　　　　　　密码器外壳型芯设计与数控加工项目考核指标

任务名称	序号	任务内容	任务标准	分值	得分
密码器外壳型芯设计与数控加工	1	密码器外壳型芯造型设计	(1)快速、准确地阅读零件图; (2)高效完成盖板零件造型设计; (3)尺寸符合图纸要求	15	
	2	工艺过程	(1)分析零件的工艺性,拟订零件加工方案(包括毛坯定位与夹紧); (2)编制工序卡; (3)合理选择刀具,编制刀具卡	15	
	3	刀具路径	选择合理加工刀具路径,编制加工程序,生成 G 代码,编制数控加工程序说明书	40	
	4	仿真结果	利用仿真软件,选择合理设备,完成零件仿真加工并进行精度检测	10	
	5	文件资料	按照任务单准时、齐全、正确地提交相关文件	15	
	6	工作效率及职业操守	工作效率及时间观念、责任意识、团队合作、工作主动性强	5	

情 境 设 计

情境描述

如图 5-1 所示手机模具,要求进行数控加工程序编制。该零件为单件加工,材料为 45 钢,要求在加工中心或数控铣床上进行加工

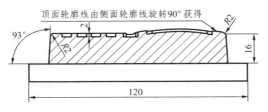

顶面轮廓线由侧面轮廓线旋转90°获得

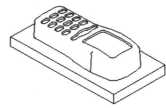

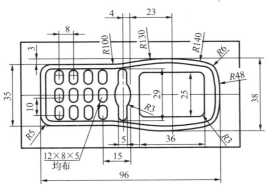

技术要求

1.零件加工表面不应有划痕、擦伤等缺陷。
2.去除毛刺飞边。
3.材料为45钢,硬度为45HRC。
4.所有表面粗糙度要求 Ra 3.2 μm。

图 5-1　手机模具零件图

学习任务

1.查阅机械加工工艺手册、加工中心编程及操作手册等,分析零件图,选择设备,确定毛坯。
2.分析零件信息以及技术要求,确定加工工艺,编制工艺文件。
3.运用 MasterCAM 完成三维实体造型。
4.编制刀具路径,生成加工程序,并填写程序卡。
5.运用仿真软件进行加工模拟检查

学习目标	知识目标： 1.掌握 MasterCAM 实体修剪、实体编辑等命令及其应用。 2.掌握 MasterCAM"曲面平行铣"等刀具路径的参数设置并能熟练灵活应用。 能力目标： 1.能够熟练规划典型零件数控加工工艺，能够编制加工工艺文件。 2.能够应用 MasterCAM 进行自动编程，完成中等复杂程度零件的数控加工。 3.能够校验、调试数控加工程序，能够合理使用后置处理。 4.具有合理制订工作计划的能力。 素质目标： 1.具有良好的文化修养和行为习惯。 2.具有良好的团队合作能力和服务意识，具有较强的开拓创新能力
教学资源	1.手机零件图、刀具卡、数控加工工序卡、加工程序说明书、机械加工工艺手册、切削用量手册、通用夹具选用手册、相关刀具手册、机床操作编程手册等。 2.Master CAM 等 CAD/CAM 软件、投影设备、网络化教学环境。 3.通用计算机、课件、黑板、多媒体视频文件等
教学方法	具体方法：项目教学法、小组讨论教学法、案例分析演示法。 组织形式：创设学习情境，明确学习任务，教师协调下学生自愿分组，分工；资讯建议，成果检查与交流
学习方法	1.资讯：分析零件信息、技术要求、工艺与程序编制方法、加工成本的确定方法等信息。 2.计划：三维造型方法规划，数控加工工艺规程的制定，数控加工程序的编制，仿真校验，工作计划制订等。 3.决策：确定加工设备、零件装夹方法，选用刀具，确定毛坯，制订工艺过程，生成工艺文件。 4.实施：运用 MasterCAM 完成零件的三维造型，编制零件数控加工刀具路径，输出加工程序并校验、优化。 5.检查：三维造型的准确性检查，数控加工刀具路径的合理性检查，数控加工仿真检查。 6.评估：小组成果展示、交流

	序号	名称	数量	格式	内容及要求
学习成果	1	手机模具三维造型文件	1	.MCX	熟练、正确地完成手机模具造型设计
	2	手机模具的数控加工工序卡	1	.doc	合理编制手机模具的数控加工工序卡
	3	手机模具的数控加工刀具卡	1	.doc	合理编制手机模具的数控加工刀具卡
	4	手机模具刀具路径文件	1	.MCX	合理编制手机模具的刀具路径文件
	5	加工程序说明书	1	.doc	优化数控加工程序，对比优化结果
	6	手机模具仿真加工结果文件	1	.pj 或 .vpj	完成零件模拟仿真加工
	7	任务学习小结	1	.doc	检查学习成果，书面总结学习过程

注：资讯、计划、决策、实施、检查、评估根据实际情况取舍，但应体现教学过程。

工作任务

一、手机模具的加工工艺分析

1.结构分析

该零件外形轮廓包括直线、圆弧、圆角等特征，结构特征有平面、斜面、圆弧曲面及圆角曲面等，图纸尺寸标注完整、清晰。

2．技术要求

该工件尺寸精度、表面粗糙度要求较高，毛坯尺寸为 120 mm×60 mm×31 mm，没有热处理要求，加工的难点主要是分型面、凸台上的浅平面区域以及圆角曲面。

3．设备选择

该零件单件生产，可在普通机床上完成零件的半成品加工，选择数控铣床完成精加工，数控加工选择硬质合金类刀具。数控粗加工采用曲面挖槽、曲面等高外形、曲面平行铣削等刀具路径，尽可能选择大刀具，以提高加工效率；精加工选择球刀，选用曲面等高外形、残料清角等加工刀具路径；凸台上表面比较平坦，选用浅平面精加工刀具路径。加工工艺路径参考机械加工工艺卡。

4．装夹方案

本工件比较规则，采用机用平口虎钳一次装夹即可。装夹时需要找正钳口，合理选择垫铁，保证工件至少高出钳口 18 mm。

5．机械加工工艺卡（表 5-1）

6．数控加工工序卡（表 5-2（a）、表 5-2（b））

7．数控加工刀具卡（表 5-3）

表 5-1　　　　　　　　　　　　机械加工工艺卡

××学院		机械加工工艺卡		产品型号		零件图号		5-1	
				产品名称		零件名称	手机模具	共1页	第1页
材料	45钢	毛坯种类	板材	毛坯尺寸/mm	120×60×31	每毛坯可制件数	1	每台件数	备注
工序号	工序名称	工序内容		车间	设备	工艺装备		工时/min	
								准终	单件
10	下料	下料		钳工车间	G7025				
20	铣	粗铣表面，保证高度 31±0.2 mm		机加车间	X5032A	平口钳、硬质合金铣刀			
30	铣	精铣四方，保证毛坯外形尺寸 120 mm×60 mm，精铣上表面，底座高度方向留 1 mm 余量		机加车间	X5032A	平口钳、硬质合金铣刀			
40	铣	粗铣表面轮廓、分型面等		数控车间	VMC850	平口钳、硬质合金铣刀			
50	铣	精铣表面轮廓、分型面等		数控车间	VMC850	平口钳、硬质合金铣刀			
60	钳	去除全部毛刺		钳工车间		虎钳、锉刀等			
70	检	按图纸要求全面检验		钳工车间		游标卡尺、深度尺等			
					设计（日期）	校对（日期）	审核（日期）	标准化（日期）	会签（日期）
标记	处数	更改文件号	签字	日期	标记	处数	更改文件号	签字	日期

表 5-2(a)   **数控加工工序卡(1)**

×× 学院		数控加工工序卡		产品型号		零件图号		5-1
				产品名称		零件名称		手机模具
材料牌号	45 钢	毛坯种类	型材	毛坯尺寸/mm		备注		
工序号	工序名称	设备名称	设备型号	程序编号	夹具代号	夹具名称	冷却液	车间
40	粗铣	加工中心	VMC 850			平口钳	乳化液	机加车间
工步号	工步内容	刀具号	刀具	量、检具	主轴转速/ (r·min⁻¹)	进给速度/ (mm·min⁻¹)	背吃刀量/ mm	备注
1	平行铣削开粗加工整体模具	T01	ϕ12 mm 圆鼻刀	游标卡尺	2 000	600	1.5	余量 0.3 mm
2	等高粗加工手机模具侧壁曲面	T01	ϕ12 mm 圆鼻刀	游标卡尺	2 500	1 000	1	余量 0.2 mm
3	窗口特征挖槽粗加工	T04	ϕ6 mm 圆鼻刀	游标卡尺	2 000	600	0.5	余量 0.2 mm
编制		审核				共 页 第 页		

表 5-2(b)   **数控加工工序卡(2)**

×× 学院		数控加工工序卡		产品型号		零件图号		5-1
				产品名称		零件名称		手机模具
材料牌号	45 钢	毛坯种类	型材	毛坯尺寸/mm		备注		
工序号	工序名称	设备名称	设备型号	程序编号	夹具代号	夹具名称	冷却液	车间
50	精铣	加工中心	VMC 850			平口钳	乳化液	机加车间
工步号	工步内容	刀具号	刀具	量、检具	主轴转速/ (r·min⁻¹)	进给速度/ (mm·min⁻¹)	背吃刀量/ mm	备注
1	等高精加工手机模具侧壁曲面	T02	ϕ8 mm 圆鼻刀	游标卡尺	3 000	1 000	0.5	
2	浅平面精加工手机模具顶部曲面	T03	ϕ6 mm 球刀	游标卡尺	3 200	1 500	0.3	
3	曲面平行铣精加工窗口特征	T04	ϕ6 mm 圆鼻刀	游标卡尺	2 000	800	0.1	
4	加工所有二维凹槽	T05	ϕ4 mm 立铣刀	游标卡尺	2 000	500	0.5	
5	残料精加工所有曲面	T03	ϕ6 mm 球刀	游标卡尺	2 800	1 200	0.2	
6	整体精加工	T03	ϕ6 mm 球刀	游标卡尺	3 200	1 500	0.1	
编制		审核				共 页 第 页		

表 5-3 数控加工刀具卡

××学院	数控加工刀具卡		产品型号				零件图号		5-1
			产品名称				零件名称		手机模具
材料	45 钢	毛坯种类	型材	毛坯尺寸/mm		120×60×32	备注		
工序号	工序名称	设备名称	设备型号	程序编号		夹具代号	夹具名称	冷却液	车间
50	精铣	加工中心	VMC850				平口钳	乳化液	数控加工
工步号	刀具号	刀具名称	刀具规格/mm	刀具参数		刀柄型号	刀补地址		换刀方式
				直径/mm	长度/mm		半径/mm	长度/mm	
1	T01	D12R1 圆鼻刀	φ16	16	75	BT40、ER32	D1	H1	自动
2	T02	D8R05 圆鼻刀	φ8	8	60	BT40、ER32	D2	H2	自动
3	T03	D6R3 球刀	φ6	6	60	BT40、ER32	D3	H3	自动
4	T04	D6R05 圆鼻刀	φ6	6	60	BT40、ER32	D4	H4	自动
5	T05	D4R0 立铣刀	φ4	4	75	BT40、ER32	D5	H5	自动
编制		审核		批准			共　页	第　页	

二、手机模具的 CAD 建模

该零件主要特征有平面、斜面、圆弧曲面以及圆角曲面等。通过扫描曲面、牵引实体、实体修整以及实体倒圆角、抽壳等命令完成手机凸模特征的创建,通过曲面补正、实体布尔运算等命令完成手机窗口及按键特征的创建,通过曲面生成实体、薄片实体加厚等命令完成长方体底座的创建。

启动 MasterCAM,进入工作界面。

1. 绘制辅助线

(1)按 F9 键,打开系统的坐标原点;图形视角、绘图平面均为默认的"俯视图";设置当前层别为"1",键入"层别名称"为"辅助线";设置"线型"为"中心线","线宽"为默认"细线";状态栏"2D/3D"设为"2D";设置系统"颜色"为"红色 12"。完成辅助线属性设置。

(2)单击"直线"命令按钮, 绘制一条"X=0"的垂直线和一条"Y=0"的水平线。

(3)单击主菜单【转换】→【单体补正】命令,或者单击操作栏中的"单体补正"按钮 , 以默认"复制"方式将"X=0"的垂直线依次向右补正"4、6、15"、向左补正"23",将"Y=0"的水平线向上补正"10",结果如图 5-2 所示。

2. 绘制手机模具上表面圆弧曲线

(1)设置图形属性

图形视角、绘图平面均为默认的"俯视图";设置当前"层别"为"2",键入"层别名称"为"轮廓线";设置"线型"为"连续线","线宽"为"粗线";设置系统"颜色"为"绿色 10"。完成轮廓线属性设置。

(2)绘制矩形轮廓

单击矩形形状设置命令按钮 , 绘制"96×38"的矩形,其中心点放原点处,并将其中一边向内单体补正"3",结果如图 5-3 所示。

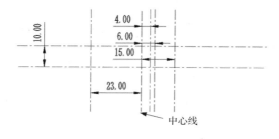

图 5-2　绘制的辅助线

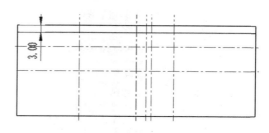

图 5-3　绘制的矩形

（3）绘制周边轮廓

①单击创建切弧按钮 ◯，单击指定切点画弧按钮 ◎，键入切弧半径"48"，选择矩形左侧"38"的边作为相切对象，指定其中点为切点，选择所需切弧，结果如图 5-4 所示。

②单击两点画弧按钮 ✥，输入切弧半径"140"，捕捉如图 5-4 所示交点 1、交点 2，绘制半径"140"的圆弧，单击 ➕ 按钮；捕捉交点 2、交点 3，绘制半径"130"的圆弧，单击 ✅ 按钮，结果如图 5-5 所示。

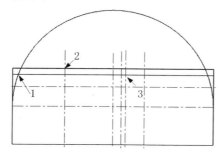

图 5-4　绘制的切弧

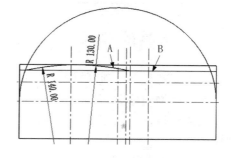

图 5-5　两点画弧

③修剪轮廓外圆弧，单击倒圆角按钮 ⌐▾，输入半径"100"，分别单击如图 5-5 所示"A、B"处的圆弧和直线，结果如图 5-6 所示。

（4）旋转生成上表面截面曲线

①设置图形视角为"等角视图" ⬡，绘图平面为"右视图" ⬛，单击旋转按钮 ⟳，分别单击如图 5-6 所示"A、B、C、D"处，选择圆弧和直线作为旋转对象，单击 ⬤ 按钮，在弹出的"旋转选项"对话框中 ⬕ 按钮后的文本框中输入"90"，单击 ✅ 按钮，完成曲线的旋转复制，结果如图 5-7 所示。

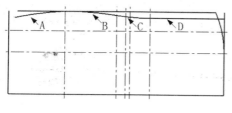

图 5-6　倒圆角

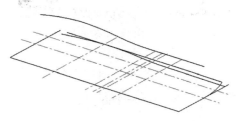

图 5-7　旋转结果

②单击操作栏"转换平移"按钮 ⬚，将左侧矩形长度为"38"的边沿 Z 方向向上复制移动

"16"。

③在状态栏选择"3D"模式,单击两点画弧按钮,输入半径"120",捕捉平移后的直线的两个端点,绘制两点圆弧,如图5-8所示。

3.构建手机上表面扫描曲面

(1)设置图形视角为"等角视图"⚃、绘图平面为"右视图"🔲。

(2)创建扫描曲面

①单击主菜单【绘图】→【曲面】→【扫描曲面】命令,弹出"串联"选项对话框,单击▨按钮,选择"单体"串联方式,选取半径为"120"的圆弧作为截面方向外形,旋转后的曲线作为引导方向外形,单击▨按钮,选择转换方式生成扫描曲面。

②单击主菜单【绘图】→【曲面】→【延伸】命令,输入长度"10",单击该曲面并出现可移动箭头,将箭头分别移至曲面的四个边界并单击,则曲面在四个边界方向被延伸指定距离,结果如图5-9所示。

4.构建手机上表面补正曲面

单击主菜单【绘图】→【曲面】→【曲面补正】命令,选择已生成的扫描曲面,按Enter键确认,向下补正"2",结果如图5-10所示。

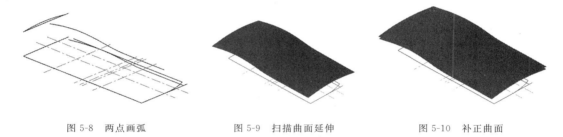

图5-8　两点画弧　　　　　　图5-9　扫描曲面延伸　　　　　　图5-10　补正曲面

5.绘制手机模具线框

(1)绘制外形轮廓

①适当设置层别,设置图形视角和绘图平面为"俯视图"。

②单击操作栏"修剪"命令✂,单击操作栏⊞按钮,选择单个物体修剪方式,修剪外形轮廓,删除多余线段并按F3键刷新,结果如图5-11所示。

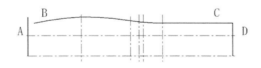

图5-11　修剪轮廓并删除多余线条

③单击圆角命令按钮⌐,在操作栏输入圆角半径为"6",单击▨按钮,选择"修剪"模式,依次单击如图5-11所示"A、B"处,单击➕按钮;在操作栏输入圆角半径为"5",单击▨按钮,选择"修剪"模式,依次单击如图5-11所示"C、D"处,单击☑按钮,结果如图5-12所示。

④单击镜像命令按钮▥,选取如图5-12所示线框(粗实线),选取"Y=0"的水平线作为镜像轴,完成手机模具外形轮廓线框的构建,如图5-13所示。

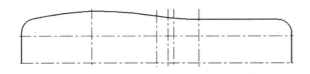

图 5-12 创建"圆角"特征

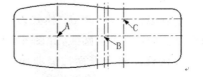

图 5-13 手机模具外形轮廓线框

（2）绘制手机模具的窗口线框

单击矩形形状设置命令按钮，在弹出的对话框中输入宽度"36"、高度"25"、圆角半径"3"，绘制"36×25"的矩形，选择图 5-13 所示"A"点为中心点，结果如图 5-14 所示。

（3）绘制手机模具的导航键线框

①单击绘制椭圆按钮◯，在弹出的对话框中输入半径（A）"4"、半径（B）"8"，选择图 5-13 所示"B"点为基准点，单击 ✅ 按钮完成椭圆的绘制；单击矩形形状设置命令按钮 ，在弹出的对话框中输入宽度"5"、高度"29"，矩形形状设置为"圆角形"，绘制"5×29"的矩形，设置中心点在椭圆中心点处，结果如图 5-15 所示。

②单击修整命令按钮，在操作栏单击 按钮，选择分割物体方式修剪图形，结果如图 5-16 所示（为分割修剪方便，建议隐藏辅助线层）。

③单击倒圆角按钮，输入半径"3"，完成导航键线框圆角操作。

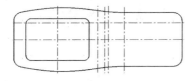

图 5-14 手机模具的窗口线框

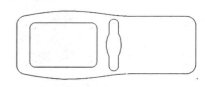

图 5-15 手机模具的导航键线框   图 5-16 修剪后的图形

（4）绘制手机模具的数字键线框

①单击矩形形状设置命令按钮 ，在弹出的对话框中输入宽度"5"、高度"8"，矩形形状设置为"圆角形"，绘制"5×8"的矩形，选择图 5-13 所示"C"点为中心点，结果如图 5-17 所示。

②单击阵列按钮，选取"5×8"的矩形，单击 按钮确认，在弹出的"矩形阵列选项"对话框中，方向 1 输入数目"4"，间距"8"；方向 2 输入数目"3"，间距"10"，通过 按钮调整方向，单击 ✅ 按钮，结果如图 5-18 所示。

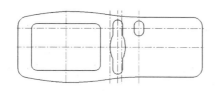

图 5-17 手机模具的数字键线框

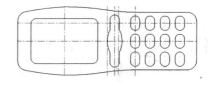

图 5-18 阵列数字键

（5）平移导航键、数字键

单击平移按钮，单击 按钮，窗选导航键和所有数字键，在弹出的对话框中单击"移动"，输入直角坐标"△Z18.5"，设置方向为" "，结果如图 5-19 所示。

6. 构建手机模具主体

(1)设置图形视角为"等角视图" ⬡，绘图平面默认为"俯视图" ⬡；设置层别，输入层别名称"主体"。

(2)单击主菜单【实体】→【挤出】命令或 ⬆ 按钮，串联选取如图5-20所示手机模具外形轮廓线框，使箭头方向指向上，在"挤出串联"对话框中设置"挤出距离"为"25"，单击 ✅ 按钮，结果如图5-21所示。

图5-19　平移导航键、数字键

图5-20　选择串联

(3)单击主菜单【实体】→【牵引】命令或 ⬛ 按钮，单击图5-20中手机模具主体的所有侧面曲面，单击 ⬛ 按钮确定，弹出如图5-22所示"实体牵引面的参数"对话框，勾选"牵引到实体面"复选框，输入"牵引角度"为"3"，单击 ✅ 按钮，指定手机模具主体的上表面作为牵引平面，弹出"拔模方向"对话框，单击"反向"按钮调整箭头方向，使之指向上方，单击 ✅ 按钮，创建拔模特征。

(4)单击状态栏"图层"按钮，显示"扫描曲面"图层。单击主菜单【实体】→【修剪】命令或 ⬛ 按钮，弹出"修剪实体"对话框，选择"修剪到曲面"单选按钮，在绘图区选择已构建的扫描曲面(单击"线架构"按钮 ⬡，以清晰显示方向箭头)，单击"修剪另一侧"按钮使箭头向下，单击 ✅ 按钮完成实体修剪，隐藏扫描曲面图层，结果如图5-23所示。

图5-21　手机模具主体　　　　图5-22　"实体牵引面的参数"对话框　　　图5-23　主体修剪

7. 构建窗口小实体

(1)单击"挤出实体"按钮 ⬆，串联选取手机模具的窗口线框，调整挤出方向箭头，向上挤出"25"。

(2)显示补正曲面

单击主菜单【实体】→【修剪】命令，弹出"修剪实体"对话框，选择"修剪到曲面"单选按钮，在绘图区选取已构建的补正曲面，单击"修剪另一侧"按钮，保证箭头向上，指定上半部为保留侧，单击 ✅ 按钮，完成实体修剪，隐藏补正曲面，结果如图5-24所示。

8. 构建手机模具的窗口、按键特征

(1)设置图层，显示手机主体和窗口实体，结果如图5-25所示。单击主菜单【实体】→

【布尔运算-切割】命令,选择手机模具主体实体作为布尔运算的目标主体,选择窗口实体作为工件主体,单击◯按钮,结果如图 5-26 所示。

图 5-24 窗口实体修剪

图 5-25 显示手机主体和窗口实体

图 5-26 布尔运算-切割

(2)单击"挤出实体"按钮 ↑,串联选取手机模具的所有按键线框,勾选"切割主体"复选框,输入切割距离"3",注意串联方向的调整,保证所有箭头均向下指向主体,如图 5-27(a)所示,单击 ✓ 按钮,完成按键孔的创建,如图 5-27(b)所示。

9. 实体倒圆角

单击主菜单【实体】→【倒圆角】→【面与面倒圆角】命令或 ◙ 按钮,选择手机模具主体上表面作为倒圆角第一组面,依次选取手机模具所有侧面作为第二组面,在弹出的"实体的面与面倒圆角参数"对话框中输入半径为"2",单击 ✓ 按钮创建圆角,如图 5-28 所示。

10. 构建手机底座实体

(1)设置图层,输入层别名称"底座实体",选择图形视角为"等角视图" ⬡,绘图平面为"俯视图" ⬢。

(2)单击矩形形状设置命令按钮 ⬡,以原点为中心点,创建一个"120×60"的矩形。

(3)单击主菜单【实体】→【挤出】命令,设置挤出距离为"10",挤出方向朝下,生成底座实体,结果如图 5-29 所示。

(a)   (b)
图 5-27 手机按键

图 5-28 实体倒圆角

图 5-29 手机模具 CAM 模型

三、手机模具的 CAM 编程

1. 建立数控编程坐标系

(1)为了方便对刀,在数控铣床加工时一般设置工件上表面中心位置为编程坐标原点。单击主菜单【绘图】→【边界盒】命令,在弹出的"边界盒选项"对话框中勾选"创建"选项卡下的"线或弧","延伸"设置为"0","形状"选择"立方体",绘制一个矩形边界盒。连接边界盒上表面矩形对角线,利用绘点命令画出两条对角线的交点,如图 5-30 所示。

(2)利用"转换平移"命令移动所有图素,使得图 5-30 中的"A"点与系统原点重合,结果如图 5-31 所示。

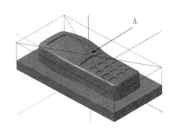

图 5-30　创建边界盒　　　　　　　　　图 5-31　平移图素后的效果

2. 转换成曲面

为了方便选择加工面和干涉面等,先将实体转换成曲面。由于按键孔等特征需要单独编制刀具路径,因此在编制主体模型刀具路径时,可以暂时修补这些孔特征。

(1)设置曲面图层,输入层别名称"实体转换曲面"。

(2)单击主菜单【绘图】→【曲面】→【由实体生成曲面】命令或⊞按钮,选择手机模具主体与底座实体,单击◯按钮,选择☑按钮,保留实体特征,单击☑按钮,则实体被转换成曲面,关闭实体所在图层。

(3)复制如图 5-32(a)所示曲面到新的图层,单击主菜单【绘图】→【曲面】→【填补内孔】命令,完成孔的填补,结果如图 5-32(b)所示。

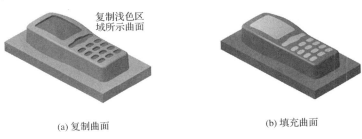

(a)复制曲面　　　　　　　　　　　　(b)填充曲面

图 5-32　曲面补孔

3. 选择机床类型

单击主菜单【机床类型】→【铣床】→【默认】命令,选择铣床(加工中心)作为加工设备。

4. 设定毛坯材料

在"刀具操作管理器"中的"刀具路径"选项卡下展开"属性"选项,单击"素材设置",弹出"机器群组属性"对话框。在"素材设置"选项卡中单击"线架"单选按钮,设置"X、Y、Z"坐标分别为"120、60、31",设置素材原点坐标为(0,0,1),单击☑按钮,完成毛坯设置(按照数控加工前的半成品设置)。

5. 创建刀具

单击主菜单【刀具路径】→【刀具管理】命令,参照数控加工刀具卡创建所有刀具。

6. 整体粗加工

(1)单击主菜单【刀具路径】→【曲面粗加工】→【平行铣削加工】命令。

(2)在弹出的"选择工件形状"对话框中,选择"凸"单选按钮,输入新的 NC 名称"05_CAM",单击☑按钮确定。

(3)选择如图 5-32(b)所有曲面作为加工曲面,按 Enter 键确认,系统弹出"刀具路径的曲面选取"对话框,单击🔲按钮选取边界范围,选择"120×60"的矩形,如图 5-33 所示,单击

✔️按钮。

（4）选择 $\phi12$ mm 的圆鼻刀，修改切削参数（"进给率"为"600"，"主轴转速"为"2000"），单击"冷却液"选项，设置"Flood"选项为"on"。

（5）单击"曲面参数"选项卡，设置"参考高度"和"进给下刀位置"，"加工面预留量"为"0.3"。

（6）单击"粗加工平行铣削参数"选项卡，设置"加工误差"为"0.02"，单击"T 整体误差"，弹出"整体误差设置"对话框，设置"过滤比例"为"2：1"，设置最小和最大圆弧半径，单击确认按钮回到"粗加工平行铣削参数"选项卡，设置"Z 轴最大进给量"为"1.5"，"切削方式"选择"双向"，"切削间距"为"4"，"加工角度"为"45"，单击"间隙设置"，弹出"刀具路径的间隙设置"对话框，在"位移小于允许间隙时，不提刀"选项下选择"平滑"，取消选择"间隙的位移用下刀及提刀速率"，勾选"切削顺序最佳化"，单击确认按钮回到"粗加工平行铣削参数"选项卡；单击"高级设置"，弹出"高级设置"对话框，选择"刀具只在两曲面（实体面）之间"单选按钮，单击确认按钮回到"粗加工平行铣削参数"选项卡；单击✔️按钮生成刀具路径，仿真结果如图 5-34 所示。

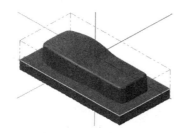 

图 5-33　选择加工边界范围　　　　　图 5-34　整体粗加工仿真结果

7. 粗加工手机模具侧壁曲面

（1）单击主菜单【刀具路径】→【曲面粗加工】→【粗加工等高外形加工】命令。

（2）选择如图 5-32（b）所有曲面作为加工面，选择分型面为干涉面，边界范围的选择同上。

（3）选择与上一步加工操作相同的刀具，修改切削参数（"进给速度"为"1000"，"主轴转速"为"2500"），单击"冷却液"选项，设置"Flood"选项为"on"。

（4）单击"曲面参数"选项卡，设置"参考高度"为"工件表面上方相对 5"，"进给下刀位置"为"工件表面上方相对 3"，"加工面预留量"为"0.2"、"干涉面预留量"为"0.1"。

（5）单击"等高外形粗加工参数"选项卡，选择"逆铣"，设置"加工误差"为"0.02"，"Z 轴最大进给量"为"1"，"两区段间的路径过渡方式"为"打断"，勾选"螺旋下刀"，勾选并单击"浅平面加工"，在"浅平面加工"对话框中勾选"增加浅平区域的刀具路径"单选按钮；勾选并单击"平面区域"按钮，在弹出的"平面区域加工设置"对话框中选择"3D"。"加工平面区域的步距"设置为"0.5"；单击✔️按钮，完成等高外形粗加工刀具路径的创建，仿真结果如图 5-35 所示。

8. 粗加工窗口特征

（1）单击主菜单【刀具路径】→【曲面粗加工】→【粗加工挖槽加工】命令。

（2）选择如图 5-36（a）所示的曲面作为加工曲面，按 Enter 键结束选择，单击选择边界范围按钮⬚，选择窗口特征轮廓边界，单击确认按钮完成选择，系统弹出"曲面粗加工挖槽"对话框。

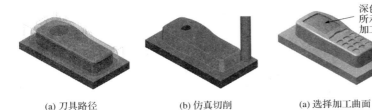

深色区域
所示为要
加工的曲面

(a) 刀具路径　　(b) 仿真切削　　(a) 选择加工曲面　　(b) 刀具路径仿真切削

图 5-35　侧壁曲面粗加工　　图 5-36　侧壁曲面及分型面精加工

（3）选择 $\phi6$ mm 的圆鼻刀，修改切削参数（"进给速度"为"600"，"主轴转速"为"2000"），单击"冷却液"选项，设置"Flood"选项为"on"。

（4）单击"曲面参数"选项卡，设置"参考高度"为"工件表面上方相对 5"，"进给下刀位置"为"工件表面上方相对 3"，"加工面预留量"为"0.2"。

（5）单击"粗加工参数"选项卡，设置"加工误差"为"0.02"，单击"T 整体误差"，弹出"整体误差设置"对话框，设置"过滤比例"为"2：1"，勾选"产生 XZ 平面圆弧"和"产生 YZ 平面圆弧"，设置"最小和最大圆弧半径"，单击"确认"按钮 ☑ 回到"粗加工参数"选项卡；"Z 轴最大进给量"为"0.5"，单击"螺旋式下刀"，弹出"螺旋/斜插式下刀参数"对话框，设置螺旋形参数，设置"最小、最大半径"，取消选择"只有在螺旋失败时使用"和"沿着边界斜降下刀"复选框，单击 ☑ 按钮返回"粗加工参数"选项卡；单击"切削深度"按钮，弹出"切削深度"对话框，设置"第一刀的相对位置"为"1"，"其他深度的预留量"为"0"，单击 ☑ 按钮回到"粗加工参数"选项卡；单击"间隙设置"，弹出"刀具路径的间隙设置"对话框，勾选"切削顺序最佳化"，单击 ☑ 按钮回到"粗加工参数"选项卡。

（6）单击"挖槽参数"选项，勾选"粗加工"复选框，选择"切削方式"为"双向"，"切削间距"为"75％"，勾选"刀具路径最佳化"复选框，单击 ☑ 按钮，生成刀具路径，如图 5-36（b）所示。

9. 精加工手机模具侧壁曲面及分型面

（1）单击主菜单【刀具路径】→【曲面精加工】→【精加工等高外形加工】命令。

（2）选取如图 5-32（b）所示曲面作为加工面，选择底座上表面为干涉曲面，底座轮廓为边界范围。

（3）选择 $\phi8$ mm 的圆鼻刀，修改切削参数（"进给速度"为"1000"，"主轴转速"为"3000"），单击"冷却液"选项，设置"Flood"选项为"on"。

（4）单击"曲面参数"选项卡，设置"参考高度"为"工件上表面上方相对 5"，"进给下刀位置"为"工件上表面上方相对 2"，"加工面预留量""干涉面预留量"都为"0"。

（5）单击"等高外形精加工参数"选项卡，选择"顺铣"，设置"Z 轴最大进给量"为"0.5"；设置"加工误差"为"0.02"，单击"T 整体误差"，弹出"整体误差设置"对话框，设置"过滤比例"为"2：1"，勾选"产生 XZ 平面圆弧"和"产生 YZ 平面圆弧"，设置"最小和最大圆弧半径"，单击 ☑ 按钮回到"粗加工参数"选项卡；勾选并单击"浅平面加工"，在弹出的"浅平面加工设置"对话框中勾选"增加浅平区域的刀具路径"，勾选并单击"F 平面区域"，在弹出的"平面区域加工设置"对话框中勾选"3D"，设置"加工平面区域的步"为"0.1"，勾去"螺旋下刀"，单击 ☑ 按钮，完成等高外形精加工刀具路径的创建，仿真结果如图 5-37 所示。

10. 精加工手机模具上表面

（1）单击主菜单【刀具路径】→【曲面精加工】→【精加工浅平面加工】命令。

（2）选取与上步加工操作中相同的加工面、干涉面及边界范围。

（3）选择 $\phi6$ mm 的球刀，修改切削参数（"进给速度"为"1500"，"主轴转速"为"3200"），单击"冷却液"选项,设置"Flood"选项为"on"。

(4)单击"曲面参数"选项卡,设置"参考高度"为"工件上表面上方相对5","进给下刀位置"为"工件上表面上方相对2","加工面预留量""干涉面预留量"都为"0"。

(5)单击浅平面精加工参数"选项卡,选择"顺铣",设置"加工角度"为"0","最大切削间距"为"0.3","倾斜角度"从"0"到"60",选择"双向"切削方式。单击"间隙设置"选项,在弹出的"刀具路径间隙设置"对话框中选择"平滑"方式,勾选"切削顺序最佳化",连续单击 ✓ 按钮,完成浅平面精加工刀具路径的创建,仿真结果如图5-38所示。

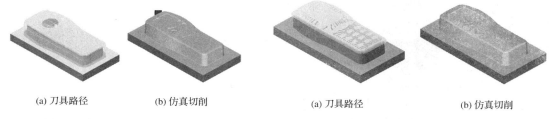

(a) 刀具路径　　　　(b) 仿真切削　　　　　　(a) 刀具路径　　　　(b) 仿真切削

图 5-37　侧壁曲面及分型面精加工　　　　　　图 5-38　顶部曲面精加工

11. 窗口特征精加工

(1)单击主菜单【刀具路径】→【曲面精加工】→【精加工平行铣削】命令。

(2)选取如图5-36(a)所示曲面为加工面,如图5-39(a)所示选择干涉曲面及边界范围。

(3)选择 φ6 mm 的圆鼻刀,修改切削参数("进给速度"为"800","主轴转速"为"2000"),单击"冷却液"选项,设置"Flood"选项为"on"。

(4)单击"曲面参数"选项卡,设置"参考高度"为"工件上表面上方相对5","进给下刀位置"为"工件上表面上方相对3","加工面预留量""干涉面预留量"都为"0"。

(5)单击"精加工平行铣削参数"选项卡,设置"加工角度"为"0","最大切削间距"为"0.1","切削方式"为"双向","加工误差"为"0.02",单击"T整体误差",弹出"整体误差设置"对话框,设置"过滤比例"为"2∶1",勾选"产生XZ平面圆弧"和"产生YZ平面圆弧",设置"最小和最大圆弧半径",单击 ✓ 按钮回到"精加工平行铣削参数"选项卡。单击 ✓ 按钮,完成刀具路径的创建,如图5-39(b)所示。

12. 手机曲面 2D 轮廓加工

(1)单击主菜单【刀具路径】→【2D挖槽】命令,在弹出的"串联选项"对话框中确认选择"串联"选项,依次串联或窗选所有导航键、数字键线框,单击 ✓ 按钮,弹出"2D刀具路径-2D挖槽"对话框。

(2)单击右侧列表框中"刀具"选项,选择 φ4 mm 的立铣刀,修改切削参数。

(3)单击右侧列表框中"切削参数"选项,选择"顺铣","挖槽加工方式"为"标准","壁边预留量""底面预留量"都为"0",单击"粗加工",设置"粗加工方式"为"等距环切","切削间距"为"50%",勾选"由内而外环切",单击"进刀方式",勾选"螺旋式",单击"精加工",设置"精加工次数"为"1"、"间距"为"2.5"、"精修次数"为"1",勾选"精修外边界",勾选"不提刀",单击"Z轴分层铣削",勾选"深度切削"复选框,设置"最大粗切步进量"为"0.5","精修次数"为"1","精修量"为"0.2",勾选"不提刀",其余参数选择默认。

(4)单击右侧列表框中"共同参数"选项,确认"参考高度"为"25","进给下刀位置"为"2","绝对坐标工件表面"为"−1.5","绝对坐标深度"为"−4.5"。

(5)单击右侧列表框中"冷却液"选项,设置"Flood"选项为"on"。

（6）单击[✓]按钮,完成 2D 挖槽刀具路径的创建,仿真结果如图 5-40 所示。

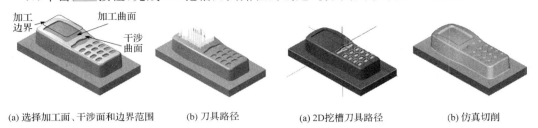

(a) 选择加工面、干涉面和边界范围　　　(b) 刀具路径　　　　(a) 2D挖槽刀具路径　　　(b) 仿真切削

图 5-39　窗口特征精加工　　　　　　　　　图 5-40　按键轮廓加工

13. 手机曲面残料精加工

（1）单击主菜单【刀具路径】→【曲面精加工】→【精加工残料加工】命令。

（2）如图 5-41 所示,选取加工曲面、干涉曲面及边界范围。

（3）选择选择 $\phi6$ mm 的球刀,修改切削参数（"进给速度"为"150C","主轴转速"为"3000"）,单击"冷却液"选项,设置"Flood"选项为"on"。

（4）单击"曲面参数"选项卡,设置"参考高度"为"工件上表面上方相对 5","进给下刀位置"为"工件上表面上方相对 2","加工面预留量""干涉面预留量"都为"0"。

（5）单击"残料清角精加工参数"选项卡,设置"最大切削间距"为"0.2","切削方式"为"3D 环绕",单击"环绕设置",弹出"环绕设置"对话框,勾选"覆盖自动精度的计算",输入"步进量的百分比",设置"3D 环绕精度",单击"间隙设置"选项,在弹出的"刀具路径间隙设置"对话框中选择"平滑"方式,取消选择"检查间隙位移的过切情形",勾选"刃削顺序最佳化",连续单击[✓]按钮,完成手机曲面残料精加工刀具路径的创建,如图 5-42 所示。

14. 整体精加工

同理,利用"精加工平行铣削"命令,选择 $\phi6$ mm 的球刀,选择所有曲面为加工曲面,选择底座轮廓为加工范围的边界,生成整体精加工刀具路径。

15. 实体切削验证

实体切削验证可直观地模拟实体加工的过程。在操作管理窗口中单击[✓]按钮,选择全部操作,然后单击[🖉]按钮,弹出实体切削"验证"对话框,选中"碰撞停止"选项,单击[▶]按钮,出现模拟实体加工过程的画面,最终结果如图 5-43 所示,单击[✓]按钮,返回操作界面。也可以在每生成一个刀具路径后选择单个刀具路径,进行单步操作的实体切削验证,以便根据切削验证结果对参数进行及时修改。

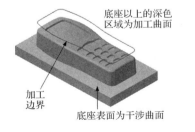

图 5-41　选择加工面、干涉面和边界范围　　　　图 5-42　残料精加工刀具路径　　　　图 5-43　最终仿真结果

16. 加工程序与加工报表的生成

（1）生成加工程序

单击选中刀具路径管理器中的某刀具路径,单击 G1 按钮,弹出"后处理程序"对话框。单

击  按钮确认，在弹出的"另存为"对话框中选择存储路径，输入文件名，例如"shang_bmx"，单击"保存"按钮，即可产生相应的加工程序，并自动启动 MasterCAM X6 编辑器。在编辑器中可以对 NC 代码进行编辑修改。

（2）生成加工报表

在刀具路径管理器空白处单击鼠标右键，在弹出的快捷菜单中选择"加工报表"，弹出"加工报表"对话框，输入相关信息，单击 ✓ 按钮，即可生成加工报表。

四、手机模具的数控仿真加工

（1）启动斯沃数控仿真软件，选择 FANUC 0i M 加工中心，打开急停按钮，选择回参考点模式，单击"X、Y、Z"，回参考点。

（2）设置并装夹毛坯（160 mm×160 mm×31 mm），对中装夹。

（3）按照 CAM 软件编程时设置的刀具刀位号和刀具号，添加刀具到机床刀库。

（4）选择基准工具，完成对刀。

（5）导入程序，自动加工。结果文件参见附盘。

相关知识

三维曲面加工主要是指加工曲面或实体表面等复杂型面，包括曲面粗加工和曲面精加工。其中，曲面粗加工主要用于最大限度地去除毛坯工件上的大量余量，而曲面精加工主要是对粗加工后的毛坯材料进行精加工，以达到和满足加工工件在几何形状、尺寸精度和表面粗糙度等方面的加工要求。大多数曲面加工都需要通过粗加工和精加工来完成，曲面铣削加工的方法很多，系统提供了若干粗、精加工方法。

一、曲面平行铣削粗加工

曲面平行铣削加工是一种简单、有效和常用的加工方法，采用该加工方法可以相对于工件沿特定的方向产生一系列平行的刀具路径，加工时，刀具按照指定的进给方向进行切削，适用于工件中凸出特征或浅沟槽的加工。

单击主菜单【刀具路径】→【曲面粗加工】→【粗加工平行铣削加工】命令，弹出如图 5-44 所示的"选择工件形状"对话框，当选定工件类型后，系统会自动设置一些相关的加工参数，详细说明见表 5-4。

图 5-44　"选择工件形状"对话框

表 5-4　　　　　　　　　　　　　工件形状与对应的系统设置说明

选项	说明
凸	系统自动设置切削方向为单向切削
	系统自动将 Z 方向的控制设置为双侧切削、允许沿面上升切削
凹	系统自动设置切削方向为双向切削
	系统自动将 Z 方向的控制设置为切削路径允许连续的下刀和提刀、允许沿面上升切削和允许沿面下降切削
未定义	系统自动将采用默认的加工参数，一般为上一次平行铣削粗加工设置的参数

当选定工件形状后,系统弹出如图 5-45 所示的"曲面粗加工平行铣削"对话框。此时,除了要设置共有的刀具参数和曲面参数外,还需要设置一组曲面平行铣削粗加工刀具路径特有的参数。如图 5-46 所示为"曲面粗加工平行铣削"对话框的"粗加工平行铣削参数"选项卡,表 5-5 详细说明了该选项卡中各选项的含义。

图 5-45 "曲面粗加工平行铣削"对话框

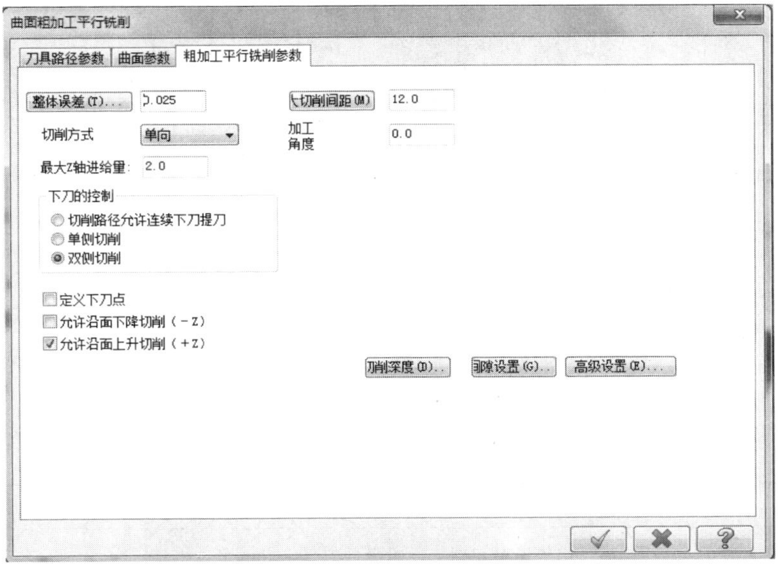

图 5-46 "粗加工平行铣削参数"选项卡

表 5-5　　　　　　　　　　　　**"粗加工平行铣削参数"选项卡各选项的说明**

选项		说明
整体误差		指曲面刀具路径切削误差和过滤误差的综合。整体误差的值越小,刀具路径越精确,生成的数控程序段越长。在曲面粗加工中,可将值设置得稍大;在曲面精加工中,要根据曲面加工精度和表面粗糙度设置整体误差
切削方式		用于设置刀具在 XY 平面内的切削方式,系统支持双向切削和单向切削两种方式。双向切削指刀具往复切削曲面,单向切削指刀具沿一个方向进行切削
最大切削间距		用于设置 XY 平面内两相邻刀具路径之间的最大步进量,该值必须小于刀具直径。其值设置得越大,加工效率越高,生成的数控程序数目越少,加工结果越粗糙;反之,生成的程序数目越多,加工结果越平滑。一般粗加工时,常取刀具直径的 75%~85% 作为其最大切削间距
加工角度		是指刀具路径与刀具平面 X 轴正向的夹角,逆时针方向为正
最大 Z 轴进给量		用于设置 Z 方向两相邻刀具路径层之间的最大距离(切深),也称为背吃刀量。其值设置得越高,生成的数控程序数目越少,表面加工质量越差;反之,生成的数控程序数目越多,表面加工质量越好
下刀的控制	切削路径允许连续的下刀和提刀	选中该单选按钮,则允许刀具沿着曲面连续下刀或提刀,可用于加工多重凹凸工件的表面
	单侧切削	选中该单选钮,则允许刀具仅沿工件的一侧下刀或提刀
	双侧切削	选中该单选钮,则允许刀具沿工件的两侧下刀或提刀
定义下刀点		勾选该复选框,系统将要求指定刀具路径的起始点,以距指定点最近的角点作为刀具路径的起始点
Z 方向的运动方式	允许沿曲面下降切削(−Z)	用于设置允许刀具沿曲面−Z 方向切削
	允许沿曲面上升切削(+Z)	用于设置允许刀具沿曲面+Z 方向切削

单击图 5-46 所示"粗加工平行铣削参数"选项卡中的"切削深度"按钮,即可弹出如图 5-47 所示的"切削深度设置"对话框,表 5-6 详细说明了该对话框中各选项的含义。

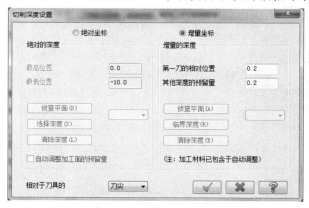

图 5-47　"切削深度设置"对话框

表 5-6　　　　　　　　　　　　**"切削深度设置"对话框各选项的说明**

选项		说明
绝对坐标	最高位置	用于设置切削工件时允许刀具上升的最高点
	最低位置	用于设置切削工件时允许刀具下降的最低点
	选择深度(S)...	单击该按钮,系统返回绘图区以便选择最高点和最低点

选项		说明
增量坐标	第一刀的相对位置	用于设置刀具的最低点与顶部切削边界的距离,文本框中输入正值表示刀具沿 Z 轴下移;反之,则表示刀具沿 Z 轴上升
	其他深度的预留量	用于设置刀具深度与其他切削边界的距离
	临界深度(R)...	单击该按钮,系统返回绘图区以便选择刀具路径的深度,其仅对挖槽粗加工、等高外形粗加工的精加工刀具路径有效
相对于刀具的		用于定义切削深度是相对于刀具的刀尖还是刀具的圆心

单击图 5-46 所示"粗加工平行铣削参数"选项卡中的"间隙设置"按钮,弹出如图 5-48 所示的"刀具路径的间隙设置"对话框。

单击图 5-46 所示"粗加工平行铣削参数"选项卡中的"高级设置"按钮,弹出如图 5-49 所示的"高级设置"对话框,表 5-7 详细说明了该对话框中各选项的含义。

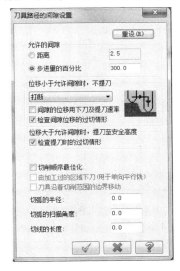

图 5-48 "刀具路径的间隙设置"对话框

图 5-49 "高级设置"对话框

表 5-7　　　　　　　　　　"高级设置"对话框中各选项的说明

选项		说明
刀具在曲面（实体面）的边缘走圆角	自动（以图形为基础）	系统自动决定是否在曲面边缘走圆角,一旦定义了曲面切削范围,则所有边缘全部走圆角;否则,只在两曲面间走圆角
	只在两曲面（实体面）之间	刀具只在两曲面（实体面）的边缘走圆角
	在所有的边缘	刀具在所有曲面边缘走圆角
尖角部分的误差（在曲面/实体面的边缘）		用于设置刀具圆角移动量的误差,该值较大则生成较平缓的锐角。可以在"距离"文本框中输入误差值,或在"切削方向误差的百分比"文本框中输入与切削量的百分比

二、曲面等高外形粗加工

曲面等高外形粗加工的特点是在工件相同的等高轮廓线上生成刀具路径，在对接近零件形状的毛坯进行加工时，无须一层一层地对毛坯进行切削。

单击主菜单【刀具路径】→【曲面粗加工】→【粗加工等高外形加工】命令，可以沿曲面生成等高外形粗加工刀具路径。此时，除了要设置共有的刀具参数和曲面参数外，还需要设置一组曲面等高外形粗加工刀具路径特有的参数。如图 5-50 所示为"曲面粗加工等高外形"对话框的"等高外形加工参数"选项卡，其中大部分参数与前面所述的相同，这里仅就之前未介绍的参数予以说明，见表 5-8。

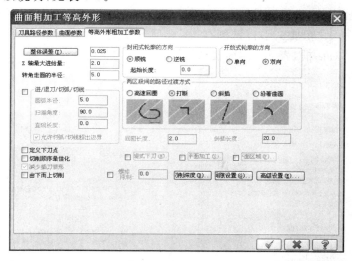

图 5-50　"曲面粗加工等高外形"对话框的"等高外形粗加工参数"选项卡

表 5-8　　"等高外形粗加工参数"选项卡中各选项的说明

选项		说明
封闭式轮廓的方向	顺铣	切削封闭式轮廓的外形时，刀具的旋转方向与刀具的移动方向相同
	逆铣	切削封闭式轮廓的外形时，刀具的旋转方向与刀具的移动方向相反
	起始长度	用于设定刀具路径的起始位置在等高线以下的距离
开放式轮廓的方向	单向	用于设定等高外形粗加工中开放式轮廓的切削方向为单向
	双向	用于设定等高外形粗加工中开放式轮廓的切削方向为往复双向切削
两区段间的路径过渡方式	高速回圈	用于设置当移动量小于允许间隙时，刀具以平滑方式越过间隙
	打断	选择该按钮，先水平移动，再垂直移动过渡到下一加工行
	斜插	用于设置当移动量小于允许间隙时，刀具以直线方式横越间隙
	沿着曲面	选择该按钮，则沿曲面形状过渡到下一加工行
转角走圆的半径		用于设定锐角处（<135°）生成的圆弧刀具路径的半径值
进/退刀/切弧/切线		勾选该复选框，可以在等高外形加工中设定一段进/退刀弧形刀具路径，其中"圆弧半径"文本框用于设定弧形刀具路径的半径，"扫描角度"文本框用于设定弧形刀具路径的扫描角度
由下而上切削		勾选该复选框，则刀具路径从工件底部开始向上切削，在工件顶部结束

勾选图 5-50 所示"曲面粗加工等高外形"对话框的"等高外形粗加工参数"选项卡中的"浅平面加工"复选框，该按钮被激活，单击该按钮，即可弹出图 5-51 所示的"浅平面加工"对话框，表 5-9 详细说明了该对话框中各选项的含义。

图 5-51　"浅平面加工"对话框

表 5-9　　　　　　　　　　　"浅平面加工"对话框中各选项的说明

选项	说明
移除浅平区域的刀具路径	选中该单选钮，则删除浅平区域处的部分或全部刀具路径。当浅平面处相邻刀具路径 X、Y 方向的进刀量大于"步进量的极限"的设定值时，系统将删除该部分的刀具路径
增加浅平区域的刀具路径	选中该单选钮，则在浅平面区域处按设置的 Z 方向和 X、Y 方向的进刀量来添加刀具路径
分层铣深的最小切削深度	用于设定添加刀具路径时最小的 Z 方向进给量。该设定值只有在小于"曲面粗加工等高外形"对话框的"等高外形粗加工参数"选项卡中设置的 Z 方向进给值时，才能在浅平面处添加刀具路径
步进量的极限	用于设定添加或删除刀具路径时 X、Y 方向的进刀量限制值。在浅平面处添加刀具路径时，该值作为刀具路径 X、Y 方向的最小进刀量；在浅平面处删除刀具路径时该值作为刀具路径 X、Y 方向的最大进刀量
允许局部切削	勾选该复选框，则仅在浅平面处添加或删除刀具路径

三、曲面浅平面精加工

曲面浅平面精加工用于加工工件浅平面区域在等高外形精加工中余留的残料，因此它通常应用于等高外形精加工之后。由于等高外形加工采用相同的 Z 方向深度加工，在浅平面区域，切削路径在平面上的间距较大，零件表面加工质量差，会留下残料，此时，可以运用浅平面式铣削加工生成用于清除浅平面部分残留材料的精加工刀具路径。

单击主菜单【刀具路径】→【曲面精加工】→【精加工浅平面加工】命令，弹出如图 5-52 所示的"曲面精加工浅平面"对话框，此时，除了要设置共有的刀具参数和曲面参数外，还要设置一组浅平面经加工刀具路径特有的参数，选择如图 5-53 所示的"浅平面精加工参数"选项卡，(浅平面精加工参数与前一章介绍的陡斜面精加工中各参数的设置基本相同，也是通过"从倾斜角度""到倾斜角度"和"切削方向延伸量"参数来定义加工区域，但是在"切削方式"

下拉列表中增加了"3D 环绕"方式)如图 5-54 所示。

图 5-52 "曲面精加工浅平面"对话框

图 5-53 "浅平面精加工参数"选项卡

当选择该方式后,选项卡中"环绕设置"按钮被激活,此时,单击该按钮,弹出如图 5-55 所示的"环绕设置"对话框,表 5-10 详细说明了该对话框中各选项的含义。

图 5-54　"切削方式"下拉列表　　　　　图 5-55　"环绕设置"对话框

表 5-10　　　　　　　　　　　**"环绕设置"对话框中各选项的说明**

选项	说明
步进量的百分比	设置环绕精度的进刀量,百分比越小,刀具路径越平滑
将限定区域的边界存为图形	在设定生成刀具路径的同时,沿刀具路径的边界生成几何体,并存为图形

四、曲面残料清角精加工

曲面残料清角精加工主要用于清除由于使用较大直径的刀具加工所留下的残留材料,系统根据粗加工刀具尺寸计算留下的毛坯余量。残料清角精加工使用比粗加工小的铣刀,该方法需要与其他精加工方法配合使用。单击主菜单【刀具路径】→【曲面精加工】→【精加工残料清角】命令,弹出如图 5-56 所示的"曲面精加工残料清角"对话框。除了要设置共有的刀具参数和曲面参数外,还要设置一组残料清角精加工刀具路径特有的参数。选择如图 5-57 所示的"残料清角精加工参数"选项卡以及如图 5-58 所示的"残料清角的材料参数"选项卡,表 5-11 详细说明了该选项卡中各选项的含义。

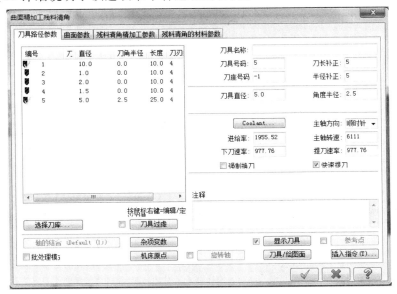

图 5-56　"曲面精加工残料清角"对话框

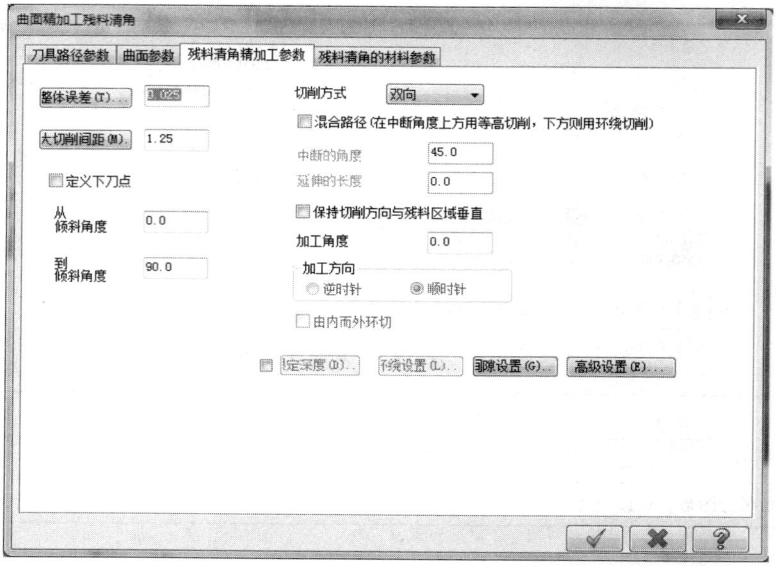

图 5-57 "残料清角精加工参数"选项卡

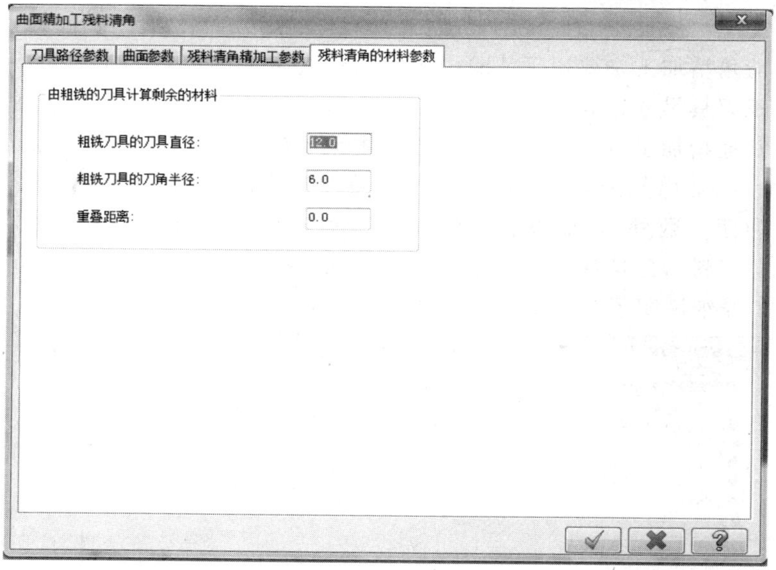

图 5-58 "残料清角的材料参数"选项卡

表 5-11 "残料清角的材料参数"选项卡中各选项的说明

选项	说明
粗铣刀具的刀具直径	用于指定先前加工所用刀具的直径。在残料清角精加工中所用的刀具直径,必须小于先前加工所用刀具的直径
粗铣刀具的刀角半径	用于设定先前加工所用刀具的半径
重叠距离	用于指定残料清角精加工中的偏移距离。系统将该距离附加给刀具刀角,以便加工出比允许范围更大的区域。设定的偏移距离不同,生成的残料清角经加工刀具路径也会有所不同

残料精加工与残料粗加工相似,同样是切除留下毛坯材料,但是,残料精加工只进行一

次单一切削，而残料粗加工是在 Z 轴常量深度进行多次平面切削，因此残料精加工多数都带有粗加工操作。

五、编辑实体

在实际设计过程中，为了克服设计缺陷或者满足加工工艺、装配工艺要求，一般要在零件拐角处设计圆角或直角过渡。在模具行业中，对壳体类零件通常有拔模斜度要求，因此计算机辅助设计通常要求对所创建的基本实体进行必要的编辑以生成更为复杂的实体。MasterCAM X6 提供了多种对单个实体进行编辑的命令，主要包括对实体进行倒圆角、抽壳、加厚、修剪以及对实体的表面进行牵引等操作，下面主要介绍对实体进行牵引、修剪、抽壳、加厚以及移除实体表面。

1. 牵引实体

牵引实体是指将选取的一个或多个实体面按指定方向和角度进行牵引操作生成新的实体面来构建新的实体，即将实体表面进行一定角度的倾斜，多用于模具设计中对实体表面进行拔模。创建牵引曲面的操作步骤如下：

（1）单击主菜单【实体】→【牵引】命令，或者单击实体操作栏中的 按钮，即可启动该命令。

（2）根据系统提示选取要牵引的实体面，弹出如图 5-59 所示的"实体牵引面的参数"对话框，在该对话框中设置牵引角度，选择牵引方式并指定牵引参考后，弹出如图 5-60 所示的"拔模方向"对话框，通过单击 反向 (R) 按钮改变箭头指向来确定牵引方向。单击 按钮，完成实体牵引操作。

图 5-59　"实体牵引面的参数"对话框　　　　图 5-60　"拔模方向"对话框

（3）牵引方式

①在"实体牵引面的参数"对话框中选择牵引方式为"牵引到实体面"，则通过实体面确定牵引的变形，与实体面相交处的几何尺寸保持不变。如图 5-61 所示圆柱体（$\phi40$ mm× 50 mm），选取圆柱面为要牵引的实体面，顶面为牵引到的实体面，输入"牵引角度""5"。按图 5-62(a) 箭头所示方向进行牵引，结果如图 5-62(b) 所示。按图 5-63(a) 箭头所示方向进行牵引，结果如图 5-63(b) 所示。

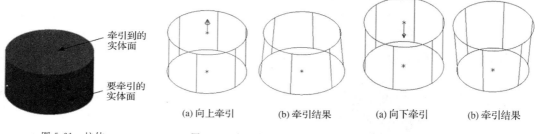

图 5-61 柱体   图 5-62 向上牵引及其结果   图 5-63 向下牵引及其结果

②在"实体牵引面的参数"对话框中勾选牵引方式为"牵引到指定平面",则通过指定平面来确定牵引的变形,与平面相交处的几何尺寸保持不变。仍选择如图 5-61 所示的圆柱面为要牵引的实体面,可通过图 5-64 所示"平面选择"对话框的设置得到平面,如图 5-65(a)所示,按图 5-65(b)所示箭头方向,结果如图 5-65(c)所示。

③在"实体牵引面的参数"对话框中勾选牵引方式为"牵引到指定边界",则通过牵引曲面的边界来确定牵引的变形,指定边界处的几何尺寸保持不变。

④在"实体牵引面的参数"对话框中勾选牵引方式为"牵引挤出",自动以挤出起始面为参考面,以拉伸方向为牵引方向来执行牵引操作。

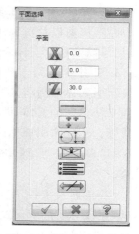

图 5-64 "平面选择"对话框

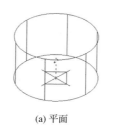

(a) 平面   (b) 牵引方向   (c) 牵引结果

图 5-65 "牵引到指定平面"示意

2. 实体修剪

实体修剪是指以所选平面、曲面或薄片实体为边界,对所选取的一个或多个实体进行修剪并生成新的实体。实体修剪操作步骤如下:

(1)单击主菜单【实体】→【修剪】命令或者单击实体操作栏中的"实体修剪"按钮 ⬨ 即可启动该命令。

(2)根据系统提示选取要被修剪的实体,弹出如图 5-66 所示的"修剪实体"对话框。在该对话框中确定某一修剪方式后,可以在绘图区选择平面、曲面或薄片实体作为修剪实体的边界。勾选"全部保留"复选框,则被修剪掉的实体部分仍被保留,否则被删除。单击"修剪另一侧"按钮,可改变箭头指向,箭头指向的实体一侧被保留。

(3)勾选"修剪到""平面",系统弹出如图 5-64 所示"平面选择"对话框。可以选择或者创建一个平面将实体完全切开并设置保留部分。

①"X、Y、Z"分别用来指定平行于"YZ、ZX、XY"平面且偏移该平面指定距离的平面。使用中要注意和构图面的关系。

②单击"直线"按钮 ▭：在绘图区指定一条直线，系统用过该直线且垂直于构图平面的平面修剪实体。

③单击"选择三点"按钮 ⁛⁛：在绘图区选择三点定义一个平面，用该平面修剪实体。如图 5-67 所示，选择图中"P1、P2、P3"点，按图 5-68（a）所示箭头方向修剪实体，结果如图 5-68（b）所示。按图 5-68（c）所示箭头方向修剪实体，结果如图 5-68（d）所示。

图 5-66　"修剪实体"对话框

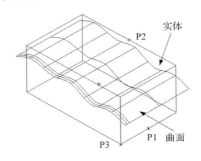

图 5-67　"三点定面"修剪实体

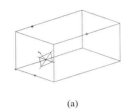
(a)

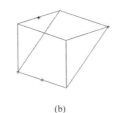
(b)

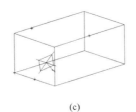
(c)

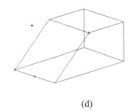
(d)

图 5-68　修剪到平面示例

④单击"选择图素"按钮 ⬭⎮：在绘图区选择某一图素，该图素所在平面为修剪平面。

⑤单击"选择法向"按钮 ⊠：在绘图区选择一条直线，则以通过此直线点选最近端点且垂直于此直线的平面作为修剪平面。

⑥单击"选择视角"按钮 ☰：弹出"视角选择"对话框，选择某一视角，则以该视角所对应的 XY 平面作为修剪平面。

（4）勾选修剪到曲面，选择图 5-67 所示曲面，调整箭头方向决定实体保留部位，如图 5-69 所示。

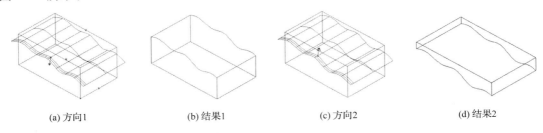

(a) 方向1　　　　　　(b) 结果1　　　　　　(c) 方向2　　　　　　(d) 结果2

图 5-69　修剪到曲面示例

3. 实体抽壳

实体抽壳是指当选取实体的一个或多个实体面作为开口面时，可将所选的面移除，并去除实体内部材料而生成一定壁厚的新的薄壁实体;当选取整个实体主体时,也可以将整个实体变为内空的薄壁实体,且生成的薄壁实体具有均匀的壁厚。实体抽壳的操作步骤如下:

(1)单击主菜单【实体】→【实体抽壳】命令或者单击实体操作栏中的 (实体抽壳)按钮即可启动该命令。

(2)根据系统提示选择实体表面或实体主体,选择完毕后弹出如图 5-70 所示的"实体抽壳"对话框。对话框中"实体抽壳方向"的"朝内、朝外、两者"分别用于控制所保留的实体面厚度是从实体边缘朝内、朝外及双向测量,并且在对话框中可以设置朝内、朝外的薄壳厚度。设置"实体抽壳"对话框相关参数后单击 ✓ 按钮,完成实体抽壳操作。

图 5-70 "实体抽壳"对话框

(3)选择如图 5-71(a)所示实体的上表面作为移除面,勾选"朝内",输入"朝内的厚度"为"3",显示结果如图 5-71(b)所示,生成的薄壳实体是从选择的实体表面位置开始挖入实体的。选择如图 5-71(a)所示的整个实体主体时,勾选"朝内",输入"朝内的厚度"为"3",显示结果如图 5-71(c)所示,生成的薄壳实体内部被挖空。

(a) 实体 (b) 选择上表面抽壳(剖开后) (c) 选择主体抽壳(剖开后)

图 5-71 实体抽壳示例

4. 移动实体表面

移动实体表面是指去除实体上的面,结果生成一个开放的薄片实体。利用此命令可以去除经检查有问题的曲面,再通过生成新的曲面并缝合形成新的实体。实际是将一个封闭的实体转化成一个开放的薄片实体。移动实体表面的操作步骤如下:

(1)单击主菜单【实体】→【移动实体表面】命令或者单击实体操作栏中的按钮即可启动此命令。

(2)根据系统提示选取需要移除的一个或多个实体面。选择完毕后弹出如图 5-72 所示的"移除实体表面"对话框,根据需要可勾选"保留""隐藏"或"删除"方式,并设置相应层别。单击 ✓ 按钮,完成移动实体表面操作。

(3)如图 5-73(a)所示选择实体面,结果如图 5-73(b)所示。

图 5-72 "移除实体表面"对话框

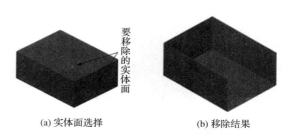

(a) 实体面选择 (b) 移除结果

图 5-73 移动实体表面示例

5. 薄片实体加厚

薄片实体加厚是指给开放的薄片实体一个厚度。由单个曲面生成的实体就是一种薄片实体,可以利用此命令给薄片实体加厚,使薄片实体变为有一定厚度的实体。薄片实体加厚操作步骤如下:

(1)单击主菜单【实体】→【薄片实体加厚】命令或者单击实体操作栏中的 ▱ 按钮启动该命令。

(2)系统弹出如图 5-74 所示的"增加薄片实体的厚度"对话框,在该对话框中可以设置薄片实体按一定厚度单侧或双侧进行加厚。设置相应参数后单击 ✓ 按钮,弹出如图 5-75 所示的"厚度方向"对话框,可单击"切换"按钮改变箭头指向来确定薄片实体加厚方向。

图 5-74　"增加薄片实体的厚度"对话框

图 5-75　"厚度方向"对话框

(3)利用此命令可以将上步移除结果按图 5-76(a)所示线架的箭头方向单侧加厚,结果如图 5-76(b)所示。

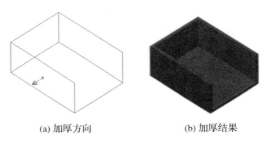

(a)加厚方向　　　　　　　(b)加厚结果

图 5-76　薄片实体加厚示例

6. 曲面生成实体

由曲面生成实体命令是把若干曲面缝合成一个实体。如果所有这些曲面形成一个封闭体,并且每个曲面之间的间隙都在指定的公差范围内,则生成一个封闭的主体实体;否则,生成一个开放的薄片实体,可以通过使用"薄壁实体加厚"命令给该实体指定厚度。曲面生成实体的操作步骤如下:

(1)单击主菜单【实体】→【由曲面生成实体】命令或者单击实体操作栏中的 ▦(由曲面生成实体)按钮启动该命令。

(2)系统弹出如图 5-77 所示的"曲面转为实体"对话框。勾选"使用所有可以看见的曲面"复选框时,绘图区内的所有曲面均转换为实体;否则,需在绘图区选取要转换为实体的曲面。当未勾选"使用所有可以看见的曲面"复选框时,可以按提示选取曲面。对于原曲面可以保留、隐藏或删除,对转换得到的实体可设置相应层别。

(3)将如图 5-78(a)所示的线架曲面利用此命令转换为实体,结果如图 5-78(b)所示。

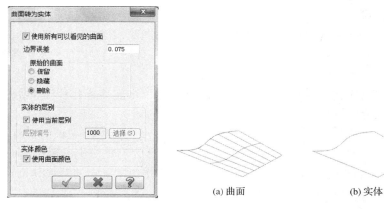

图 5-77 "曲面转为实体"对话框 | (a) 曲面 (b) 实体

图 5-78 曲面生成实体示例

 知 识 拓 展

一、文字的绘制

1. "绘制文字"命令

在 MasterCAM 中,绘制文字命令创建的文字是由直线、圆弧等组合而成的组合对象,可直接应用于生成刀具路径,绘制文字功能主要用于工件表面文字雕刻。

单击主菜单【绘图】→【绘制文字】命令,弹出"绘制文字"对话框,如图 5-79 所示。对话框中各选项的含义见表 5-12。

图 5-79 "绘制文字"对话框

表 5-12 "绘制文字"对话框中各选项的说明

选项	说明
字型	单击"字型"栏中的下拉式列表栏,可选择不同的文字字体,系统可供使用的有 Drafting、MCX(Box) Font 和 TrueType 三大类字型
真实字型	单击该按钮弹出"字体"对话框,可以选择更多的字体、字形
文字属性	在空白栏中输入要绘制的文字

续表

选项		说明
参数	高度	文字高度
	圆弧半径	弧形排列文字时圆弧的半径
	间距	文字间距
排列方式	水平	水平放置,在绘图区中确定起点后文本处于水平方向
	垂直	垂直放置,在绘图区中确定起点后文本处于垂直方向
	圆弧顶部	弧顶放置,确定圆弧的圆心位置后按照半径的大小将文本放置在圆弧顶上
	圆弧底部	弧底放置,确定圆弧的圆心位置后按照半径的大小将文本放置在圆弧底下
	串联到顶部	每一行文字与起始串联的放置位置不同
尺寸标注选项		若选择"Drafting"或"真实字形",则"尺寸标注选项"按钮被激活,单击此按钮,系统弹出"注解文字"对话框,可以设置更多参数

2. 实例

绘制如图 5-80 所示的图形。

(1)单击操作栏⊕按钮,以系统原点为圆心分别绘制半径为"40"和"60"的圆。

(2)单击主菜单【绘图】→【绘制文字】命令,弹出"绘制文字"对话框。

①单击"字型"栏下拉列表,选中"T 真实字型"类型,单击"真实字型"按钮,在弹出的"字体"对话框中选择"宋体"。单击"确定"钮返回"绘制文字"对话框。

图 5-80　绘制的"真实字型"文字

②在"高度"文本框中输入"14"。

③在"间距"文本框中输入"1.75"。

④选择"文字对齐方式"为"圆弧顶部",在"圆弧半径"文本框中输入"45.0"。

⑤在"文字属性"空白栏内输入"数控自动编程",单击☑按钮返回当前绘图区。

⑥单击圆弧的中心点,完成文字绘制。

⑦按 Esc 键返回,结束命令。

(3)用同样方法选择字体,在"高度"文本框中输入"9",在"间距"文本框中输入"1.75"。选择"文字对齐方式"为"圆弧底部",在"文字内容"空白栏内输入"MasterCAM",单击☑按钮,在绘图区单击圆弧的中心,完成文字绘制。

(4)用类似方法绘制其他文字,结果如图 5-80 所示。

二、雕刻加工

雕刻加工属于铣削加工的一个特例。雕刻平面上的各种图案和文字,属于二维铣削加工,一般加工深度不大,但主轴转速比较高。加工的类型有多种,如线条雕刻加工、凸型雕刻加工、凹形雕刻加工。

雕刻加工对文字类型、刀具、刀具参数设置的要求比较高,因为如果设计时选择文字类型不合理,则使得文字间距太小,以致铣刀不能无法下刀。此外,如果刀具参数设计不合理,就可能造成雕刻的刻痕太浅,显示不出雕刻的效果。

1. 雕刻加工参数

雕刻加工除了"刀具参数"外,还有"雕刻加工参数"和"粗切/精修参数",根据加工类型不同,需要设置的参数也不相同。

(1)粗切方式

雕刻加工的粗切方式与挖槽类似,主要用来设置粗切走刀方式,其参数含义如下。

①双向切削:刀具切削采用来回走刀的方式,中间不做提刀动作,属于线性刀路。

②单向切削:刀具只按某一方向切削到终点后抬刀返回起点,再以同样的方式进行循环,属于线性刀路。

③平行环绕:刀具采用环绕的方式进行切削,属于环切刀路。

④清角:刀具采用环绕并清角的方式进行切削,属于环切刀路。

(2)先粗切后精修:粗切之后加上精修操作。

(3)加工顺序

在"粗切/精修参数"对话框中单击"加工顺序"下的三角按钮,弹出"加工顺序"下拉菜单。加工顺序有"按选取的顺序""由上至下"和"由左至右"三种。可以用于设置当雕刻的线架由多个组成时粗切精修的加工顺序。其参数含义如下。

①按选取的顺序:按用户选取串联的顺序进行加工。

②由上至下:按从上往下的顺序进行加工。

③由左至右:按从左往右的顺序进行加工。

具体选择哪种方式还要视选取的图形而定。

(4)切削参数

切削参数包括粗切角度、切削间距等,其含义同挖槽加工。

2. 创建雕刻刀具路径的步骤(以如图 5-80 所示文件为例)

(1)单击主菜单【刀具路径】→【雕刻】命令,系统弹出"串联设置"对话框,在对话框内选择"窗选"按钮,在绘图区选择"数控自动编程",选择完毕后,系统提示"输入搜寻点",选择"数"字第一笔画的端点作为搜寻点,选择后所有文字反色显示,再单击"串联"对话框中的 ✓ 按钮。

(2)系统弹出"雕刻"对话框,在对话框内选择刀具,雕刻加工的刀具一般选择雕刻刀或用倒角铣刀自制刻刀。雕刻文字时,雕刻刀的底部宽度的设置非常关键,该尺寸往往关系到雕刻的成败,建议设置小一些,但要注意与雕刻深度匹配。如图 5-81 所示选择直径为 1 mm 的倒角铣刀,其他参数采用默认值。

(3)设置"进给率"为"200.0","主轴转速"为"1000","进刀速率"为"150.0",其余参数采用默认值。

(4)单击"雕刻"对话框中的"雕刻参数"选项卡进入相应的对话框,设置"工件表面"为"0","深度"为"−1",其他参数采用默认。

(5)单击"雕刻"对话框中的"粗切/精修参数"选项卡,如图 5-82 所示,定义"粗加工"走刀方式为"双向",下刀方式选择"斜插下刀",设置其余参数,最后单击 ✓ 按钮,完成雕刻刀具路径。

(6)在"刀具操作管理器"中"刀具路径"选项卡下,展开"属性"选项,单击"素材设置",弹出"机器群组属性"对话框。选择毛坯形状为"圆柱体",轴向为"Z",毛坯直径为"120",高度

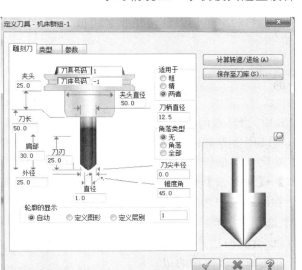

图 5-81　"定义刀具"对话框

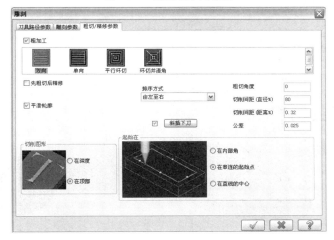

图 5-82　"雕刻"对话框

为"10",素材原点在(0,0,0)上,单击 按钮完成毛坯设置。选择"雕刻"操作,然后单击 按钮,弹出实体切削"验证"对话框,选择"碰撞停止"选项,单击 按钮,模拟实体加工结果如图5-83 所示。

3. 在雕刻加工时应注意的问题

(1)被雕刻的图案(包括文字)要求是封闭的外形,例如样式为"MCX(Roman)Font"的字体。

图 5-83　实体切削验证

(2)雕刻刀具一般选择比较锋利的雕刻刀,并且雕刻深度一般较浅。

(3)汉字的雕刻,类似于挖槽加工的方法,需要对文字线条进行编辑,以确保文字封闭。

(4)凸字雕刻加工刀具路径与线条雕刻加工不同,要将字周围的残料全部去除,需要进行多次加工。因而需要将粗切方式打开激活。

(5)凹字雕刻刀具路径与凸字雕刻刀具路径非常相似,只要外围的矩形不选取,使字本身成为加工的对象即可。

三、绘制边界盒

在 MasterCAM X6 中,边界框的绘制常用于加工操作中。边界盒是一个正好将选择图素包含在内的"盒子",可以用边界框命令得到工件加工时所需材料的最小尺寸值,以便于加工时确定工件中心、工件尺寸和重量以及装夹定位。它可以是矩形也可以是圆柱形。

单击主菜单【绘图】→【边界盒】命令,弹出如图 5-84 所示"边界盒选项"对话框,在其中单击图素按钮,然后在绘图区中选择需要包含在边界框中的图素,按 Enter 键;或者在该对话框中选择所有图素选项 ☑所有图素 ,将会使所有图素被包含在边界框中。边界框有两种形式:矩形方式,即用直线绘制的边界框;圆柱方式,即用圆弧绘制的边界框。图 5-85 所示为未加延伸量和 X、Y 方向加上延伸量的边界框。

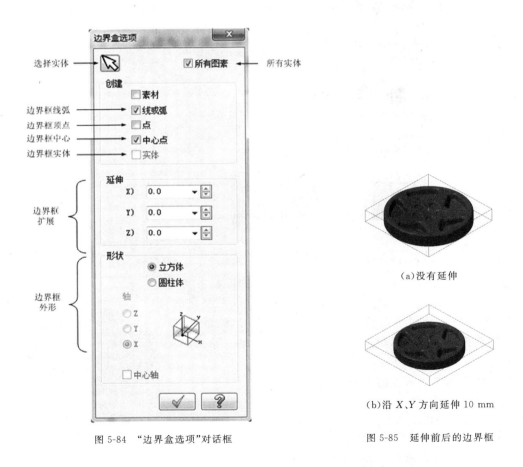

(a)没有延伸

(b)沿 X、Y 方向延伸 10 mm

图 5-84　"边界盒选项"对话框　　　　图 5-85　延伸前后的边界框

任务检查

手机造型设计与数控加工项目考核指标见表5-13。

表5-13 手机造型设计与数控加工项目考核指标

任务名称	序号	任务内容	任务标准	分值	得分
手机模具造型设计与数控加工	1	手机模具造型设计	(1)快速、准确如阅读零件图; (2)高效完成手机模具造型设计	15	
	2	工艺过程	(1)分析零件的工艺性,拟订零件加工方案(包括毛坯定位与夹紧); (2)编制工序卡; (3)合理选择刀具,编制刀具卡	15	
	3	刀具路径	选择合理加工刀具路径,编制加工程序,生成G代码,编制数控加工程序说明书	40	
	4	仿真结果	利用仿真软件,选择合理设备,完成零件仿真加工并进行精度检测	10	
	5	文件资料	按照任务单准时、齐全、正确地提交相关文件	15	
	6	工作效率及职业操守	工作效率及时间观念、责任意识、团队合作、工作主动性强	5	

 情 境 设 计 ━━━━━━━━━━━━━━━━━━━━━━━━━━━▶

情境描述

如图 6-1 所示旋钮凸模,要求进行数控加工程序编制。该零件为单件加工,材料为 45 钢,要求在数控铣床或加工中心上完成加工

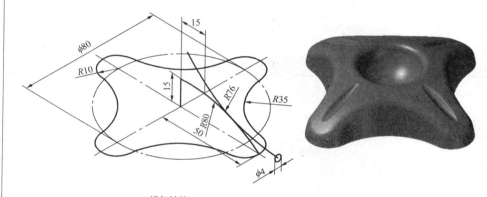

(a) 线架结构   (b) 实体效果

技术要求

1. 所有表面粗糙度要求 Ra 3.2 μm。
2. 零件表面无缺陷,圆角部位无残料。
3. 未注公差按 IT13 级。
4. 棱边倒钝。
5. 材料为 45 钢。

图 6-1 旋钮凸模

学习任务

1. 查阅机械加工工艺手册、加工中心编程及操作手册等,分析零件信息,选择设备,确定毛坯形状及其大小。
2. 分析零件信息以及技术要求,确定加工工艺,填写加工工艺单。
3. 运用 MasterCAM 完成零件实体造型。
4. 编制刀具路径,生成加工程序,编制程序卡。
5. 运用仿真软件模拟加工

续表

	知识目标： 　　1.熟练掌握 MasterCAM 曲面曲线命令及其应用。 　　2.熟练掌握 MasterCAM 偏置曲面、网格曲面、栅格曲面、挤出曲面等命令及其应用。 　　3.掌握曲面流线加工、放射加工、投影粗加工等刀具路径的参数设置及典型应用。 　　4.掌握刀具路径转换命令的应用。 能力目标： 　　1.具备与客户沟通并根据其要求对中等复杂程度零件进行设计、分析、加工的能力。 　　2.能熟练操作软件，运用典型曲面粗、精加工刀具路径编制典型曲面特征的数控加工程序。 　　3.进一步熟练掌握实现曲面自动编程的方法和过程，并能运用刀具路径转换等命令实现高效编程。 素质目标： 　　1.具有良好的思想政治素质、行为规范和职业道德。 　　2.具有查找资料、文献获取信息的能力。 　　3.培养严谨的工作作风
学习目标	
教学资源	1.旋钮凸模图、刀具卡、数控加工工序卡、加工程序说明书、机械加工工艺手册、切削用量手册、通用夹具手册、刀具手册、机床操作编程手册等。 2.MASTERCAM 等 CAD/CAM 软件、投影设备、网络化教学环境。 3.通用计算机、课件、黑板、多媒体视频文件
教学方法	具体方法：任务驱动法、讲述法、引导文法、示范教学法、小组讨论法、案例分析法。 组织形式：学习情境呈现，学习任务分析，学生分组分工，资讯建议与知识学习，制订计划，任务实施，评价与总结
学习方法	1.资讯：分析零件信息、技术要求、工艺规划与程序编制、加工成本及其核算等。 2.计划：拟订三维造型方案，编制数控加工工艺规程，确定数控加工工序，编制数控加工程序，仿真校验，填写数控加工工艺文件，制订总体工作计划等。 3.决策：确定工艺过程，选择加工设备，确定毛坯大小、装夹方法，选用刀具，选择刀具路径。 4.实施：运用 MasterCAM 完成零件的三维造型，完成零件数控编程，输出加工程序并校验。 5.检查：三维造型的准确性与高效性检查，数控加工刀具路径的合理性检查，加工仿真检查。 6.评估：完整总结项目的开始、过程、结果，准确总结、分析加工结果、加工中出现的各种现象，正确回答思考题

	序号	名称	数量	格式	内容及要求
学习成果	1	旋钮凸模三维造型文件	1	.MCX	熟练、正确地完成旋钮凸模造型设计
	2	旋钮凸模的数控加工工序卡	1	.doc	数控加工工艺安排合理，数控加工工序详细
	3	旋钮凸模加工刀具卡	1	.doc	刀具选用合理、经济、高效
	4	旋钮凸模刀具路径文件	1	.MCX	合理编制旋钮凸模的刀具路径
	5	加工程序说明书	1	.doc	生成与数控系统
	6	旋钮凸模仿真加工结果文件	1	.pj 或 .vpj	高效、准时地完成仿真加工
	7	任务学习小结	1	.doc	项目计划合理，实施准备充分，实施过程记录完整、详细

注：资讯、计划、决策、实施、检查、评估根据实际情况取舍，但应体现教学过程。

 工作任务

一、旋钮凸模的加工工艺分析

1.结构分析

该零件外形轮廓主要由直线、圆弧构成，包括凸台、中心球形凹槽、四周弧形浅槽等结构特征,零件图样尺寸标注正确,基准统一、明晰。

2. 技术要求

该零件加工的难点是旋钮轮廓外形以及凹槽部分,尺寸精度、表面粗糙度要求较高,须采用数控加工,刀具材料选择硬质合金类刀具。

3. 设备选择

该零件结构规则,单件生产,可采用普通机床进行产品的半成品加工,利用数控机床进行精加工。由于零件加工部位较多,所需刀具较多,为了减少换刀次数,选择数控加工中心进行精加工。零件的加工工艺路径参考机械加工工艺卡。

4. 装夹方案

本工件比较规则,采用机用平口虎钳一次即可装夹。装夹时需要找正钳口,合理选择垫铁,保证工件至少高出钳口 21 mm。

5. 机械加工工艺卡(表 6-1)

6. 数控加工工序卡(表 6-2)

7. 数控加工刀具卡(表 6-3)

表 6-1　　　　　　　　　　　　　　机械加工工艺卡

××学院		机械加工工艺卡		产品型号		零件图号		6-1		
				产品名称		零件名称	旋钮凸模	共1页	第1页	
材料	45钢	毛坯种类	型材	毛坯尺寸/mm	100×100×25	每毛坯可制件数	1	每台件数	备注	
工序号	工序名称	工序内容		车间	设备	工艺装备		工时/min		
								准终	单件/s	
10	下料	下料		钳工车间	G7025					
20	铣	粗铣四方表面,保证高度24±0.2 mm		机加车间	X5032A	平口钳、硬质合金铣刀				
30	铣	精铣四方,保证毛坯外形尺寸100 mm×100 mm,精铣上表面,高度方向留1 mm余量		机加车间	X5032A	平口钳、硬质合金铣刀				
40	铣	精铣轮廓		数控车间	VMC850	平口钳、硬质合金铣刀				
50	钳	去除全部毛刺		钳工车间		虎钳、锉刀等				
60	检	按零件图要求全面检验		钳工车间		游标卡尺、深度尺等				
					设计(日期)	校对(日期)	审核(日期)	标准化(日期)	会签(日期)	
标记	处数	更改文件号	签字	日期	标记	处数	更改文件号	签字	日期	

表 6-2　　　　　　　　　　　　　　　　数控加工工序卡

××学院	数控加工工序卡		产品型号		零件图号		6-1	
			产品名称		零件名称		旋钮凸模	
材料牌号	45 钢	毛坯种类	型材	毛坯尺寸/mm		备注		
工序号	工序名称	设备名称	设备型号	程序编号	夹具代号	夹具名称	冷却液	车间
40	精铣	加工中心	VMC 850			平口钳	乳化液	机加车间
工步号	工步内容	刀具号	刀具	量、检具	主轴转速/ (r·min⁻¹)	进给速度/ (mm·min⁻¹)	背吃刀量/ mm	备注
1	粗铣凸台外轮廓	T01	φ20 mm 立铣刀	游标卡尺	1 200	500	0.5	
2	旋钮挖槽粗加工	T02	φ16 mm 圆鼻刀	游标卡尺	1 500	1 000	0.3	
3	球形槽曲面投影粗加工	T03	φ8 mm 球刀	游标卡尺	1 200	800	0.3	
4	凸台等高外形精加工	T03	φ8 mm 球刀	游标卡尺	1 200	800	0	
5	凸台清根加工	T04	φ12 mm 立铣刀	游标卡尺	1 500	600	0	
6	弧形浅槽曲面投影精加工	T05	φ3 mm 球刀	游标卡尺	1 500	600	0	
7	球形槽平行铣削精加工	T03	φ8 mm 球刀	游标卡尺	1 200	800	0	
编制		审核				共　页　第　页		

表 6-3　　　　　　　　　　　　　　　　数控加工刀具卡

××学院	数控加工刀具卡		产品型号		零件图号		6-1	
			产品名称		零件名称		旋钮凸模	
材料	45 钢	毛坯种类	型材	毛坯尺寸/mm		备注		
工序号	工序名称	设备名称	设备型号	程序编号	夹具代号	夹具名称	冷却液	车间
40	精铣	加工中心	VMC850			三爪卡盘	乳化液	数空加工
工步号	刀具号	刀具名称	刀具规格/mm	刀具参数		刀柄型号	刀补地址		换刀方式
				直径/mm	长度/mm		半径/mm	长度/mm	
1	T01	D20R0 立铣刀	φ20	20	60	BT40、ER32	D1	H1	自动
2	T02	D16R1 圆鼻刀	φ16	16	75	BT40、ER32	D2	H2	自动
3	T03	D8R4 球刀	φ8	8	75	BT40、ER32	D3	H3	自动
4	T04	D12R0 立铣刀	φ12	12	40	BT40、ER32	D4	H4	自动
5	T05	D3R15 球刀	φ3	3	75	BT40、ER32	D5	H5	自动
编制		审核			批准		共　页		第　页

二、旋钮凸模的 CAD 建模

该零件主要特征有凸台、凹槽等,实体建模过程凸台→中心圆形凹槽→四周弧形浅槽。

1. 启动 MasterCAM
进入工作界面,设置图素属性,绘制过原点的水平、垂直中心线。

2.创建线架模型

(1)设置视角视图为俯视图,选择俯视图为构图平面。

(2)以原点为圆心,绘制如图 6-2 所示 $\phi80$ mm、$\phi20$ mm 的圆。

(3)如图 6-3 所示,创建四个 $R35$ mm 圆角。

(4)修剪曲线并绘制长度为"50"的水平线,如图 6-4 所示。

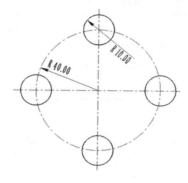

图 6-2　绘制 $\phi80$ mm、$\phi20$ mm 圆

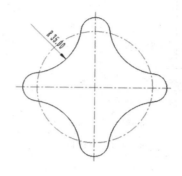

图 6-3　倒 $R35$ mm 圆角

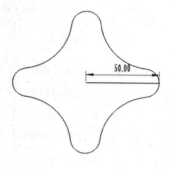

图 6-4　绘制长度为"50"的水平线

(5)设置等角视图,选择前视图为构图面。绘制如图 6-5 所示长度均为"15"的水平线和垂直线。

(6)单击操作栏 按钮,过图 6-5 所示"A、B"两点画半径为"80"的圆弧,如图 6-6 所示。

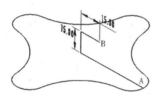

图 6-5　前视构图面绘制直线

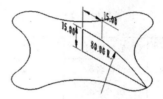

图 6-6　前视构图面绘制圆弧

(7)单击操作栏极坐标圆弧命令按钮 ,使用"极坐标圆弧"命令,如图 6-7 所示。在操作栏输入圆心点坐标(62,80,0),半径为"76",起始角为"220",终止角为"270",绘制 $R76$ mm 的圆弧,单击 按钮,结果如图 6-7 所示。

(8)设置右视图为构图平面,在状态栏选择"3D"模式,选择 $R76$ mm 圆弧左侧端点为圆心,绘制直径为"4"的圆,如图 6-8 所示。

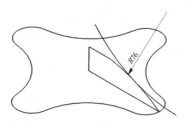

图 6-7　极坐标绘制 $R76$ mm 圆弧

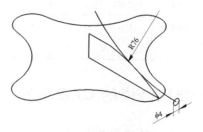

图 6-8　右视构图面绘制 $\phi4$ mm 圆

3.创建凸台实体

(1)单击主菜单【实体】→【挤出】命令,如图 6-9 所示选择串联并调整挤出方向。在"挤

出串联"对话框中设置"拔模角度"为"10","挤出距离"为"5",注意确保向下挤出时拔模朝外,单击 ✓ 按钮,完成实体的创建,结果如图 6-10 所示。

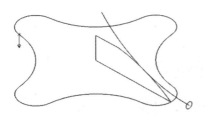
图 6-9　串联选择 1

图 6-10　挤出实体

　　(2)单击主菜单【实体】→【挤出】命令,如图 6-11 所示选择串联并调整串联方向,在"挤出串联"对话框中设置"拔模角度"为"10",取消勾选"朝外",输入"挤出距离"为"20",注意确保向上挤出时拔模"朝内",选择"挤出操作"选项下的"创建主体"单选按钮,单击 ✓ 按钮完成实体的创建,结果如图 6-12 所示。

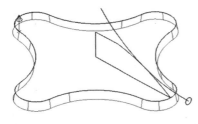
图 6-11　串联选择

图 6-12　挤出实体

4. 创建球形凹槽

　　(1)单击主菜单【实体】→【旋转】命令,在绘图区选择如图 6-13 所示串联,选择"X=0"的垂直线作为回转中心,旋转 360°,结果如图 6-14 所示。

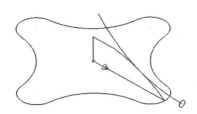
图 6-13　串联选择 2

图 6-14　旋转实体

　　(2)单击主菜单【实体】→【布尔运算—交集】命令,选择步骤 2 生成的高"20"的上部凸台实体为目标主体,选择旋转实体为工件主体,单击 ◯ 按钮,完成"布尔运算-交集",结果如图 6-15 所示。

　　(3)单击主菜单【实体】→【布尔运算-结合】命令,在绘图区中选择步骤 2 生成的高为"5"的下部凸台实体为目标主体,选择上一步"交集"操作生成的实体为工件主体,单击 ✓ 按钮确认。

5. 生成球形凹槽

　　(1)单击主菜单【绘图】→【基本实体】→【球体】命令,在弹出的"圆球选项"对话框中,勾选"实体"单选按钮,以(0,0,15)为球心,绘制 R15 mm 的球体,结果如图 6-16 所示。

(2)单击主菜单【实体】→【布尔运算-切割】命令,在绘图区中按照提示先选择凸台实体为目标主体,选择球体为工件主体,按 Enter 键确认完成布尔切割操作,结果如图 6-17 所示。

图 6-15　布尔运算-交集　　　　　图 6-16　绘制球体　　　　　图 6-17　布尔运算-切割

6. 创建四周弧形浅槽

(1)单击主菜单【实体】→【扫描】命令,在弹出的"串联选项"对话框中选择"串联"选项,在绘图区选择 $\phi4$ mm 的圆为"要扫描的串联图素",按 Enter 键确认,选择 R76 mm 的圆弧作为"扫描路径的串联图素",单击"扫描实体"对话框☑按钮,结果如图 6-18 所示。

(2)设置构图平面为俯视图。单击操作栏旋转命令按钮,选择步骤(1)生成的扫描实体,按 Enter 键确认,在弹出的"旋转选项"对话框中选择"复制",输入"旋转次数"为"3","旋转角度"为"90",单击☑按钮,结果如图 6-19 所示。

(3)单击主菜单【实体】→【布尔运算-切割】命令,选择凸台实体为目标主体,选择刚才创建的所有扫描实体为工件主体,单击☑按钮,结果如图 6-20 所示。

图 6-18　扫描实体　　　　　图 6-19　旋转复制实体　　　　　图 6-20　布尔运算-切割

7. 对实体倒圆角

(1)倒 R5 mm 的圆角。单击主菜单【实体】→【倒圆角】→【倒圆角】命令,在绘图区选择实体顶部边缘,单击按钮,在弹出的"倒圆角参数"对话框中输入"圆角半径"为"5",勾选"沿切线边界延伸"选项,单击☑按钮,结果如图 6-21 所示。

(2)用同样方法在顶部球形凹槽边界创建 R3 mm 的圆角特征,在四周弧形浅槽边缘创建 R2 mm 的圆角,结果如图 6-22 所示。

图 6-21　顶部边缘倒圆角　　　　　图 6-22　完成实体建模

三、旋钮凸模的 CAM 编程

1. 预处理

（1）为使所需的毛坯尺寸较小，将零件模型绕 Z 轴旋转 45°，如图 6-23 所示。

（2）将实体顶部中点移动到系统原点。

①设置图层为第 100 层，单击主菜单【绘图】→【边界盒】命令，弹出"边界盒选项"对话框，取消选择所有图素选项，在绘图区中选择实体，按 Enter 键确定，在"X、Y"后的文本框中输入"延伸距离"为"10"，单击 按钮产生边界盒，如图 6-24 所示。

②用直线连接边界盒顶部对角点，使用"转换平移"命令将实体顶部中点移动到系统原点上。

（3）数控加工前半成品的设置。

①设置实体层为当前构图层，使用串联选取边界盒底部直线，向下挤出实体，勾选"挤出串联"对话框中的"增加凸缘"单选按钮，设置"挤出距离"为"5"。结果如图 6-25 所示。

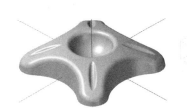
图 6-23　旋转 45°

图 6-24　建立边界盒

图 6-25　挤出实体

②设置图层为"110"，单击主菜单【绘图】→【曲面曲线】→【单一边界】命令，选择零件轮廓边界如图 6-25 中的 A 处、B 处，按 Enter 键生成加工边界。

③在"刀具操作管理器"中"刀具路径"选项卡下，展开"属性"选项，单击"素材设置"，弹出"机器群组属性"对话框。分别输入"X=100、Y=100、Z=25"，设置素材原点在（0,0,0），单击 按钮完成数控加工前半成品的设置。

2. 选择机床类型

单击主菜单【机床类型】→【铣床】→【默认】命令，选择铣床（加工中心）作为加工设备。

3. 粗铣凸台外轮廓

（1）单击主菜单【刀具路径】→【外形铣削】命令，选择外轮廓线"B"（图 6-25），"顺时针方向"，单击 按钮，弹出"外形铣削"对话框，创建 ϕ20 mm 平底刀，"进给率"为"200"，"主轴转速"为"1200"。

（2）单击左侧列表框"切削参数"选项，设置"壁边预留量"为"0.5"，"底面预留量"为"0"。其余参数默认。

（3）单击左侧列表框"Z 轴分层铣削"，勾选"深度切削"，设置"最大粗切步进量"为"2"，勾选"不提刀"，设置"深度分层铣削顺序"为"依照轮廓"，其余参数默认。

（4）单击左侧列表框"进/退刀参数"，勾选"进/退刀设置"。

（5）单击左侧列表框"XY 轴分层铣削"，勾选"XY 轴分层铣削"，设置"粗加工次数"为"3"，"间距"为"10"，勾选"不提刀"。其余参数默认。

（6）单击左侧列表框"共同参数"，设置"切削深度"为"绝对坐标－20"。其余参数默认。

（7）单击切削验证按钮 🎲，仿真结果如图 6-26 所示。

4. 旋钮挖槽粗加工

（1）单击主菜单【刀具路径】→【曲面粗加工】→【粗加工挖槽加工】命令，根据提示在绘图区中选择实体作为加工曲面，按 Enter 键确认，弹出"刀具路径的曲面选取"对话框，单击"边界范围"下方的箭头，在绘图区中选择图 6-25 中"A"处的加工边界作为切削边界范围，单击 ☑ 按钮，弹出"曲面粗加工挖槽"对话框，创建 $\phi16$ mm 圆鼻刀，设置"进给速度"为"1000"，"下刀速度"为"500"，"主轴转速"为"1500"，打开冷却液选项。

（2）单击"曲面参数"选项，设置"加工面预留量"为"0.3"。其余参数选择默认。

（3）单击"粗加工参数"选项，"Z 轴最大进给量"为"0.5"，单击"整体误差"按钮，弹出"整体误差设置"对话框，设置"过滤的比率"为"2：1"，"整体的误差"输入 0.02，单击 ☑ 按钮返回"粗加工参数"选项卡；在"进刀选项"下勾选"螺旋式下刀"复选框，单击"螺旋式下刀"按钮，弹出"螺旋/斜插式下刀参数"对话框，设置"最小半径"为"8"，"最大半径"为"16"。其余参数默认。单击"切削深度"按钮，弹出"切削深度设置"对话框，选择"绝对坐标"单选按钮，在"最低位置"文本框中单击鼠标右键，在弹出的快捷菜单中选择"＝点的 Z 坐标"，在绘图区选择底座上表面对角点以获取 Z 坐标值。

（4）单击"挖槽参数"选项卡，选择"切削方式"为"等距环绕"，设置"切削间距"为"12"，取消选择"精加工"。单击 ☑ 按钮生成刀具路径，仿真校验结果如图 6-27 所示。

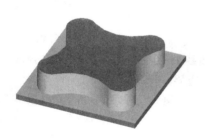

图 6-26　外形铣削仿真结果

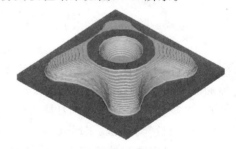

图 6-27　挖槽粗加工仿真结果

5. 球形槽曲面投影粗加工

对中心球形凹槽以 2D 挖槽刀路为参照进行曲面投影粗加工。

（1）创建顶部中心球形凹槽的加工边界

设置图层为"111"，单击主菜单【绘图】→【曲面曲线】→【单一边界】命令，选取球形槽圆角曲面外轮廓边界，参考图 6-28。

（2）建立 2D 挖槽刀具路径

单击主菜单【刀具路径】→【2D 挖槽】命令，选取生成的凹槽加工边界为串联对象，单击 ☑ 按钮，弹出"2D 挖槽"对话框。

①选取 $\phi8$ mm 的球刀，"进给率"为"800"，"主轴转速"为"1200"；"下刀速率"为"500"。

②单击左侧列表框中"切削参数"选项，"粗加工方式"为"螺旋切削"，"切削间距"为"1.2"，"进刀方式"选择"螺旋式"，关闭"精加工"。其余参数选择默认。刀具路径如图 6-29 所示。

图 6-28　加工边界　　　　　　　　　图 6-29　刀具路径

（3）建立球形凹槽投影粗加工刀具路径

①生成加工曲面

设置当前图层为 200，单击主菜单【绘图】→【曲面】→【由实体生成曲面】命令，选择零件实体，生成加工曲面，如图 6-30 所示。

②单击主菜单【刀具路径】→【曲面粗加工】→【投影加工】命令，选择工件形状为"凹"，选择球形凹槽为加工曲面，单击 ✓ 按钮，单击"刀具路径的曲面选取"对话框中的 ✓ 按钮，不选择"干涉面"和"边界范围"，弹出"曲面粗加工投影"对话框。

选择 ϕ8 mm 球刀，刀具参数同上。单击"曲面参数"选项卡，"加工面预留量"为"0.3"，其余参数选择默认。单击"投影粗加工参数"，"最大 Z 轴进给量"为"0.3"，在"原始操作"下的列表框中选择"2D 挖槽刀具路径"作为参照，单击 ✓ 按钮，系统提示间隙避让信息，单击"确定"按钮，生成投影粗加工刀具路径，如图 6-31 所示。

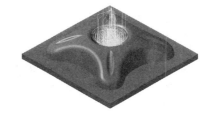

图 6-30　生成曲面　　　　　　　　　图 6-31　投影粗加工刀具路径

6. 凸台等高外形精加工

单击主菜单【刀具路径】→【曲面精加工】→【精加工等高外形】命令，选择凸台部分的曲面作为加工曲面，如图 6-32 所示，选取球形凹槽和四周弧形浅槽为干涉面，如图 6-33 所示，确定后弹出"曲面精加工等高外形"对话框。

（1）选取 ϕ8 mm 球刀，"进给率"为"800"；"主轴转速"为"1200"；"下刀速率"为"500"。

（2）单击"等高外形精加工参数"选项卡，设置"Z 轴最大进给量"为"0.3"，选择"封闭式轮廓的方向"为"顺铣"，选择"开放式轮廓的方向"为"双向"，勾选"进/退刀/切弧/切线"复选框，设置"圆弧半径"为"5"，"扫描角度"为"90"，勾选"切削顺序最佳化"。单击"切削深度"按钮，弹出"切削深度设置"对话框，激活"绝对坐标"单选按钮，在"最低位置"文本框中输入"－20"，单击 ✓ 按钮返回"等高外形精加工参数"选项卡，单击 ✓ 按钮，生成精加工等高外形刀具路径，如图 6-34 所示。

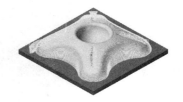

图 6-32　加工曲面　　　　　　　图 6-33　干涉曲面　　　　　图 6-34　精加工等高外形刀具路径

7. 凸台清根加工

单击主菜单【刀具路径】→【曲面精加工】→【精加工等高外形】命令，选择凸台侧面部分的曲面作为加工曲面，如图 6-35 所示，选取凸台部分曲面为干涉面，如图 6-36 所示，确定后弹出"曲面精加工等高外形对话框"。创建 ϕ12 mm 平底刀，"进给率"为"600"，"主轴转速"为"1400"；"下刀速率"为"500"。其余参数设置参考前一步。生成刀具路径，仿真验证，结果如图 6-37 所示。

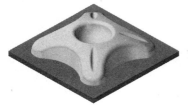

图 6-35　加工曲面　　　　　　　图 6-36　干涉曲面　　　　　图 6-37　凸台清根仿真结果

8. 弧形浅槽精加工

（1）设置当前图层为"113"，单击主菜单【绘图】→【曲面曲线】→【单一边界】命令，选择弧形浅槽轮廓，生成加工边界，参考图 6-38。

（2）将 3D 的曲面曲线投影成 2D 平面曲线。

单击主菜单【转换】→【投影】命令，选择前一步生成的曲线"A"，按 Enter 键确认，弹出"投影选项"对话框，单击 ☑ 按钮，生成 2D 投影曲线，如图 6-39 所示。

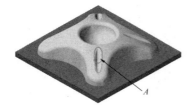

图 6-38　加工边界　　　　　　　　图 6-39　投影

（3）偏置曲线（扩大范围）以方便创建 2D 挖槽加工刀路

单击主菜单【转换】→【串联补正】命令，弹出"串联补正选项"对话框，选择"复制"，输入"补正横向距离"为"5"，单击 ☑ 按钮，生成补正曲线。

（4）创建 2D 挖槽加工刀路

单击主菜单【刀具路径】→【2D 挖槽】命令，选择上一步生成的补正曲线，单击 ☑ 按钮，弹出"2D 刀具路径-2D 挖槽"对话框。创建 ϕ3 mm 的球刀，"进给率"为"400"；"主轴转速"为"2500"；"下刀速率"为"500"；单击左侧列表框中"切削参数"选项，"粗加工方式"为"双向"，其余参数选择默认。

（5）弧形浅槽精加工

单击主菜单【刀具路径】→【曲面精加工】→【精加工投影加工】命令，选择浅槽曲面和浅槽边缘倒圆角面为加工曲面，单击☑按钮，弹出"曲面精加工投影"对话框。选择ϕ3 mm的球刀，刀具参数定义同前。单击"曲面参数"选项卡，勾选"进退刀向量"复选框，单击"进退刀向量"，弹出"方向"对话框，设置"垂直进刀角度"为"3"，"进刀引线长度"为"5"，单击☑按钮返回"曲面参数"选项卡。单击"投影精加工参数"选项卡，选择刚刚生成的"2D挖槽"刀具路径作为参考，单击☑按钮，生成刀具路径如图 6-40 所示。

（6）复制刀具路径

单击主菜单【刀具路径】→【路径转换】命令，弹出"转换操作参数设置"对话框，选择"旋转"选项卡，设置"陈列次数"为"3"，单击☑按钮，完成刀具路径的复制，如图 6-41 所示。

9. 球形槽平行铣削精加工

单击主菜单【刀具路径】→【曲面精加工】→【精加工平行铣削】命令，选择球形凹槽面和凹槽边上倒圆角面为加工曲面，指定如图 6-25 所示边界"C"作为切削范围，单击☑按钮，弹出"曲面精加工平行铣削"对话框。

（1）选取选取 ϕ8 mm 的球刀，"进给率"为"800"；"主轴转速"为"1200"；"下刀速率"为"500"。

（2）单击"精加工平行铣削参数"选项卡，设置"最大切削间距"为"0.2"，设置"加工角度"为"45"，单击"间隙设置"，在弹出的"刀具路径的间隙设置"对话框中，设置"步进量的百分比"为"300"，勾选"切削顺序最佳化"，单击☑按钮返回。单击☑按钮确定，生成如图 6-42 所示刀具路径。

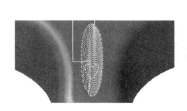  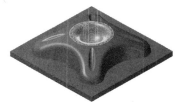

图 6-40　精加工投影刀具路径　　　图 6-41　旋转复制刀具路径　　　图 6-42　精加工平行铣削刀具路径

10. 实体切削验证

在操作管理窗口中单击按钮，选择全部操作，然后单击按钮，弹出实体切削验证对话框，选择"碰撞停止"选项，单击▶按钮，模拟实体加工。

11. 加工程序与加工报表的生成

（1）生成加工程序

选择刀具路径管理器中的某刀具路径，单击G1按钮，单击"后处理程序"对话框☑按钮确认，在弹出的"另存为"对话框中选择存储路径，输入文件名，例如"xuanniu"，单击"保存"按钮，产生加工程序，并启动 MasterCAM X6 编辑器，编辑修改 NC 代码

（2）生成加工报表

在刀具路径管理器空白处单击鼠标右键，在弹出的快捷键菜单中选择"加工报表"，弹出"加工报表"对话框，输入相关信息，单击☑按钮，即可生成加工报表。

四、旋钮凸模零件数控仿真加工

(1)启动斯沃数控仿真软件,选择 FANUC 0i M 加工中心,打开急停按钮,选择回参考点模式,单击"X、Y、Z",回参考点。

(2)设置并装夹毛坯(100 mm×100 mm×25 mm),对中装夹。

(3)按照 CAM 软件编程时设置的刀具刀位号和刀具号,添加刀具到机床刀库。

(4)选择基准工具,完成对刀。

(5)导入程序,自动加工。结果文件参见附盘。

相关知识

一、由线架模型生成曲面

曲面可分为三大类型,即几何图形曲面、自由形式曲面和编辑过的曲面。几何图形曲面具有固定的几何形状,是用直线、圆弧、平滑曲线等图素所产生的,例如球体、圆锥、圆柱以及牵引曲面、旋转曲面和实体曲面等。自由形式曲面不是特定的几何图形,通常根据直线和曲线来决定其形状。这些曲面需要复杂而难度高的曲面技术,例如昆氏曲面、直纹曲面、举升曲面、扫描曲面等。编辑过的曲面是由编辑已有的曲面而产生的,例如补正曲面、修整延伸曲面、曲面倒圆角、曲面熔接等。MasterCAM 的曲面类型见表 6-4。

表 6-4　　　　　　　　　　MasterCAM 的曲面类型、说明及应用

曲面类型		说　明	应　用
几何图形曲面	牵引曲面	断面形状沿着直线笔直地拉引而形成的曲面,此直线由长度和角度来定义	用于构建圆锥、圆柱、有拔模角度的模型等
	旋转曲面	断面形状绕着轴或某一直线旋转而形成的曲面	用于构建回转体模型
	实体曲面	直接构建圆柱、圆锥、立方体、圆球、圆环的曲面,并且为封闭的曲面模型	直接构建基本曲面
自由形式曲面	昆氏曲面	将一些缀面熔接而形成的曲面,此缀面是由四条相连的曲线所形成的封闭区域	用于当曲面是由一组缀面形成的时候
	直纹曲面	在两个或两个以上的直线或曲线之间笔直地拉出相连的直线而形成的曲面	用于曲面要添满两个或两个以上的曲线的时候
	举升曲面	通过一组横断面曲线形成的曲面	当曲面通过两个及以上曲线以抛物线的方式来熔接的时候
	扫描曲面	将断面外形沿着一个或两个轨迹曲线移动,或者把两个断面外形沿着一个轨迹曲线移动而得到的曲面	用于通过曲面控制断面的形状或用断面外形沿着曲线平移或旋转的情况
编辑过的曲面	补正曲面	按指定的补正距离把所选取的曲面沿着曲面的法线方向偏距而产生的另一张曲面	用于将原始曲面偏距得到新的曲面的情况
	修整延伸曲面	由修整某一既有的曲面与其相切的横断面之间而产生的曲面	用于重新定义边界曲面的时候
	曲面倒圆角	由构建在两个曲面之间与其相切的横断面而产生的曲面	用于模型需要有平滑的角落,避免尖角的时候
	曲面熔接	熔接两个原始曲面而形成一个相切于它们的曲面	用于熔接两个曲面的情况

　　构建三维线架模型的一般步骤是:选择一个合适的屏幕视角→正确设置构图面→正确切换状态栏中的 2D/3D 按钮(在 2D 模式下注意随时设置 Z 轴深度)→对当前绘图的图素属性及时进行设置。

　　前面已经学习了牵引曲面、旋转曲面等的创建方法,这里介绍其他曲面构建方法。

1. 网格曲面

(1)网格曲面命令

　　网格曲面命令可以在由三条(或三条以上)相连的曲线组成的封闭区域中生成不规则的由许多缀面组合而成的一张曲面。当曲面由一些曲面片组成时,可以考虑使用该曲面命令生成曲面,如图 6-43、图 6-44 所示。

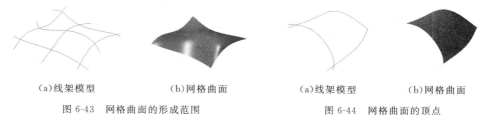

　(a)线架模型　　　　(b)网格曲面　　　　　　(a)线架模型　　　　(b)网格曲面

图 6-43　网格曲面的形成范围　　　　　　　图 6-44　网格曲面的顶点

　　在建立网格曲面之前,首先要明确切削方向、截断方向和缀面数的设置。当设置好一个方向为切削方向后,则另一个方向为截断方向。在开放模式中,切削方向和截断方向可以任意替换;但在闭合模式中,切削方向只能为闭合的环绕方向,与之相交的方向才为截断方向。

(2)创建网格曲面

　　单击主菜单【绘图】→【曲面】→【网状曲面】命令或操作栏 ⊞ 按钮,系统弹出如图 6-45 所示"创建网状曲面"操作栏,同时弹出"串联选项"对话框。屏幕提示"选取串联 1",根据线架模型的特点,按照前面叙述的要点设置参数并选取串联,单击 ✓ 按钮,完成网格曲面的创建。

图 6-45　"创建网状曲面"操作栏

　①⌷⌷⌷按钮:重新选择串联。

　②◀按钮:"顶点"按钮,指定横截面方向的曲线轮廓缩短为一个或两个端点的位置。

　③Z按钮:"Z"选项可控制曲面的位置,包括"引导方向"、"截断方向"和"平均"三个选项:选择"引导方向"则产生的网格曲面与切削方向曲线的 Z 深度相同;选择"截断方向"则产生的网格曲面与横断面方向曲线的 Z 深度相同;选择"平均"则产生的网格曲面是切削方向和横断面方向曲线的 Z 深度的平均值。如图 6-46 所示。

(3)曲线的串联

　　构成网格曲面时应遵循以下原则对曲线进行串联:

　①如果创建网格曲面的线架模型,其在引导方向上的外形交汇于一点,则该点就称为网格曲面的顶点,在对图素进行串联之前应先按下带状栏上的"顶点"按钮之后,再对各图素进行串联。串联完成后,捕捉顶点来完成网格曲面的构建。

　②如图 6-47 所示,该线架模型由 1 条封闭的截断外形和 4 条引导外形组成,4 条引导外

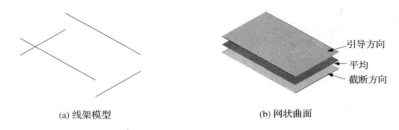

(a) 线架模型   (b) 网状曲面

图 6-46　Z 选项不同选择的比较

形交汇于一点,该点称为极点,完成线架造型后,需将通过"P"点的两圆弧在该点处打断。首先串联 4 条曲线,然后以"串联"方式来串联截断方向的封闭外形曲线。

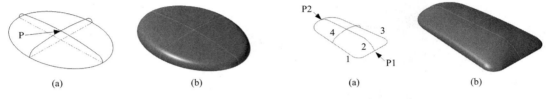

(a)   (b)   (a)   (b)

图 6-47　网格曲面示意 1   图 6-48　网格曲面示意 1

③如图 6-48 所示,该线架构由 3 条引导外形和 1 条截断外形组成;右图为用该线架构创建的网格曲面。3 条引导外形在"P1"与"P2"处形成两个极点,串联图形之前,需将引导外形在极点处打断。串联曲线 1、2、3 时需采用"部分串联"的方式,串联截断外形 4 时采用"串联"即可。

④对于如图 6-43 所示的网格曲面,完全可以以窗选方式来选取外形曲线。此时该曲线及与其近似平行的曲线将被视为引导方向,其余曲线则被设置为截断方向。

⑤对于构建网格曲面的两个方向上的线架模型,并不要求在其交点处沿曲面的法线方向也相交。

2.围篱曲面(围栏曲面、栅格曲面)

围篱曲面是在已有曲面的基础上形成的。围栏曲面是依据选取的曲面及曲面上的一条或几条曲线来构建一个和已有曲面在交线处相互垂直或呈一定的角度直纹曲面,包围在已有曲面的周围。

(1)创建围篱曲面

单击主菜单【绘图】→【曲面】→【围篱曲面】命令或操作栏 按钮,系统弹出如图 6-49 所示"创建围篱曲面"操作栏。依系统提示在绘图区选取曲面,弹出"串联选项"对话框,选择一个串联,单击 按钮确定,在操作栏输入相关参数,单击 按钮,完成围篱曲面的创建,如图 6-50 所示。

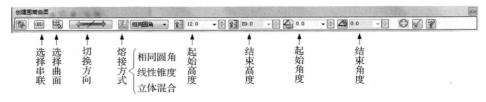

图 6-49　"创建围篱曲面"操作栏

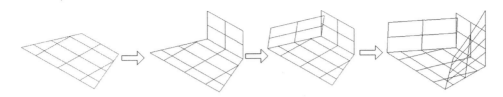

图 6-50　围篱曲面创建过程示意

（2）应用举例

①单击主菜单【文件】→【打开】命令，选择附盘文件"6-51.MCX6"，单击"打开"按钮，显示如图 6-51（a）所示线架模型。

②选择"R70"圆弧为轮廓曲线，直线"AB"为旋转轴，生成旋转曲面。

③生成围栏曲面，在操作栏设置混合方式为"线性锥度"；起点高度为"8"，终点高度为"18"，起点角度为"10"，终点角度为"－30"。

④设置构图平面为俯视图，复制旋转个数为"11"，角度为"30"，结果如图 6-51（b）所示。

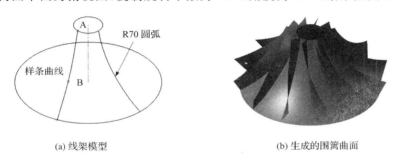

(a) 线架模型　　　　　　　　　　　　　(b) 生成的围篱曲面

图 6-51　围篱曲面

3. 平面修剪

"平面修剪"命令是对一个同一构图面内的若干封闭外形组成的内部区域进行填充后获得的一个平整的曲面，也可以选择"串联"后，通过选取曲面及曲面边界来构建曲面，构建的平面曲面将以串联曲线为边界进行修剪，因此称为平面修剪曲面或平面边界曲面，而原曲面则被隐藏。当同时选取多个封闭边界时，允许在一个最大边界的内部再选取小的边界，但创建曲面后，小边界的内部将成为孔洞。创建平整曲面的操作步骤如下：

单击主菜单【绘图】→【曲面】→【平面修剪】命令或"曲面"操作栏中的"平面修剪"按钮![](，系统弹出"串联选项"对话框，系统提示"选择要定义平面修剪的边界 1"，在绘图区选取内、外边界曲线后，单击![](按钮，在图 6-52 所示"平面修整"操作栏设置相关参数，单击![](按钮，生成平整曲面，如图 6-53 所示。

图 6-52　"平面修整"操作栏

当用户选择的是一个非封闭式图形时，系统将询问是否允许自动将它封闭；当用户选择的是一个三维的封闭式边界时，也可以绘制平整曲面，产生的是该图形在相应平面上投影而得到的平整曲面。

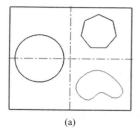 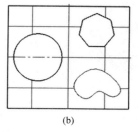

(a)   (b)

图 6-53 "平面修整"曲面示意

4. 偏置曲面

偏置曲面又称为曲面补正,是指将曲面沿设置的距离和方向偏移生成新的曲面。

(1)操作步骤

单击主菜单【绘图】→【曲面】→【曲面补正】命令或"曲面"操作栏 按钮,在绘图区选取曲面后,按 Enter 键确认,在如图 6-54 所示"曲面补正"操作栏设置相应参数,单击 按钮完成偏置曲面的操作,如图 6-55 所示。

图 6-54 "曲面补正"操作栏

(a)   (b)

图 6-55 曲面补正示意

(2)"操作栏"选项说明

（复制）:激活该选项,曲面偏置后保留原曲面。

（移动）:激活该选项,曲面偏置后删除原曲面。

（选择曲面）:选取该命令可重新选取偏移曲面,系统取消原来选择的曲面。

（循环）:选择该项,激活曲面偏置方向的切换。

（补正距离）:设置偏移距离,为正值时选取曲面的法线方向,为负值时则为曲面法线的相反方向。

（单一切换）:单击该按钮,选择曲面,可以切换所选取的曲面的法线方向。

（切换）:单击该按钮,切换曲面偏置方向。

5. 挤出曲面

挤出曲面是将一个截面形状沿指定方向移动形成的曲面,这样生成的曲面是封闭的,即与牵引面相比,挤出曲面增加了前、后两个封闭平面。

单击主菜单【绘图】→【曲面】→【挤出曲面】命令或"曲面"操作栏"挤出曲面"按钮 ,选取定义截面外形的串联,单击 按钮,弹出如图 6-56 所示"挤出曲面"对话框,输入高度、比例、旋转角度、补正距离、挤出角度,单击 按钮,生成挤出曲面,如图 6-57 所示。

图 6-56 "挤出曲面"对话框

(a)原始图形　　　　(b)对顶平面封闭轮廓挤出操作　　　(c)删除顶平面曲面后

图 6-57　挤出曲面示意

　　用来定义挤出曲面截面外形的串联可以是开口串联,也可为封闭串联。当选取开口串联时,系统自动连接串联的两个端点将串联封闭;当串联仅为一条样条曲线时,则必须为封闭式样条曲线。

　　在挤出曲面操作中,还可以设置拉伸轴线,即拉伸轴线不一定与截面图形垂直。如果所选择的拉伸轴线不与截面图形垂直,则系统会自动调整图形,使它与拉伸轴线垂直,并且可以设置高度与轴线长度一致。

6. 实体转为曲面

　　在 MasterCAM X6 中,实体造型和曲面造型可以相互转换,使用实体造型方法创建的实体模型可以转换为曲面,同时也可以将编辑好的曲面转换为实体模型。例如可以由薄片实体或封闭实体的表面来创建曲面,也可由开放的曲面创建薄片实体或由封闭的曲面创建封闭实体。由实体产生曲面实际上就是提取实体的表面。

　　单击主菜单【绘图】→【曲面】→【由实体生成曲面】命令或"曲面"操作栏"由实体面产生"按钮囲,系统提示"请选择要产生曲面的主体或面"。在选取实体的主体或者面之后,按 Enter 键确认,即可生成相应的曲面。按 Esc 键结束命令。若用户选取的是实体的主体,则系统会抽取该实体的所有面生成相应的曲面;若用户选取的是实体的面,则系统只会抽取实体上被选的面生成相应的曲面。如图 6-58(a)所示选择虎钳上表面,单击"确定"按钮,生成如图 6-58(b)所示的平整曲面。

(a)选择实体部分表面　　　　　　(b)生成的曲面

图 6-58　由实体生成曲面

7. 基本曲面

　　MasterCAM X6 对圆柱、圆锥、立方体、球、圆环等基本形体进行了预定义,不必绘制线架模型,只需调用相应命令即可直接绘制它们。同一命令绘制的基本形体,如圆柱,看上去各式各样,有完整的、部分的,有竖立的、斜立的,有大的、小的,有长的、短的,但是其基本形状则是一样的,不同之处是它们的定形、定位参数。每一个基本形体绘制命令可以创建相应的曲面和实体两种模型。也就是说,在创建基本曲面与基本实体时,使用的是同一个基本形体创建命令,打开的是同一个对话框,创建方法也相同。区别在于,需要创建基本曲面时,用户应该在相应对话框中选中"曲面"单选按钮,需要创建基本实体时,则应该选中"实体"单选按钮。命令使用方法同前。

二、创建曲面曲线

创建一般的三维曲线与创建二维曲线的方法基本相同,不同点只在于在创建直线、圆弧及样条曲线等线条的操作中,输入点的坐标为三维坐标,而非二维坐标,选取的点为三维空间点,而非二维平面点。另外,MasterCAM X6 还提供曲面曲线功能,曲面曲线又称为空间曲线。创建曲面曲线,就是从已有的曲面或者实体表面上提取用户所需的空间曲线。

1. 单一边界曲线

单一边界曲线是指沿选取的曲面或实体表面的一条边界构建曲线。通过选取曲面并移动箭头到曲面的一条边界处来创建该位置的边界曲线,对于实体则可以直接选取实体的一个棱边来创建该棱边的边界曲线,这些曲线默认都是样条曲线。

单击主菜单【绘图】→【曲面曲线】→【单一边界】命令选择曲面,系统提示"移动箭头到您想要的曲面边界处",单击"确定"按钮,生成如图 6-59 所示曲线。

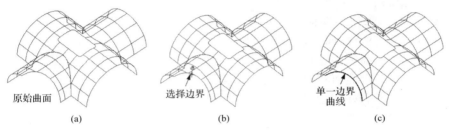

原始曲面　　　　　　选择边界　　　　　　单一边界曲线
(a)　　　　　　　　　(b)　　　　　　　　　(c)

图 6-59　生成单一边界曲线

若选取的曲面是修剪的曲面,则在选取修剪的边界后,"单一边界线"操作栏"角度打断"按钮 及其后的文本框将被激活。若预览图形显示的结果确实为单一边界曲线,即可直接按 Enter 键结束操作。否则应减小角度值,因为该值决定了边界间是否自动转接的极限角度。单击操作栏按钮 ,系统在适当范围内将边界曲线转换成圆弧或直线。

该命令除了可以创建曲面的边界之外,还可以创建实体的边界线,如图 6-60 所示。

2. 构建曲面所有的边界

通过选取一个或多个曲面可创建曲面的所有边界曲线,也可以切换普通选项操作栏到实体模式后,选取实体的面或体来构建实体某一表面的边界曲线或实体的所有边界曲线。

单击主菜单【绘图】→【曲面曲线】→【所有曲线边界】命令,系统提示"系统曲面,实体或实体面",选择曲面,单击 按钮,系统弹出"创建所有曲面边界"操作栏,除"角度打断"按钮之外,还增加了一个"开放端点"按钮 ,单击此按钮,当各曲面片间的间隙小于此按钮后的设置值时,便不会在间隙处生成边界曲线,单击 按钮,生成如图 6-61 所示曲线。

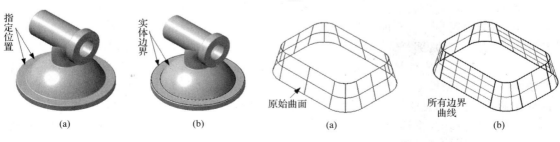

指定位置　　　　　　实体边界　　　　　　　　　　原始曲面　　　　　　所有边界曲线
(a)　　　　　　　　　(b)　　　　　　　　　(a)　　　　　　　　　(b)

图 6-60　创建三维实体的边界线　　　　　　图 6-61　绘制曲面边界曲线实例

3. 指定位置（常数参数曲线）

可通过在曲面或实体表面上动态选取一点来创建曲面在该点处的纵向或横向曲线。

单击主菜单【绘图】→【曲面曲线】→【缀面曲线】命令，弹出"绘制指定位置的曲线曲面"操作栏，系统提示"选取曲面"，选取曲面或实体表面，单击后将有一个动态箭头显示，移动至适当的位置再次单击，即显示常参数曲线的预览图形。误差计算方式被锁定为弦高误差，用于按输入的弦高来定义点，即相邻点的弦高等于或小于该设置值。 ⟵⟶ 按钮用来设置曲线方向，有纵向、横向和双向三个选项。单击 ☑ 按钮，创建缀面曲线，如图 6-62 所示。

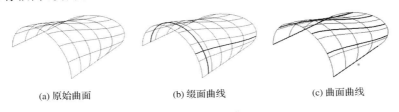

(a) 原始曲面　　　　　　(b) 缀面曲线　　　　　　(c) 曲面曲线

图 6-62　创建常数参数曲线

4. 曲面流线

曲面流线命令可由给定的精度计算方式及设置值在曲面上创建纵向或横向的所有常参数曲线。单击主菜单【绘图】→【曲面曲线】→【曲面流线】命令，弹出"流线曲线"操作栏，其中误差设置被锁定为弦高误差，表示曲线与曲面间的接近程度，曲线数量的计算方法有"误差""距离"和"号码"三个选项。选中"误差"，可指定构建曲线过程中的误差值，曲线数目由系统计算；选中"距离"，可指定相邻两曲线之间的距离，曲线数目由系统计算；选中"号码"，直接在文本框中输入曲线的数目。依系统提示在绘图区选取曲面或实体表面，在操作栏中设置相关参数，单击 ☑ 按钮，完成曲面流线的创建，如图 6-62 所示。

5. 动态曲线

通过在曲面或实体表面上动态选取若干点来创建经过所有点的曲线。该命令用于在曲面上绘制曲线，绘制的方法与"手动输入曲线"类似，用户可以随心所欲地在曲面的任意位置单击鼠标，最后连接这些点生成曲线。单击主菜单【绘图】→【曲面曲线】→【动态绘曲线】命令，弹出"绘制动态曲线"操作栏，按提示选取曲面或实体表面，将显示一个可动态移动的箭头，移到适当位置后单击并继续移动鼠标，在最后一点处双击或用 Enter 键结束操作，单击 ☑ 按钮完成动态曲线创建，如图 6-63 所示。

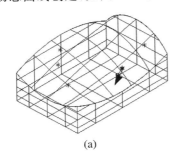　　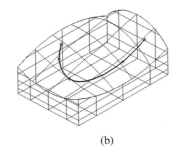

(a)　　　　　　　　　　　　　　　(b)

图 6-63　创建动态曲线

6. 剖切线

绘制曲面或实体表面与指定平面的交线。定义一个剖切面并在其与指定曲面的相交处建立一条或多条相偏距的曲线。也可用相同的方法剖切曲线在曲线上创建点。单击主菜单【绘图】→【曲面曲线】→【曲面剖切线】命令,弹出如图6-64所示"剖切线"操作栏,单击操作栏"平面"按钮 （否则系统将自动使用"XOY"平面）,弹出"平面选择"对话框,构建剖切曲线的切面。如果"切削间距"选项不为"0",则构建一系列与曲面平行间距为设定值的曲线;"偏移曲线与平面的偏移"用来设置构建的剖切曲线与实际交线之间的偏移距离。如图6-65(a)所示,选择点"1、2、3"定义剖切平面,单击应用按钮 ,生成如图6-65(b)所示的曲线。

图 6-64 "剖切线"操作栏

7. 曲面曲线

曲面曲线可在指定的曲面上生成所选曲线的投影线。单击主菜单【绘图】→【曲面曲线】→【曲面曲线】命令,不显示操作栏,但曲面曲线被激活,并提示"选取曲线去转换为曲面曲线",选取曲线,会自动创建曲面曲线,该功能可连续进行。如图6-66(a)所示,在俯视图平面任意绘制一个包含有曲面的矩形后,再任意绘制一条直线和样条曲线。选择此命令后按提示选取该直线,则结果如图6-66(b)所示。单击主菜单【分析】→【图素属性】命令并选取该直线和样条曲线可知,该直线已具有曲面曲线属性。

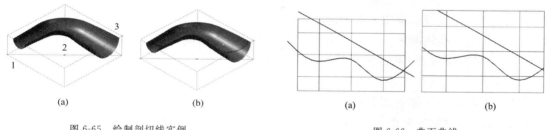

(a)　　　　(b)　　　　　　　(a)　　　　　(b)

图 6-65　绘制剖切线实例　　　图 6-66　曲面曲线

8. 分模线

分模线命令用于自动计算出一个平行于构图面的平面,该平面与曲面或实体交截,得到最大截面处的曲线即分模线。单击主菜单【绘图】→【曲面曲线】→【分模线】命令,系统弹出"分模线"操作栏,其中"角度"选项设置分模线的角度,即分模线的位置,类似于地理中的纬度。在操作栏中输入分模角度,单击"应用"按钮 ,单击"确定"按钮,生成如图6-67所示的曲线。

9. 交线

交线用于在两组曲面或实体表面之间计算曲面的相交曲线或其偏移曲线。选择此命令后,按提示选取第1组曲面后按Enter键;选取第2组曲面后再按Enter键。对图6-68(a)所示的曲面,第1组选取直纹曲面,第2组选取4个圆柱面后单击"确定"按钮,结果如图6-68(b)所示。

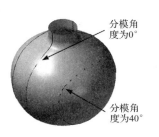

分模角
度为0°

分模角
度为40°

图 6-67　绘制分模线实例

（a）原始曲面

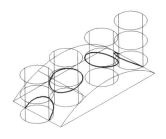

（b）生成的交线

图 6-68　创建交线实例

三、曲面加工刀具路径

1. 放射状粗加工

放射状粗加工以指定点为径向中心，放射状分层切削加工工件，加工完毕后的工件表面刀具路径呈放射状，如图 6-69 所示，适于旋转曲面或旋转实体加工。刀具路径在工件径向中心密集，刀具路径重叠较多，工件周围刀具路径间距大，提刀次数多，加工效率低，较少采用。

（a）所要加工的曲面

（b）刀具路径

（c）实体验证效果

图 6-69　放射状粗加工示意图

单击主菜单【刀具路径】→【曲面粗加工】→【放射状加工】命令，调用放射状粗加工模组。前面的操作和平行铣削加工方式一样，然后系统弹出"曲面粗加工放射状"对话框，如图 6-70 所示。

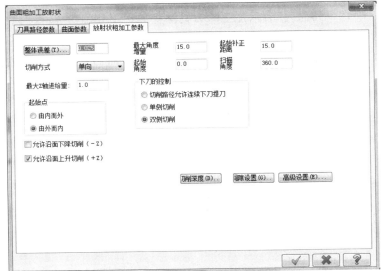

图 6-70　"曲面粗加工放射状"对话框

该对话框的内容和"曲面粗加工平行铣削"对话框的内容基本一致,具体含义可参考相关内容,下面主要介绍针对放射状加工的专用参数,如图 6-71 所示。

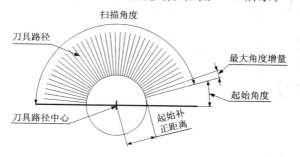

图 6-71　放射状刀具路径参数示意图

(1)"起始角度":指起始刀具路径第一刀的切削角度,以 X 方向的角度为准,直接输入即可。

(2)"扫描角度":指起始刀具路径与终止刀具路径之间的角度(0°~360°),逆时针方向为正。如果该值是一个负数,系统会构建一个顺时针方向的摆动角,该参数影响刀具路径的生成范围。

(3)"最大角度增量":指相邻两条刀具路径之间的距离。用于设定曲面放射状粗加工中每两条刀具路径间的最大夹角,以控制加工路径的密度,类似于平行铣削的最大切削间距,切削中的实际值小于设定值。

刀具路径是放射状的,往往在中心部分刀具路径过密,而在外围则比较分散,当工件较大,最大角度增量值也设得较大时,则可能使工件外围有些地方加工不到;反过来,如果最大角度值取得较小,则刀具往复次数又太多,从而降低了加工效率。因此,必须综合考虑工件大小、表面质量要求及加工效率三方面的因素来选用最大角度增量。

(4)"起始补正距离":指刀具路径开始点距离刀具路径中心的距离。由于中心部分刀具路径集中,所以要留下一段距离不进行加工,合理设置该参数可以防止中心部分刀痕过密。

(5)"起始点":设置刀具路径的起始点以及路径方向,"由内而外"表示加工时刀具路径从下刀点向外切削;"由外而内"表示加工时刀具路径起始于外围边界并往内切削。

2. 投影粗加工

投影粗加工是指将已有的刀具路径、线条或点投影到曲面上进行加工的方法。投影粗加工的对象,不仅仅可以是一些几何图素,也可以是些点组成的点集,甚至可以将一个已有的 NCI 文件进行投影。这种加工方法不改变原来 NC 文件中的 X、Y 坐标,而只改变其 Z 坐标。

单击主菜单【刀具路径】→【曲面粗加工】→【投影加工】命令,调用投影加工模组。系统弹出"曲面粗加工投影"对话框,如图 6-72 所示。通过"投影粗加工参数"选项卡可以设置该模组的参数,该模组的参数设置需要指定用于投影的对象。"投影方式"用于设置投影粗加工对象的类型。在 MasterCAM X6 中,可用于投影对象的类型包括已有的刀具路径、曲线和点,可以在"投影方式"选项组中选择其中的一种,如图 6-73 所示。

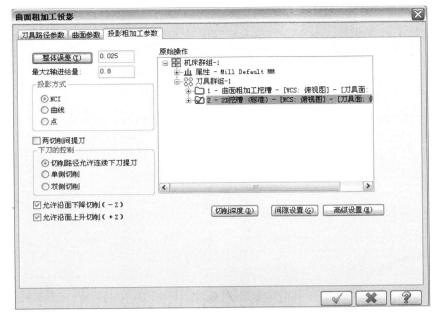

图 6-72　"曲面粗加工投影"对话框

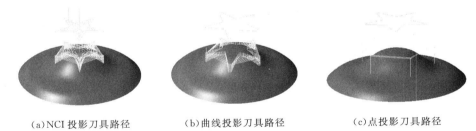

（a）NCI 投影刀具路径　　　（b）曲线投影刀具路径　　　（c）点投影刀具路径

图 6-73　投影加工方式

（1）选取 NCI

NCI 投影粗加工是指将已经完成的刀具路径（NCI 文件）投影到曲面上形成的投影粗加工。一般将二维刀具路径投影到曲面上形成三维刀具路径加工曲面。选择该类型，可以在"原始操作"列表栏中选择 NCI 文件，如图 6-72 中右侧的"2D 挖槽"。

（2）选取曲线

曲线投影粗加工是指利用已有的曲线作为投影的对象，投影到曲面上产生粗加工刀具路径的加工类型。它相当于先将曲线投影到曲面，再用投影后的曲线产生刀具路径。选择该类型后，系统会关闭该对话框并提示用户在绘图区中选取要用于投影的一组曲线。

（3）选取点

点投影粗加工是指选择已有的点进行投影的加工类型。同选取曲线一样，选择该类型后，系统会关闭该对话框并提示用户在绘图区中选取要用于投影的一组点。点集投影粗加工是利用点或点集产生下插式刀具路径，产生的结果是在曲面上形成均匀深度的凹槽，凹槽的形状与刀具的形状一样。

（4）两切削间提刀

选中该复选框，刀具在两个切削路径之间将产生强制的提刀运动。

3. 流线粗加工

流线粗加工是指顺着指曲面的流线方向形成刀具路径的,如图 6-74 所示。由于该方法是顺着曲面的流线方向加工的,且可以控制残留高度(它直接影响加工表面的残留面积,直接影响表面粗糙度),因而可以获得较好的表面加工质量。该方法常用于曲率半径较大的曲面或某些复杂且表面质量要求较高的曲面加工。

单击【刀具路径】→【曲面粗加工】→【粗加工流线加工】命令,依系统提示选择曲面,单击 按钮确定,弹出"刀具路径的曲面选择"对话框,可以选择"干涉面"等,单击"曲面流线"选项下 按钮,弹出如图 6-75 所示"曲面流线设置"对话框,同时在绘图区显示出刀具偏移方向、切削方向、每一层中刀具路径的移动方向及刀具路径的起点等,具体含义见表 6-5。

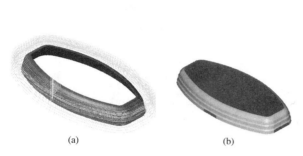

图 6-74 曲面流线粗加工示意图

图 6-75 "曲面流线设置"对话框

表 6-5   **"曲面流线设置"对话框选项说明**

选项	说明
补正方向	用于改变流线加工刀具半径的补偿方向,可与曲面的法线方向相同或相反
切削方向	用于改变流线加工加工刀具路径的切削方向,可设置为沿流线方向或垂直流线方向
步进方向	用于改变每层刀具路径的移动方向,可从上至下或从下至上
起始点	更改刀具路径的起始点,注意起始点位置箭头的变化
边界误差	用于设置边界公差值
显示边界	用不同的颜色显示不同的边界类型,当加工由两个以上曲面组成的工件时,可清楚地看到各曲面边界线

根据需要设定相应的参数并选择相应图素,单击 按钮,此时系统会弹出"曲面粗加工流线"对话框,如图 6-76 所示。

该对话框中针对流线加工的参数含义如下:

(1)"切削控制"

刀具在流线方向上切削的进刀量有两种设置方法:一种是在"距离"文本框中直接指定,另一种按照要求的整体误差进行计算。

①"距离":选中该复选框后,可以直接指定进刀量。

②"整体误差":可以通过设置刀具路径与曲面的误差来计算出进刀量,即在该文本框中指定误差值。

(2)"执行过切检查":选中该复选框,则系统将检查可能出现的过切现象,并自动调整刀具路径以避免过切。如果刀具路径移动量大于设定的整体误差值,系统自动提刀以免过切。

图 6-76　"曲面粗加工流线"对话框

（3）"截断方向的控制"

"截断方向的控制"与"切削控制"类似，只不过它控制的是刀具在垂直于切削方向的切削进刀量，"截断方向的控制"也有两种方法：

①"距离"：选中该选项并指定截断方向的进刀量，直接进行设置。

②"环绕高度"：当使用非平底铣刀进行切削加工时，在两条相近的切削路径之间会因为刀具形状的关系而留下凸起的未被切削掉的区域，该凸起的高度就是环绕高度，又称为残留高度。选中该选项并指定残留高度，然后由系统自动计算该方向的进刀量。

在设置"截断方向的控制"选项组时，当曲面的曲率半径大或加工精度要求不高时，可使用固定进刀量；当曲面的曲率半径较小或加工精度要求较高时，应采用设置残留高度方式来设定进刀量。

（4）"只有单行"：在相邻曲面的一行（不是一个小区域）的上方创建流线加工刀具路径。

4. 放射精加工

该种加工方式同其粗加工的设定，产生沿放射状形态步进的精加工刀路。

单击主菜单【刀具路径】→【曲面精加工】→【精加工放射状】命令，系统会弹出"刀具路径的曲面选择"对话框，根据需要设定相应的参数并选择相应的图素后单击 ✓ 按钮，系统会弹出"曲面精加工放射状"对话框。该对话框的参数设置与粗加工类似，只是由于不进行分层加工，所以没有"层进刀量""下刀/提刀方式"及"刀具沿 Z 轴方向移动方式"的设置，故不再重复。

5. 投影精加工

投影精加工是将已有的刀具路径或者几何图形投影在要加工的曲面上，生成刀具路径来进行切削。

单击主菜单【刀具路径】→【曲面精加工】→【精加工投影加工】命令，弹出"刀具路径的曲面选择"对话框，根据需要设定相应的参数并选择相应的图素后，单击 ✓ 按钮，系统弹出"曲面精加工投影加工"对话框。该对话框的"加工参数"选项卡与"投影粗加工参数"对话框有点类似，但参数的设置与粗加工时有点不同，取消了"每次最大进刀量""下刀/提刀方式"

和"刀具沿 Z 向移动方式"设置,另外还新增了以下几项:

(1)"增加深度":将 NCI 文件中定义的 Z 轴深度作为投影后刀具路径每项的深度,将比未选中该选项时的下刀高度高出一个距离值,刀具将在离曲面很高的地方就开始采用工作进给速度下降,一直切入曲面内。

(2)"两切削间提刀":在两次切削间隙提刀。

6.流线精加工

曲面流线精加工往往能获得很好的加工效果。当曲面较陡时,其加工质量明显好于一般的平行加工。

单击主菜单【刀具路径】→【曲面精加工】→【精加工流线加工】命令,弹出"刀具路径的曲面选择"对话框,根据需要设定相应的参数和选择相应的图素后,单击 按钮,系统弹出"曲面精加工流线加工"对话框。该组参数除了取消了"层进刀量""下刀/提刀方式"及"刀具沿 Z 向移动"的参数设置外,其他选项与流线粗加工模组的参数设置相同。

四、刀具路径的修整与转换

刀具路径的修整功能可以将原有刀具路径中不需要的部分删除;刀具路径的转换功能则可以对已生成的刀具路径进行平移、旋转或镜像。

1.刀具路径修整

用于对已完成的刀具路径操作进行修整,使刀具路径避开一些空间。对刀具路径进行修剪的边界必须是封闭的。如图 6-77 所示,刀具在切削外形轮廓到达修剪边界时,将快速提刀并快速移动到下一个位置再下刀,这样就大大缩短了空走刀的时间。

单击主菜单【刀具路径】→【路径修剪】命令,弹出"串联选项"对话框,系统提示"选择需要作为修剪边界的图元",在图形区选择相应的边界并确认,系统提示"在要保留的路径一侧点选一点",选择要保留的刀具路径,弹出"修剪刀具路径"对话框,如图 6-78 所示。

利用"修剪刀路路径"对话框可以创建一个修剪操作。在"选取要修剪的操作"窗格内选择需进行修剪的原始操作,然后可重新选择修剪平面,单击"保留的位置"按钮,可返回到绘图区选取一点,重新确定修剪后要保留的位置。若选择"提刀",则刀具到达修剪边界时将快速提刀到参考高度或安全高度,快速移动到下一处的下刀位置再下刀;若选择"不提刀",则刀具到达边界时不提刀,可能会侵入修剪边界。

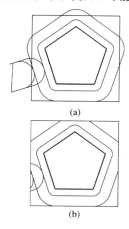

图 6-77　刀具路径修整举例

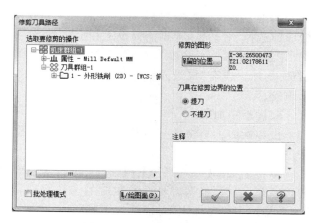

图 6-78　"修剪刀具路径"对话框

2. 刀具路径合并

在实际操作中,对于一些粗加工刀具路径,经常需要重复使用。为了缩短重复操作时间,提高效率,MasterCAM X6 提供直接引入已有的刀具路径功能。单击主菜单【刀具路径】→【汇入 NCI】,系统弹出"打开"对话框。在该对话框中,选择需要引入的刀具路径并确认,就可以将已有的刀具路径引入。

3. 刀路转换

刀具路径变换指的是对已有的刀具路径进行平移、镜像和旋转,从而生成新的操作。本质上是重复以前构建的刀具路径,沿 X 和 Y 轴方向按照指定的距离,进行多次重复加工。在使用变换操作以前,必须定义一个刀具路径,原有的操作必须在当前的图形文件中。如果加工内容改变,变换功能加工的刀具路径也相应改变。

单击主菜单【刀具路径】→【路径转换】命令,弹出"转换操作参数设置"对话框,如图 6-79 所示,在该对话框中选择变换的方式将会激活相应的选项卡。刀具路径的变化和图形的变化形式基本上是相同的。其主要选项的含义见表 6-6。

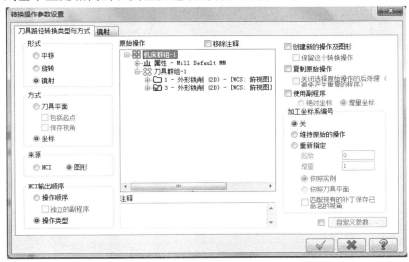

图 6-79 "转换操作参数设置"对话框

表 6-6　　　　　　　　　**"转换操作参数设置"对话框选项说明**

选项	说明
选择原始操作	可以在原始操作窗格内选择一个操作,也可通过按住 Shift 键或 Ctrl 键来选择几个操作
选择转换形式	在"形式"选项栏中选择要转换的类型,包括平移、镜像和旋转
选择转换的方式	在"方式"选项栏中选择转换的方式,包括"刀具平面"和"坐标"两个选项。"刀具平面"以刀具面的变化来实现刀具路径的转换;"坐标"以坐标的变化方式来实现刀具路径的转换
NCI 输出顺序	当选择的原始操作包括不同的操作类型时,可以选择刀具路径的输出顺序-包括按选择操作的顺序和按操作类型排序
加工坐标系编号	可以依据选择的转换类型或转换方式的不同,自动激活此选项栏中的某些设置
来源	有"NCI"和"图形"两个选项

（1）平移刀具路径

如图 6-80（a）所示,已经生成一个圆弧的外形铣削刀具路径,将其平移到另一个圆弧位置完成圆弧轮廓的加工。

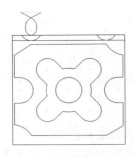

(a)原始刀具路径　　　　　　　　(b)平移刀具路径

图 6-80　平移外形铣削刀具路径

在"转换操作参数设置"对话框"原始操作"窗格内选中"外形铣削"操作后,选择"平移"单选按钮,单击"平移"标签,弹出如图 6-81 所示"平移"选项卡,部分参数含义见表 6-7。在对话框设置平移参数,单击 ✅ 按钮,显示平移后的刀具路径,如图 6-80(b)所示。

图 6-81　"平移"选项卡

表 6-7　　　　　　　　　　　**"平移"选项卡说明**

选项	含义
矩形(直角坐标)	采用直角坐标系的方式平移,选择该选项,则可按 X 方向的间距、Y 方向的间距、X 方向的数量、Y 方向的数量设置平移的间距与数量
两点间	采用点到点的方式进行平移,选择该选项,则可按由两点确定的矢量以及由"步进"文本框设置的数量进行平移
极坐标	采用极坐标的方式进行平移,选择该选项,则可按极坐标和"步进"文本框的设置进行平移操作
两视角间	在两视角间进行平移,选择该选项,可以只选择"转换后的视角"按钮,由当前视角转换至目标视角
双向	采用两方向平移
X 方向的间距	设置在 X 方向平移的距离
Y 方向的间距	设置在 Y 方向平移的距离
X 方向的数量	输入在 X 方向平移的数量
Y 向的平移次数	输入在 Y 方向平移的数量
从...点/到...点	输入平移的起始点坐标和终止点坐标

（2）镜像刀具路径

在"刀具路径转换类型与方式"选项卡"原始操作"窗格内选中"2D 挖槽"操作后，选择"镜射"单选按钮，单击"镜射"标签，弹出如图 6-82 所示"镜射"选项卡。可以选择 X 轴、Y 轴为镜像轴；也可以选中█单选按钮后，单击该按钮，在绘图区选取直线作为镜像轴；也可以选中█单选按钮后，单击该按钮，在绘图区选取两点定义镜像轴；也可以选中█单选按钮，单击该按钮，在绘图区选择极坐标原点，然后输入极半角，定义镜像轴。"镜射点"选项用来输入提供镜像轴的两个基准点的坐标。选中"改变刀具路径方向"复选框后，可使镜像后的刀具路径以相反方向移动，如图 6-83 所示。

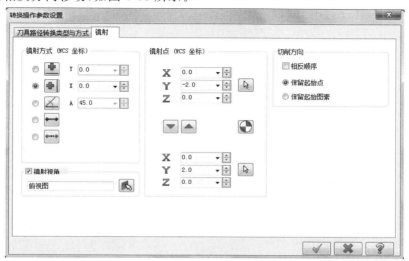

图 6-82　"镜射"选项卡

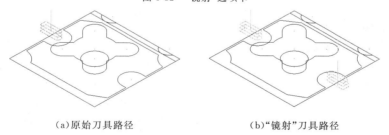

（a）原始刀具路径　　　　　　　　（b）"镜射"刀具路径

图 6-83　"镜射 2D 挖槽"刀具路径

（3）旋转刀具路径

在弹出的"刀具路径转换类型与方式"选项卡中，单击"旋转"单选按钮，选择"旋转"标签，弹出如图 6-84 所示"旋转"选项卡。

旋转的基准点用来设置旋转的中心点，选择"原点"按钮🌑后（此为默认的选项），只能以构图坐标系原点为旋转中心；选择"点"后，可单击"点的选择"按钮🔡，在屏幕中选取一点作为旋转中心，也可以输入坐标点作为旋转中心点。由"次数""起始角度"和"旋转角度"分别设置旋转的次数、起始角度（旋转开始的角度）和旋转角度（两个旋转路径之间的夹角）。选中"视角旋转"复选框，则可单击"视角选择"按钮，在弹出的"视角选择"对话框中选择视角，如图 6-85 所示。

图 6-84 "旋转"选项卡

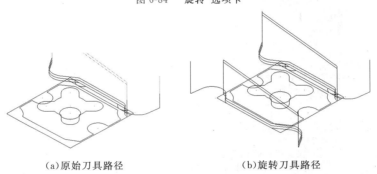

(a)原始刀具路径　　　　　　(b)旋转刀具路径

图 6-85　旋转外形铣削刀具路径

知识拓展

3D 曲面刀具路径的生成比较耗时,MasterCAM X6 可以用线架模型来生成 3D 曲面加工路径,解决了由于硬件原因造成的加工瓶颈,是非常高效的加工方式。线架加工是通过线架模型生成曲面加工刀具路径的方法。采用该方法生成的 NCI 和 NC 文件比较简单,但采用线架加工只能生成几种特殊曲面的加工刀具路径。单击主菜单【刀具路径】→【线架构】命令,显示 MasterCAM 所提供的六种线架构刀具路径,分别为"直纹""旋转""2D 扫描""3D扫描""混式"和"举升"。

1. 直纹加工

该方法生成直纹曲面加工刀具路径。直纹加工能对两个或两个以上的 2D 截面产生线性直纹刀具路径。直纹路径的生成方式和直纹曲面类似,只是最终生成的是刀具路径,而不是直纹曲面。

(1)单击主菜单【文件】→【打开】命令,打开光盘"sample\chap08\直纹加工.MCX"文件,如图 6-86(a)所示。

(2)单击主菜单【刀具路径】→【线架构】→【直纹加工】命令,系统弹出"输入新 NC 名称"对话框,单击"确定"按钮。系统弹出串联选择对话框,依系统提示,顺序选择如图 9-86(a)所示的截面轮廓,注意串联起点在左侧,单击串联选择对话框中的"确定"按钮,结束串联选择。系统弹出"直纹"对话框。

（3）在"刀具参数"选项卡中，从刀具库列表中选择"Steel-MM. Tools"刀具库，在刀具列表中选择 ϕ8 mm 球刀，并设置刀具参数。单击"直纹加工参数"标签，设置直纹加工参数，直纹加工特有的参数含义与前面章节相同，这里不再赘述，单击"确定"按钮，刀具路径如图 9-86(b)所示。设置毛坯后进行实体切削验证。

2. 旋转加工

旋转加工能对 2D 截面绕指定旋转轴产生旋转刀具路径。旋转加工和旋转曲面类似，只是最终生成的是刀具路径，而不是旋转曲面。旋转加工的操作较为简单，启动命令后根据系统提示选择加工截面，然后选择旋转轴上的一点即可。旋转加工特有的参数含义与前面章节相同，这里不再赘述。"旋转轴"选项组：用于指定刀具路径的旋转轴。这里只可以选择 X、Y 轴作为旋转轴，因此要求绘制的 2D 截面只能在顶部构图面。

按照图示几何图形尺寸，绘制如图 6-87(a)所示图形。设置旋转加工参数，单击"确定"按钮，生成的刀具路径如图 6-87(b)所示。

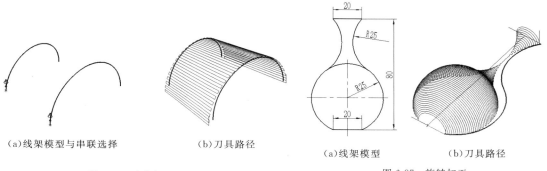

（a）线架模型与串联选择　　　　（b）刀具路径

图 6-86　直纹加工

（a）线架模型　　　　（b）刀具路径

图 6-87　旋转加工

3. 2D 扫描加工

2D 扫描加工能对 2D 截面顺着指定的 2D 路径扫描产生刀具路径。启动命令后根据系统提示先选择扫描截面，然后选择扫路径，再选择扫描截面与扫描路径的交点即可，如图 6-88 所示。2D 扫描加工参数设置除了需要正确设置"预留量""安全高度""校刀长位置"外，重点要设置好"截断方向的切削量"和"截断方向"与"引导方向"的电脑补正位置。2D 扫描加工特有的参数含义与前面章节相同，这里不再赘述。

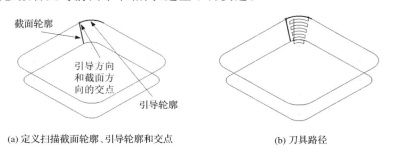

（a）定义扫描截面轮廓、引导轮廓和交点　　　　（b）刀具路径

图 6-88　2D 扫描加工（清角加工）

4. 3D 扫描加工

3D 扫描加工能对 2D 截面顺着指定的 3D 路径扫描产生刀具路径。启动命令后根据系统提示先选择扫描截面，然后选择扫描路径即可，如图 6-89 所示，路径 1 是以圆弧 1 为截面

轮廓,曲线 1 为引导线生成的刀具路径;路径 2 是以圆弧 2 和圆弧 3 为截面轮廓,以曲线 2 为引导线生成的刀具路径。3D 扫描加工特有的参数含义与前面章节相同,这里不再赘述。

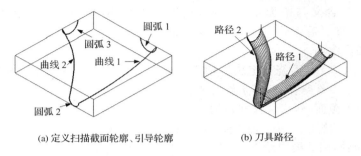

(a)定义扫描截面轮廓、引导轮廓　　　　(b)刀具路径

图 6-89　3D 扫描加工

5.混式加工(昆氏加工)

能对混氏线架所表达的曲面模型产生刀具路径,如图 6-90 所示。生成混氏加工刀具路径的方法与采用手动法绘制混氏曲面方法基本相同。启动命令后根据系统提示先选择切削方向和截断方向的曲面数量,再逐一选择切削方向和截断方向的线架即可。要生成混氏加工刀具路径,除了要设置共有的刀具参数外,同样还要通过混氏加工特有的参数设置选项卡来设置相关参数,各参数的含义与前面章节类似。

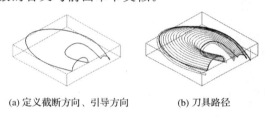

(a)定义截断方向、引导方向　　　　(b)刀具路径

图 6-90　混氏加工

6.举升加工

举升加工能对多个举升截面产生加工刀具路径,如图 6-91 所示。生成举升加工刀具路径的方法与绘制举升曲面方法基本相同。要生成举升加工刀具路径,除了要设置共有的刀具参数外,同样还要通过举升加工特有的参数设置选项卡来设置一组举升加工刀具路径特有的参数。与绘制举升曲面相同,选取的所有串联的起始点都应对齐,且所有串联的方向应相同。

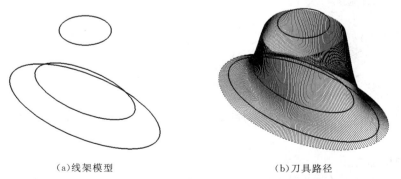

(a)线架模型　　　　　　　　　　(b)刀具路径

图 6-91　举升加工

任务检查

旋钮凸模造型设计与数控加工项目考核指标见表6-8。

表 6-8　　旋钮凸模造型设计与数控加工项目考核指标

任务名称	序号	任务内容	任务标准	分值	得分
旋钮凸模造型设计与数控加工	1	旋钮凸模造型设计	(1)快速、准确地阅读零件图; (2)高效完成旋钮凸模造型设计	15	
	2	工艺过程	(1)分析零件的工艺性,拟订零件加工方案(包括毛坯定位与夹紧,编制工序卡); (3)合理选择刀具,编制刀具卡	15	
	3	刀具路径	选择合理加工刀具路径,编制加工程序,生成 G 代码,编制数控加工程序说明书	40	
	4	仿真结果	利用仿真软件,选择合理设备,完成零件仿真加工并进行精度检测	10	
	5	文件资料	按照任务单准时、齐全、正确地提交相关文件	15	
	6	工作效率及职业操守	工作效率及时间观念、责任意识、团队合作、工作主动性强	5	

情境设计

<table>
<tr>
<td rowspan="2">情境描述</td>
<td>

如图 7-1 所示香皂盒盖，完成凸模设计，编制数控加工程序。该零件为单件加工，材料为 45 钢，要求在数控铣床上进行加工

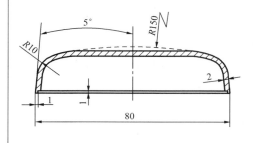

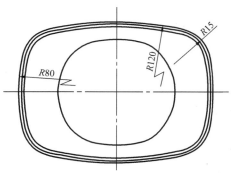

技术要求

1. 工件表面无缺陷，圆角部位无残料。
2. 所有表面粗糙度要求 Ra 3.2 μm。
3. 材料为 45 钢。

图 7-1　香皂盒盖凸模图

</td>
</tr>
</table>

学习任务	1. 查阅机械加工工艺手册、加工中心编程及操作手册等，分析零件图样，明确加工内容及技术要求，确定零件的加工方案。 2. 制定数控加工工艺路线，如工序的划分、加工顺序的安排、与传统加工工序的衔接等，编制数控加工工艺文件。 3. 运用 MasterCAM 完成造型。 4. 编制刀具路径，生成加工程序，并填写好程序卡。 5. 运用仿真软件进行模拟加工

学习目标	知识目标： 　　1.掌握曲面编辑命令的操作方法并能熟练应用。 　　2.数量掌握"曲面残料""环绕等距式"等粗、精加工刀具路径的编制。 能力目标： 　　1.灵活运用相关命令,高效完成零件 CAD 实体建模。 　　2.合理选择曲面粗、精加工刀具路径,完成中等复杂曲面类零件数控加工程序的编制,准确反映工艺要求。 　　3.能够合理安排数控加工工艺,规划优质、高效、低成本的加工工艺规程。 素质目标： 　　1.具有良好的心理素质、健全的人格和健康的身体。 　　2.具有团队合作能力和服务意识,具有较高的职业道德素养。 　　3.具备一定的适应社会和可持续发展能力
教学资源	1.香皂盒盖凸模图、刀具卡、数控加工工序卡、加工程序说明书、机械加工工艺的手册、切削用量手册、通用夹具选用手册等。 2.MASTERCAM 等 CAD/CAM 软件、投影设备、网络化教学环境。 3.通用计算机、课件、黑板、多媒体视频文件等
教学方法	具体方法：项目教学法、讲解法、讨论法、案例分析法。 组织形式：创设学习情境,明确学习任务,教师协调,学生分组；任务引导,知识讲解,操作示范,制订并审核计划,任务总结与交流
学习方法	1.资讯：分析零件信息、加工内容与要求,工艺与程序编制,经济性审查等。 2.计划：三维造型方法选择,数控加工工艺规程的制定,数控加工程序的编制,工艺文件编制,仿真校验,任务实施方案拟订等。 3.决策：选择加工设备零件装夹方法,选择刀具,毛坯准备,确定工艺过程。 4.实施：运用 MasterCAM 完成零件的三维造型,编制零件数控加工程序并校验。 5.检查：三维造型准确性检查,数控加工刀具路径的合理性检查,数控加工程序仿真检查。 6.评估：小组交流,互相问答,书面总结

	序号	名称	数量	格式	内容及要求
学习成果	1	香皂盒盖凸模三维造型文件	1	.MCX	熟练、正确地完成香皂盒盖凸模造型设计
	2	香皂盒盖凸模的数控加工工序卡	1	.doc	产生合理、详细的数控工艺文件
	3	香皂盒盖凸模加工刀具卡		.doc	经济、高效地选用刀具
	4	香皂盒盖凸模刀具路径文件		.MCX	合理编制香皂盒盖凸模的刀具路径
	5	加工程序说明书		.doc	程序简练,运行效率高
	6	香皂盒盖凸模仿真加工结果文件	1	.pj 或 .vpj	仿真准确,按时完成
	7	任务学习小结	1	.doc	检查学习成果,书面总结学习过程中的得失、体会

注：资讯、计划、决策、实施、检查、评估根据实际情况取舍,但应体现教学过程。

工作任务

一、香皂盒盖凸模的加工工艺分析

1.结构分析

该零件轮廓主要由直线、圆弧、曲面等构成,包括凸台、曲面、圆角等特征。图样尺寸标注统一,加工要求明晰,各加工部位结构工艺性符合数控加工特点。

2. 技术要求

本工件曲面部分,尺寸精度、表面粗糙度要求较高,是加工难点,须采用数控加工;零件材料为 45 钢,选择硬质合金类刀具即可满足加工要求。综合考虑经济性以及质量要求,采用普通机床进行产品的半成品加工,利用数控机床进行精加工。

3. 设备选择

该零件加工部位较多,所需刀具较多,为了减少换刀次数,选择数控加工中心进行精加工。零件的加工工艺路径参考机械加工工艺卡。

4. 装夹方案

本工件比较规则,采用机用平口虎钳一次即可装夹即可。装夹时需要找正钳口,合理选择垫铁,保证工件至少高出钳口 18 mm。

5. 机械加工工艺卡(表 7-1)

6. 数控加工工序卡(表 7-2)

7. 数控加工刀具卡(表 7-3)

表 7-1 　　　　　　　　　　　　　机械加工工艺卡

××学院	机械加工工艺卡			产品型号		零件图号		7-1	
				产品名称		零件名称	香皂盒盖凸模	共1页 第1页	
材料	45 钢	毛坯种类	型材	毛坯尺寸/mm	90×80×32	每毛坯可制件数	1	每台件数	备注
工序号	工序名称	工序内容		车间	设备	工艺装备		工时/min	
								准终	单件/s
10	下料	下料		钳工车间	G7025B				
20	铣	粗铣表面,保证高度 31±0.2 mm		机加车间	X5032A	平口钳、硬质合金铣刀			
30	铣	精铣四方,保证毛坯外形尺寸 90 mm×80 mm,精铣上表面台阶,高度方向留 1 mm 余量		机加车间	X5032A	平口钳、硬质合金铣刀			
40	铣	粗铣轮廓		数控车间	VMC850	平口钳、硬质合金铣刀			
50	铣	精铣轮廓		数控车间	VMC850	平口钳、硬质合金铣刀			
60	钳	去除全部毛刺		钳工车间		虎钳、锉刀等			
70	检	按图纸要求全面检验		钳工车间		游标卡尺、深度尺等			
					设计(日期)	校对(日期)	审核(日期)	标准化(日期)	会签(日期)
标记	处数	更改文件号	签字	日期	标记	处数	更改文件号	签字	日期

表 7-2　　　　　　　　　　　　　**数控加工工序卡**

××学院	数控加工工序卡		产品型号		零件图号		7-1	
			产品名称		零件名称		香皂盒盖凸模	
材料牌号	45 钢	毛坯种类	型材	毛坯尺寸		备注		
工序号	工序名称	设备名称	设备型号	程序编号	夹具代号	夹具名称	冷却液	车间
40、50	精铣	加工中心	VMC 850			平口钳	乳化液	机加车间
工步号	工步内容	刀具号	刀具	量、检具	主轴转速/ $(r \cdot min^{-1})$	进给速度/ $(mm \cdot min^{-1})$	背吃刀量/ mm	备注
1	整体开粗	T01	ϕ20 mm 平底刀	游标卡尺	1 200	200	0.5	
2	粗铣整体轮廓面	T02	ϕ10 mm 圆鼻刀	游标卡尺	1 200	200	0.3	
3	半精铣曲面	T03	ϕ10 mm 球刀	游标卡尺	1 500	150	0.1	
4	精铣曲面	T03	ϕ10 mm 球刀	游标卡尺	2 000	150	0	
5	精铣香皂盒盖边	T04	ϕ8 mm 平底刀	游标卡尺	1 500	150	0	
6	精铣分型面	T04	ϕ8 mm 平底刀	游标卡尺	1 500	150	0	
编制		审核				共　页　第　页		

表 7-3　　　　　　　　　　　　　**数控加工刀具卡**

××学院	数控加工刀具卡		产品型号			零件图号		7-1	
			产品名称			零件名称		香皂盒盖凸模	
材料	45 钢	毛坯种类	型材	毛坯尺寸			备注		
工序号	工序名称	设备名称	设备型号	程序编号	夹具代号	夹具名称	冷却液	车间	
50	精铣	加工中心	VMC850			3 爪卡盘	乳化液	数控加工	
工步号	刀具号	刀具 名称	刀具规 格/mm	刀具参数		刀柄型号	刀补地址		换刀 方式
				直径/mm	长度/mm		半径/mm	长度/mm	
1	T01	D20R0 平底刀	ϕ20	20	60	BT40、ER32	D1	H1	自动
2	T02	D10R05 圆鼻刀	ϕ10	10	75	BT40、ER32	D2	H2	自动
3	T03	D10R5 球刀	ϕ10	10	75	BT40、ER32	D3	H3	自动
4	T04	D8R0 立铣刀	ϕ8	8	40	BT40、ER32	D4	H4	自动
编制		审核		批准			共　页	第　页	

二、香皂盒盖凸模的 CAD 建模

1. 启动 MasterCAM X6

进入工作界面,设置绘图环境。

2. 绘制线架

(1)设置视角为俯视图,单击俯视构图面。单击"矩形"命令按钮 ▣ ,以原点与(40,30,0)为对角绘制矩形。单击"切弧"命令按钮 ◔ ,单击操作栏按钮"切一物体"◉ ,输入半径为

"120",在绘图区选取矩形长度"40"的长边相切,指定长边左端点为切点,选择保留下方的圆弧,单击 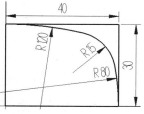 按钮应用或者按 Enter 键确定。同上绘制"半径"为"80"的切弧,与矩形长度为"30"的短边相切,指定短边下端点为切点。修剪去多余线条,并在两圆弧相交处倒"半径"为"15"的圆角,如图 7-2 所示。

图 7-2　绘制矩形与切弧

(2)选择右视构图面。如图 7-3 所示过原点绘制"长度"为"20"的垂直线"OA","长度"为"30"的水平线"AB","长度"为"20"的垂直线"BC"。使用"切弧"命令,绘制过"A"点(切点)与直线"AB"相切的"半径"为"150"的圆弧并修剪。

(3)设置等角视图,选择前视构图面。如图 7-4 所示过"A"点绘制"长度"为"40"的水平线"AD","长度"为"20"的垂直线"DE"。使用"切弧"命令,绘制过"A"点(切点)与直线"AD"相切的"半径"为"150"的圆弧。

(4)单击操作栏"修剪"命令按钮 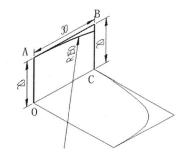,修剪图 7-4,删除多余线段,结果如图 7-5 所示。

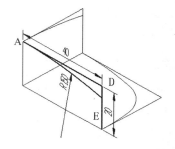

图 7-3　右视图绘制直线与切弧　　图 7-4　前视图绘制直线与切弧　　图 7-5　修剪结果

3. 创建香皂盒盖模具曲面

单击操作栏"创建扫描曲面"命令按钮 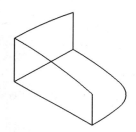,弹出"串联选项"对话框,选择单体按钮 ,如图 7-6(a)所示在绘图区选取截面方向外形,单击 按钮结束选择,单击 按钮确定,接着选取引导方向外形,按 Enter 键确定(注意箭头方向),单击 按钮,生成如图 7-6(b)所示曲面。

(a)选取截面方向以及引导方向外形　　　　(b)生成曲面

图 7-6　扫描曲面

4. 创建香皂盒盖模具实体。

(1)单击操作栏挤出实体按钮 ,如图 7-7 所示选择"挤出的串联图素",按 Enter 键确定,在"挤出串联"对话框中设置挤出方向向上,"挤出距离"为"30",结果如图 7-8 所示。

(2)单击主菜单【实体】→【修剪】命令,弹出"实体修剪"对话框,在"修剪到"选项下选择"曲面"单选按钮,在绘图区中选择扫描曲面作为执行修剪的曲面,单击"修剪另一侧"按钮,可以选择需要保留的实体部分，单击☑按钮完成实体修剪，结果如图 7-9 所示。

图 7-7　选取"挤出串联图素"　　　　图 7-8　挤出实体　　　　图 7-9　实体修剪结果

（3）单击操作栏⊞按钮，在绘图区选择刚才创建的实体图素，单击◉按钮确定，系统弹出"镜像选项"对话框，单击◉ ✛ x 0.0 　按钮，选择"复制"单选按钮，单击☑按钮，完成实体"镜像"。用同样方法再次镜像实体并使用"布尔运算算-结合"命令合并实体，结果如图 7-10 所示。

（4）单击主菜单【实体】→【牵引】命令，选择实体四周侧面为要牵引的实体面，按 Enter 键确认，弹出"实体牵引面的参数"对话框，选择"牵引到实体面"单选按钮，设置牵引"角度"为"5"，单击☑按钮。选择底面平面作为牵引平面，在弹出的"拔模方向"对话框中单击"方向"按钮，调整拔模方向，保证牵引方向向上，单击☑按钮，完成实体牵引。

（5）单击主菜单【实体】→【倒圆角】→【倒圆角】命令，在绘图区选择实体上表面四周边界，按 Enter 键确认，在弹出的"倒圆角参数"对话框中，设置圆角"半径"为"10"，勾选"沿切线边界延伸"复选框，单击☑按钮创建倒圆角特征，结果如图 7-11 所示。

图 7-10　镜像实体　　　　　　　　　　图 7-11　实体倒圆角结果

（6）设置绘图深度"Z"为"18"，绘制"90×90"矩形，单击主菜单【绘图】→【曲面】→【平面修剪】命令，选择刚才绘制的矩形，生成如图 7-12 所示曲面"A"。

（7）单击主菜单【实体】→【修剪】命令，在弹出的对话框中"修剪到"选项下选择"曲面"单选按钮，在绘图区选择曲面"A"作为"要实行修剪的曲面"，单击"修剪另一侧"按钮选择要保留的实体部分，单击☑按钮完成实体修剪，结果如图 7-13 所示。

图 7-12　创建面"A"　　　　　　　　图 7-13　修剪后的实体

5.创建香皂盒盖盖边

（1）单击主菜单【绘图】→【曲面曲线】→【单一边界】命令，如图7-14所示选择实体底部外形轮廓线，单击 ✅ 按钮，创建曲面曲线。

（2）单击操作栏"串联补正"命令按钮 ↰ ，选择底部外轮廓曲面曲线，向外补正"1"。

（3）单击主菜单【实体】→【挤出】命令，在"串联选项"对话框中单击 ⊙⊙⊙ 按钮，在绘图区选择刚才创建的补正曲线，单击 ✅ 按钮，在"挤出串联"对话框中调整方向向上选择"增加凸缘"，设置"挤出距离"为"1"，单击 ✅ 按钮创建挤出实体，结果如图7-15所示。

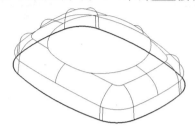

图7-14 创建曲面曲线

图7-15 香皂盒盖实体

6.创建香皂盒盖凸模底座。

（1）单击"矩形"命令按钮 ▣ ，以原点与（0，0，0）为中心绘制"90×80"的矩形。

（2）单击主菜单【实体】→【挤出】命令，单击 ⊙⊙⊙ 按钮，在绘图区选择刚绘制的"90×80"的矩形，在"挤出串联"对话框中，设置挤出方向向下，"挤出距离"为"10"，选择"增加凸缘"，创建底座实体，结果如图7-16所示。

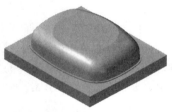

图7-16 完成实体建模

三、香皂盒盖凸模的 CAM 编程

1.预设置

（1）移动实体

①绘制边界盒

设置当前图层为第100层，单击主菜单【绘图】→【边界盒】命令，弹出"边界盒选项"对话框，设置"X延伸0、Y延伸0，Z延伸1"，单击 ✅ 按钮确定，生成边界盒，如图7-17所示。

②用直线连接边界盒顶部对角点，使用"转换平移"命令，移动实体顶部中点到系统原点上。

（2）创建加工曲面

设置当前图层为第110层，关闭其他图层，只留实体层，单击主菜单【绘图】→【曲面】→【由实体生成曲面】命令，选取整个肥皂盒盖盖实体，按Enter键确定，创建加工曲面，单击 ✅ 按钮，完成操作。

（3）绘制加工边界

①设置当前图层为第120层，以（0，0，－18）为中心绘制"110×110"的矩形。

②单击主菜单【绘图】→【曲面曲线】→【所有曲线边界】命令，在绘图区选择图7-18所示曲面"A、B"，按Enter键确认，单击 ✅ 按钮结束命令。

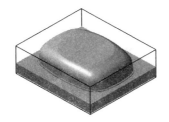

图 7-17　创建边界盒

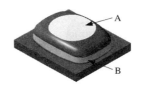

图 7-18　生成边界曲线的曲面

③删除多余线条,最后生成加工边界"A、B、C",如图 7-19 所示。

④单击操作栏"转换平移"按钮🔡,将边界"B"向上平移复制"17"。利用"串联补正"命令将复制得到的曲线朝外补正"10",生成加工边界"D",如图 7-20 所示。

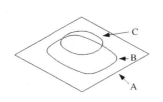

图 7-19　生成加工边界

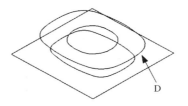

图 7-20　生成加工边界 D

(4)数控加工前半成品的设置。

在"刀具操作管理器"中"刀具路径"选项卡下,展开"属性"选项,单击"素材设置",弹出"机器群组属性"对话框。单击"边界盒",在弹出的"边界盒选项"对话框中,输入"X、Y、Z"三个方向的延伸量分别为"0、0、0",单击☑按钮,回到"机器群组属性"对话框,设置素材原点在(0,0,0)上,单击☑按钮,完成数控加工前半成品的设置毛坯为"90×80×32"。

2. 选择机床类型

单击主菜单【机床类型】→【铣床】→【默认】命令,选择铣床(加工中心)作为加工设备。

3. 整体开粗加工

(1)单击主菜单【刀具路径】→【曲面粗加工】→【粗加工挖槽加工】命令,输入新的 NC 名称"7-1",单击☑按钮。在绘图区选择要挖槽的加工曲面(图 7-21),为了方便选择,可以激活"验证选取"按钮🔳,按 Enter 键结束选择。弹出"刀具路径的曲面选取"对话框,单击"边界范围"下方的选择箭头,在绘图区中选择加工边界"A",单击☑按钮,弹出"曲面粗加工挖槽"对话框。

(2)创建 ϕ20 mm 平底刀,"进给率"为"500","主轴转速"为"1200","下刀速度"为"500"。

(3)设置"曲面参数"选项,"加工面预留量"设置为"0.5",其余参数选择默认。

(4)设置"粗加工参数"选项,"Z 轴最大进给量"为"0.5",勾选"螺旋式下刀",单击"切削深度"按钮,弹出"切削深度设置"对话框,激活"绝对坐标"单选按钮,在"最低位置"后的文本框中输入"-19",其余参数默认。

(5)设置"挖槽参数"选项,选择"高速切削"作为切削方式,其余参数默认。单击☑按钮,生成曲面挖槽刀具路径,仿真结果如图 7-22 所示。

图 7-21 加工曲面　　　　　　　　　　　　图 7-22 粗加工挖槽加工仿真结果

4. 粗加工香皂盒盖凸模

（1）单击主菜单【刀具路径】→【曲面粗加工】→【曲面残料粗加工】命令，在绘图区选择加工曲面，参考图 7-21，按 Enter 键确认，弹出"刀具路径的曲面选取"对话框，单击"边界范围"下方的选择箭头，在绘图区中选择加工边界"A"，单击 ✓ 按钮，弹出"曲面残料粗加工"对话框。

（2）选择 ϕ10 mm 的圆鼻刀，设置"进给率"为"1500"；"主轴转速"为"3000"；"下刀速率"为"500"。

（3）单击"曲面参数"选项，设置"加工面预留量"为"0.3"，其余参数选择默认。

（4）单击"残料加工参数"选项，设置"最大 Z 轴进给量"为"0.2"，"步进量"为"1"，勾选"进/退刀/切弧/切线"复选框，设置圆弧半径为"5"，"扫描角度"为"90"，勾选"允许切弧/切线"超出边界复选框；设置"封闭式轮廓的方向"为"顺铣"，"开放式轮廓的方向"为"双向"；"两区段间的路径过渡方式"为"打断"；勾选"螺旋下刀"，单击"切削深度"，在"切削深度设置"对话框激活绝对坐标，在"最低位置"后的文本框中输入"－19"，其余参数选择默认。

（5）单击"剩余材料参数"选项，参数选择默认，设置完毕，单击 ✓ 按钮，创建"曲面残料粗加工"刀具路径，如图 7-23 所示。

5. 半精加工凸模曲面

（1）单击主菜单【刀具路径】→【曲面精加工】→【精加工熔接加工】命令，在绘图区选择顶部曲面、四周曲面和倒圆角曲面作为加工曲面，选择香皂盒盖盖边及底座上表面为干涉面，参考图 7-24，在绘图区选择图 7-19、图 7-20 所示加工边界"C、D"

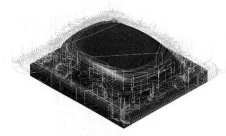

图 7-23 "曲面残料粗加工"刀具路径

为熔接曲线，如图 7-25 所示，按 Enter 键确定，弹出"曲面精加工熔接"对话框。

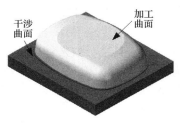

图 7-24 选择加工曲面和干涉面

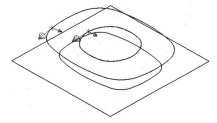

图 7-25 选择熔接曲线

（2）选择 ϕ10 mm 的球刀，"进给率"为"800"，"主轴转速"为"1500"，"下刀速率"为"500"。

（3）单击"曲面参数"选项，设置"加工面预留量"为"0.1"，"干涉面预留量"为"0"。其余参数均选择默认。

（4）单击"熔接精加工参数"选项，设置"整体误差"为"0.01"，"最大步进量"为"1"，"切削方式"选择"螺旋式"，选择"引导方向"和"3D"单选按钮，勾选"限定深度"，设置相对于刀具的"最低位置"为"－18"。设置完毕，单击✅按钮，创建"精加工熔接加工"刀具路径，如图 7-26 所示。

6.精加工香皂盒盖凸模

（1）单击主菜单【刀具路径】→【曲面精加工】→【精加工环绕等距加工】命令，在绘图区选择顶部曲面、四周曲面和倒圆角曲面为加工曲面，在弹出的"刀具路径的曲面选取"对话框中，单击"干涉面"下方选择箭头，在绘图区中选择香皂盒盖盖边及底座上表面为干涉面，参考图 7-24，按 Enter 键确认选择，单击✅按钮，弹出"曲面精加工环绕等距"对话框。

（2）选择 ϕ10 mm 的球刀，设置"进给率"为"800"；"主轴转速"为"1500"；"下刀速率"为"500"。

（3）单击"曲面参数"选项，设置"加工面预留量"为"0"，"干涉面预留量"为"0"。其余参数均选择默认。

（4）单击"环绕等距精加工参数"选项，设置"整体误差"为"0.01"，"最大切削间距"为"0.25"，勾选"限定深度"，设置相对于刀具的"最低位置"为"－18"。设置完毕，单击✅按钮，创建"环绕等距精加工"刀具路径，如图 7-27 所示。

7.精加工香皂盒盒盖盖边

（1）单击主菜单【刀具路径】→【外形铣削】命令，在绘图区选择图 7-19 中的边界"B"为外形串联，按 Enter 键确定，弹出"2D 刀具路径-外形铣削"对话框。

（2）创建 ϕ8 mm 的平底刀，设置"进给率"为"300"；"主轴转速"为"1500"；"下刀速率"为"500"。

（3）单击左侧"XY 轴分层铣削"选项，勾选"XY 轴分层铣削"，设置"粗加工"选项组"次数"为 1，"间距"为"5.0"；"精加工"选项组"次数"为"1"，"间距"为"0.1"，其余参数均选择默认。

8.精加工香皂盒盖凸模分型面

用类似方法完成香皂盒盖凸模分型面的铣削。

9.实体切削验证

在操作管理窗口中单击✍按钮，选择全部操作，然后单击✦按钮，弹出实体切削"验证"对话框，选中"碰撞停止"选项，单击▶按钮，模拟实体加工的结果，如图 7-28 所示，单击✅按钮，返回操作界面。

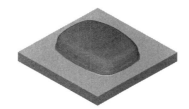

图 7-26　曲面精加工熔接刀具路径　　图 7-27　"环绕等距精加工"刀具路径　　图 7-28　实体切削验证

10.加工程序与加工报表的生成

（1）生成加工程序

选择刀具路径管理器中的某一刀具路径，单击 G1 按钮，单击"后处理程序"对话框✅按钮确认，在弹出的"另存为"对话框中选择存储路径，输入文件名，例如"xiangzaohegai"，单击

"保存"按钮,产生加工程序,并启动 MasterCAM X6 编辑器,可以编辑修改 NC 代码。

(2)生成加工报表

在刀具路径管理器空白处单击鼠标右键,在弹出的快捷键菜单中选择"加工报表",弹出"加工报表"对话框,输入相关信息,单击☑按钮,即可生成加工报表。

四、香皂盒盖凸模数控仿真加工

相关操作参见前面章节。

一、曲面编辑

MasterCAM X6 提供了强大的曲面创建功能,同时也提供了灵活多样的曲面编辑功能,可以利用这些功能方便地完成曲面的编辑工作。

1.曲面倒圆角

曲面倒圆角就是在两组已知曲面之间创建圆角曲面,使两组曲面进行圆角过渡连接。单击主菜单栏【绘图】→【曲面】→【倒圆角】命令,可看到在其下级菜单中有曲面与曲面倒圆角、曲线与曲面倒圆角、曲面与平面倒圆角三种曲面倒圆角方式,其中曲面与曲面倒圆角使用最多。

(1)曲面与曲面倒圆角

绘制一个或多个倒圆角曲面,每个曲面正切于两个原始曲面。打开附盘文件"7_CAD"文件夹中"7-29.MCX"文件,如图 7-29 所示。单击主菜单【绘图】→【曲面】→【倒圆角】→【曲面与曲面】命令,选取"S1"作为第一组曲面,单击●按钮确认,接着选取"S2"作为第二组曲面后按 Enter 键确认,弹出图 7-30 所示"曲面与曲面倒圆角"对话框,主要选项的说明见表 7-4。单击对话框标题栏"展开"按钮▼,展开"变化半径"选项组,各选项的含义见表 7-5。

表 7-4   曲面与曲面倒圆角菜单选项的说明

选项	说明
1⊞ 选取第一曲面	重新选取欲倒圆角的第一组曲面
2⊞ 选取第二曲面	重新选取欲倒圆角的第二组曲面
←⊞→ 切换法向	切换曲面
⊘ 半径	用于输入圆角半径值
⚹ 双向	对未能生成圆角的某些部位,单击"双向"按钮后,选择第一组曲面并指定一点,然后再选择第二组曲面并指定一点
⚑ 选项	单击该按钮,弹出"曲面倒圆角选项"对话框,在此可以设置圆角操作生成结果的类型
修剪	确定是否对原始曲面进行修剪
连接	将生成的多个圆角曲面将合并为一体

表 7-5　　　　　　　　　　　　　　　变化半径参数选项的说明

选项	说明
动态半径	半径标记点的设置可以在所显示的标记中心线的任意位置通过鼠标拖动来实现
中点半径	在两个已知点的连线的中点插入一个标记点
修改半径	通过选取标记点来更改半径
移除半径	清除标记点
循环变更	循环变更半径值

在对话框"圆角"选项下输入圆角半径"10",勾选"修剪",单击 ✔️ 按钮,完成倒圆角操作,如图 7-31 所示。

图 7-29　原始曲面　　　图 7-30　"曲面与曲面倒圆角"对话框　　　图 7-31　曲面与曲面倒圆角

注意:曲面和曲面倒圆角时要仔细检查两组曲面的法线方向,要求两组曲面的法线方向都指向倒圆角曲面的圆心;当两曲面倒圆角时,圆角半径不要设置得太大,否则在两曲面中容纳不下倒圆角曲面。

(2)曲线与曲面倒圆角

在曲面和曲线之间创建一个或多个倒圆角曲面,每个圆角可定义一个半径,位于串联的曲线上,并正切于被选的曲面上。打开附盘文件"7_CAD"文件夹中的"7-34. MCX"文件,如图 7-32 所示。单击主菜单【绘图】→【曲面】→【倒圆角】→【曲线与曲面】命令,选取曲面后按 Enter 键,选取曲线后按 Enter 键(注意串联方向为顺时针方向),弹出"曲面与曲面倒圆角"对话框,"圆角"输入"30"(注意半径值不能选择得太大或者太小,否则无法倒圆角),勾选"修剪",单击 ✔️ 按钮后倒圆角,结果如图 7-33 所示。

(3)曲面与平面倒圆角

在曲面和平面之间创建一或多个倒圆角曲面,每个圆角可定义一个半径,位于两个面相交线上,并正切于选取的曲面上。打开附盘文件"7_CAD"文件夹中的"7-34. MCX"文件,如图 7-34 所示。单击主菜单【绘图】→【曲面】→【倒圆角】→【曲面与平面】命令,在绘图选取四周侧面曲面,按 Enter 键确认,弹出"平面选择"对话框,输入"Z"深度"0",单击 ⟵⟶ 按钮调整平面法线方向,单击 ✔️ 按钮,弹出"曲面与平面倒圆角"对话框,输入"圆角半径""5",勾选"修剪",单击 ✔️ 按钮,创建倒圆角特征,如图 7-35 所示。

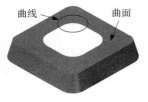
图 7-32　原始曲面

图 7-33　曲面与曲线倒圆角

图 7-34　原始曲面

图 7-35　曲面与平面倒圆角

2. 曲面修整

曲面修整命令可以将已有曲面沿选定边界进行修剪。这一边界可以是曲面、曲线或平面。

(1)修整至曲面

当系统修剪一个曲面时,创建的曲面是一个新的曲面,可以保留或删除原来的曲面。使用该功能可在两套曲面之间修剪曲面。一套曲面只能包括一个曲面,并修剪一套或两套曲面。

打开附盘文件"7_CAD"文件夹中"7-36. MCX"文件,如图 7-36 所示。单击主菜单【绘图】→【曲面】→【曲面修剪】→【修整至曲面】命令,选取四周曲面为"第一个曲面",单击▢按钮或按 Enter 键,选取顶部曲面为"第二个曲面",按 Enter 键。系统弹出"曲面与曲面"操作栏,其主要选项含义见表 7-6。

表 7-6　　　　　　　　　　　　"修整至曲面"操作栏选项的说明

选项	说明	选项	说明
	重新选择曲面 1		重新选择曲面 2
	保留原曲面		删除原曲面
	修剪曲面 1		修剪曲面 2
	同时修剪两个曲面		延伸曲线到边界
	设置分割模式		保留多区域
	使用当前的绘图属性		

在绘图区用光标依次选择如图 7-37 所示的"曲面 1"为第一个曲面,单击"执行"按钮▢,"曲面 2"为第二个曲面,单击"执行"按钮,单击"修剪 1"按钮▨,选择图 7-37 所示的"P1"点位置作为保留区域,单击"确定"按钮,生成如图 7-38(a)所示图形。单击"修剪 2"按钮▨,选择图 7-37 所示的"P2"点位置作为保留区域,单击"确定"按钮,生成如图 7-38(b)所示的图形。单击"两者"按钮▨,选择图 7-38 所示的"P1""P2"点位置作为保留区域,单击"确定"按钮▨,生成如图 7-38(c)所示的图形。

图 7-36　原始图形

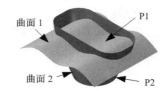
图 7-37　选择曲面

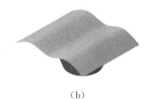

(a)　　　　　　　　　(b)　　　　　　　　　(c)

图 7-38　修整至曲面

（2）修整至曲线

该功能是修剪曲面至曲线（直线、圆弧、样条曲线或曲面曲线）。若修剪曲线不位于曲面上，系统会将曲线投影至曲面上，直到曲线与曲面相交能进行修剪。

打开附盘文件"7_CAD"文件夹中"7-39.MCX"文件，如图 7-39（a）所示。单击主菜单【绘图】→【曲面】→【曲面修剪】→【整至曲线】命令，选取所有曲面后按 Enter 键，串联选取曲线后按 Enter 键，弹出"曲面与曲线"操作栏，选项含义类似于"修整至曲面"命令，在绘图区按照提示选择所需保留的区域，单击鼠标左键，此时修剪后的曲面如图 7-39（b）所示。

(a)原始文件　　　　　　　　　(b)修整结果

图 7-39 修整至曲线

（3）修整至平面

当系统修剪一个曲面，创建的曲面是一个新的曲面，可以保留或删除原来的曲面。使用该功能，能修剪曲面至平面。

打开附盘文件"7_CAD"文件夹中"7-40.MCX"文件，如图 7-40（a）所示。单击主菜单【绘图】→【曲面】→【曲面修剪】→【整至平面】命令，选取曲面后按 Enter 键，弹出"平面选择"对话框，在 Z 后的文本框中输入"25"，单击 ⬅➡ 按钮调整方向，如图 7-40（b）所示，按 Enter 键确定，单击 ✓ 按钮，修剪后的曲面如图 7-40（c）所示。

(a)原始文件　　　　(b)选择曲面与定义平面　　　　(c)修整结果

图 7-40　修整至平面

3. 恢复修剪

曲面在进行修剪后，MasterCAM X6 还提供了"恢复修建"命令来对这些曲面进行处理。"恢复修剪"即撤销对曲面进行的修剪操作，将曲面恢复到以前未修整的状态；"恢复到边界"用于去除曲面的边界曲线，系统自动填补生成边界内的曲面，使原曲面恢复成一个完整的曲面。注意边界必须是曲面本身具有的封闭曲面曲线。

单击主菜单【绘图】→【曲面】→【恢复修剪】命令,选取需恢复的曲面,移动箭头至填充孔的边界,再按鼠标左键,单击 ✓ 按钮,即可恢复被修剪的曲面。

4. 曲面延伸

曲面延伸是将一个曲面沿着其边界延伸,延伸出的曲面在边界处与原始曲面相切,并且曲面的种类、精度与原始曲面相同。

打开附盘文件"7_CAD"文件夹中"7-41. MCX"文件,如图 7-41(a)所示。单击主菜单【绘图】→【曲面】→【延伸】命令,系统弹出"曲面延伸"操作栏,主要选项含义见表 7-7。

在绘图区选取要延伸的曲面,将临时箭头分别移至欲延伸的曲面边界上,如图 7-41(b)所示在延伸边界的另一位置单击或者直接按 Enter 键。在"指定长度"后的列表框中输入"10",单击"确定"按钮,生成如图 7-41(c)所示的曲面。

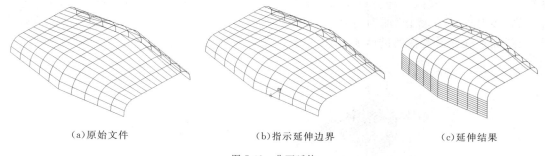

| (a)原始文件 | (b)指示延伸边界 | (c)延伸结果 |

图 7-41　曲面延伸

表 7-7　　　　　　　　　　　　　**"曲面延伸"操作栏选项说明**

选项	说明
![]	线性地按指定长度延伸曲面,该方式不能延伸至平面
![]	根据曲面的曲率延伸曲面
![]	选择该选项则弹出"平面选择"对话框,可以将曲面延伸至一指定平面
![]	该选项后的文本框用来设置曲面要延伸的长度
![]	设置对原曲面的处理方式为保留
![]	设置对原曲面的处理方式为删除

5. 修剪延伸曲面到边界

该命令延伸曲面的边缘,创建一个新的曲面。

打开附盘文件"7_CAD"文件夹中"7-42. MCX"文件,如图 7-42(a)所示。单击主菜单【绘图】→【曲面】→【修剪延伸曲面到边界】命令,系统弹出"修剪延伸边界"操作栏,选取要延伸的曲面,将临时箭头移至欲延伸的曲面边界上,系统提示"显示曲面边缘的第二点",在要延伸边界的另一位置单击,则将这两个点之间的边缘进行延伸,如图 7-42(b)所示,或者直接 Enter 延伸整个曲面边缘。单击操作栏 ☐ 按钮,生成圆角边界。单击 ☐ 按钮,生成斜角边界。单击 ◄——► 按钮,切换要延伸的边缘边界,在操作栏延伸长度按钮后输入"10",单击 ✓ 按钮,延伸后的曲面如图 7-42(c)所示。

6. 曲面熔接

曲面熔接是指将两个或三个曲面通过一定的方式连接起来。曲面熔接和曲面倒圆角都是为了使曲面的连接更加平滑,只是曲面熔接命令更加灵活。MasterCAM X6 提供了两曲

(a) 原始曲面　　　(b) 选择"P1、P2"点之间的边界　　　(c) 修剪延伸结果(选择"P1、P2"点)

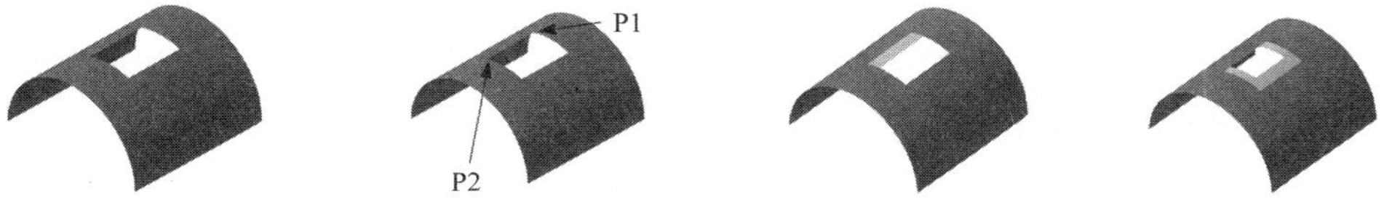

图 7-42　修剪延伸曲面到边界

面熔接、三曲面熔接和三圆角曲面熔接三种方式。

（1）两曲面熔接

使用该功能可以熔接两个曲面去创建第三个曲面，该曲面正切于第一、二个曲面，该功能用于修整凸凹不平外形，可使曲面模型外观更加平滑。

打开附盘文件"7_CAD"文件夹中"7-43.MCX"文件，如图 7-43（a）所示。单击主菜单【绘图】→【曲面】→【两曲面熔接】命令，如图 7-44 所示弹出"两曲面熔接"对话框，主要选项的说明见表 7-8。在绘图区选取曲面，移动箭头到要熔接的位置，单击鼠标左键，生成一条参考 Spline 曲线来标志熔接的起始位置和熔接方向，称为熔接曲线，根据熔接需要在对话框中单击 ⟵⟶ 按钮调整熔接曲线的方向；重复上面步骤，继续选取第二曲面并指定熔接的起始位置和熔接方向，产生第二条参考 Spline 曲线，在"两曲面熔接"对话框设定相关参数，单击 ✓ 按钮，产生如图 7-43（b）所示熔接曲面。

（a）原始文件　　　　　　（b）曲面熔接

图 7-43　两曲面熔接

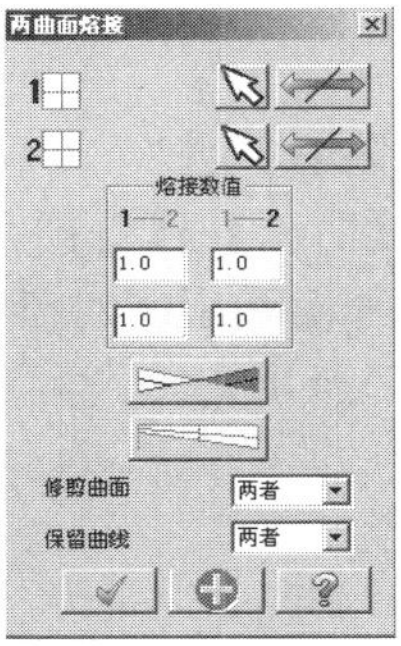

图 7-44　"两曲面熔接"对话框

表 7-8　　　　　　　　　　　　　　"两曲面熔接"对话框选项说明

选项	说明
⟋	重新选取第一、第二曲面
 ⟵⟶	改变熔接曲面方向
熔接数值	设置第一、第二曲面起始点、终点处的熔接等级值，可改变所构建的熔接曲面起始点、终点处的曲面曲率，控制弯曲程度：0(以平面方式)；1~4(数值越大，弯曲程度越大)
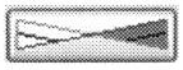 ⟩⟨	扭转熔接曲面
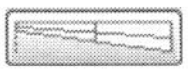 ▱	端点的位置，用于修改熔接曲面的端点位置
修剪曲面	用于设置第一曲面和第二曲面是否要修剪，它提供了四个选项："两者"，两者都修剪；"两者不"，都不修剪；"1"，只修剪第一曲面；"2"，只修剪第二曲面
保留曲线	是否保留熔接曲线，它提供了四个选项："两者"，两者都保留；"两者不"，都不保留；"1"，只保留第一曲面；"2"，只保留第二曲面

（2）三曲面熔接

三曲面熔接是指在三个曲面选定的位置之间构建一个与三个曲面都相切的熔接曲面，将三个曲面光滑地连接起来

打开附盘文件"7_CAD"文件夹中"7-45.MCX"文件，如图7-45（a）所示。单击主菜单【绘图】→【曲面】→【三曲面间熔接】命令，在绘图区选择一曲面并移动箭头到要熔接的位置，生成熔接曲线，指定熔接的起始位置和熔接的方向，注意熔接曲线的方向为曲面的截断方向，如果方向不对，之后在"三曲面熔接"对话框中单击 ⬅➡ 按钮进行调整，按 Enter 键进行确认，同理依次选取其余两个曲面，按 Enter 键后弹出"三曲面熔接"对话框，单击 ✅ 按钮，曲面熔接后如图7-45（b）所示。

（3）三圆角曲面熔接

该功能是熔接三个相交的圆角曲面，创建一个或多个正切于第一至第三曲面。它用于立方体相接的三个圆角曲面进行熔接，系统自动计算熔接曲面的位置正切于三个圆角曲面。

　　　（a）原始文件　　　　　　（b）设置的熔接曲线　　　　　　（c）熔接结果

图7-45　三曲面熔接

打开附盘文件"7_CAD"文件夹中"7-46.MCX"文件，如图7-46（a）所示。单击主菜单【绘图】→【曲面】→【三圆角曲面熔接】命令，在绘图区依次选择三个曲面为圆角曲面，弹出"三圆角曲面熔接"对话框，主要选项说明见表7-9。单击 ✅ 按钮，熔接后的曲面如图7-46（b）所示。

　　　　（a）原始文件　　　　　　　　（b）熔接结果

图7-46　三圆角曲面熔接

表 7-9　　　　　　　　　　　　　"三圆角曲面熔接"对话框选项说明

选项	说明
🔖	重新选取圆角曲面
⊙③ ○⑥	熔接曲面的顺接边（3 或 6），需事先选好
修剪曲面	曲面是否需要修剪
保留曲线	是否需要产生熔接曲线的边界线

7.填补内孔

对已修剪曲面中指定的内孔（完全位于外边界曲面的内部）或外孔（位于修剪曲面边界外部）边界进行填充。系统将在孔边界内产生一个新的修剪曲面来实现填充。填补内孔与恢复边界相似，不同之处在于填补生成的是一个新的曲面。

打开附盘文件"7_CAD"文件夹中"7-47. MCX"文件,如图 7-47(a)所示。单击主菜单【绘图】→【曲面】→【填补内孔】命令,在绘图区选择需要填补洞孔的修剪曲面,曲面表面有一临时的箭头,移动箭头到需要填补的洞孔的边缘,单击鼠标左键,此时洞孔被填补,如图 7-47(b)所示,单击 ☑ 按钮,内孔填补结束。

注意: 如果选择的曲面上有多个孔,则选中孔洞的同时,系统还会弹出"警告"对话框,利用该对话框可以选择是填补曲面内所有内孔,还是只填补选择的内孔,如图 7-47(c)所示为填补所有孔的结果。

　　(a)原始文件　　　　　　　　(b)仅填充选取的内孔　　　　　　(c)填充所有内孔

图 7-47　多内孔时的填充

8. 分割曲面

分割曲面是指将选取的一个曲面,按指定的位置和方向分割为两个曲面。

单击主菜单【绘图】→【曲面】→【分割曲面】命令,系统弹出"分割曲面"操作栏,在绘图区选取曲面,系统在曲面上显示一个临时箭头,移动箭头至要分割曲面的位置按鼠标左键,此时曲面上箭头方向为分割方向,单击操作栏 ⬅━━━➡ 按钮,调整分割方向,单击 ☑ 按钮,完成分割曲面,如图 7-48 所示。

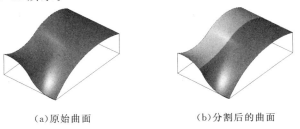

　　(a)原始曲面　　　　　　　　(b)分割后的曲面

图 7-48　分割曲面

二、曲面加工

1. 残料粗加工

一般在粗加工后,往往会留下一些没有加工到的地方。残料粗加工可以针对先前使用较大直径的刀具加工所残留的残料区域用等高加工方式再次加工,以达到精加工前残料高度相同的目的,主要用于二次开粗,缺点是提刀次数多。粗加工残料加工设置与前几种加工模组参数设置内容基本相同,可参考前面的内容进行设置

单击主菜单【刀具路径】→【曲面粗加工】→【粗加工残料加工】命令,按照系统提示在绘图区选择加工曲面,单击 ⬛ 按钮或者按 Enter 键确认,系统弹出"刀具路径的曲面选取"对话框,根据需要选择相应的图素后,单击 ☑ 按钮,系统弹出"曲面残料粗加工"对话框。除了定义残料粗加工特有参数外,还需通过如图 7-49 所示的"剩余材料参数"选项卡来定义残余材料参数。

（1）"剩余材料的计算是来自"

该选项用于设置计算残料粗加工中清除材料的方式。

①"所有先前的操作"：选择该按钮，用前面所有加工操作中不能切削的区域，作为残料粗加工的切削区域。

②"另一个操作"：选择该按钮，仅将某指定加工操作不能切削的区域，作为残料加工需切削的区域。

③"自设的粗加工刀具路径"：根据刀具直径和刀角半径来计算出残料粗加工需切削的区域。

④"STL 文件"：使用该选项，可以指定一个 STL 文件作为残余材料的计算来源。对于以 STL 文件来计算残留材料的残料加工，必须事先以实体造型的方法生成毛坯的几何模型，并存储为 .STL 格式。在完成曲面的选取并弹出"刀具路径的曲面选取"对话框后，可以通过单击"CAD 文件"按钮，在弹出的"打开"对话框中，查找到该文件并单击"打开"按钮将其输入。

⑤"材料的解析度"：可以设置残料粗加工的误差值。输入的数值较小，能紧贴毛坯模型生成光滑的残料粗加工刀具路径；输入的数值较大，能生成快速的但是较粗糙的加工轨迹。

（2）"剩余材料的调整"

用于放大或缩小定义的残料粗加工区域。

①"直接使用剩余材料的范围"：不改变定义的残料粗加工区域，对所计算的所有残料进行切削加工。

②"减小剩余材料的范围"：选择该按钮，可以通过设定"调整的距离"来调整毛坯缩小的距离，使系统输出的残料粗加工刀具路径加工掉大量材料，允许残余较小的尖角材料通过后面的精加工来清除，这种方式可以提高加工速度。

③"增加剩余材料的范围"：选择该按钮，可以通过设定"调整的距离"来调整毛坯扩大的距离，自动扩大剩余材料的加工范围，使系统输出的残料粗加工刀具路径加工掉少量尖角材料。

④"调整的距离"：用于输入一个数值以扩大或者减小被计算的毛坯模型。

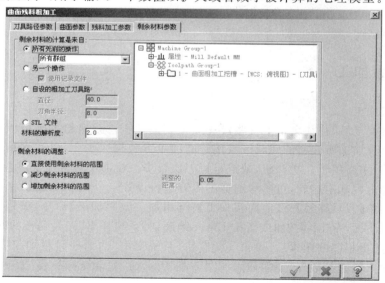

图 7-49 "剩余材料参数"相关设置

2. 钻削式粗加工

钻削式粗加工又称为插削式粗加工,它采用类似于钻孔的方式快速对工件进行粗加工,依曲面外形在 Z 方向下降生成垂直于 XY 平面的刀具加工路径,以迅速去除所有位于曲面与凹槽边界间的材料。其主要用于毛坯与零件的形状相差较大,材料去除量很大、零件深度较大以及陡曲面铣削的粗加工场合。这种加工方式的特点是速度快,但对刀具和机床的要求也比较高,并不是所有的机床都支持。切削时需要专用刀具,刀具中心有冷却液的出水孔,以供钻削时顺利地排屑。粗加工钻削式加工的大部分参数含义及设置方法与前面介绍的相同。

单击主菜单【刀具路径】→【曲面粗加工】→【粗加工钻削式加工】命令,在绘图区选取加工曲面,系统弹出"刀具路径的曲面选择"对话框,根据需要选择相应图素,单击 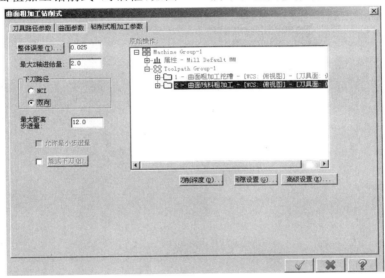 按钮,系统会弹出"曲面粗加工钻削式"对话框,如图 7-50 所示。主要参数含义如下:

图 7-50　"钻削式粗加工参数"相关设置

(1)"整体误差":设定刀具路径与曲面之间的误差。

(2)"最大 Z 轴进给量":设定 Z 方向每刀最大切削深度。

(3)"下刀路径":用于设置钻削下刀点的排序形式,设置钻削路径的产生方式。

①"NCI":参考某一用其他加工方法产生的刀具路径(NCI 文件,如挖槽加工,其中已有刀具的运动轨迹记录)来获取钻削式加工的刀具路径轨迹。钻削的位置会沿着被参考的路径,这样可以产生多样化的钻削顺序。

注意:必须针对同一个表面或同一个区域的加工才行。

②"双向":如选择"双向",会提示选择两对角点决定钻削的矩形范围。刀具的下降深度由要加工的曲面控制,顺着加工区域的形状来回往复运动,刀具在水平方向进给距离由用户在"最大距离步进量"文本框中指定。

(4)"最大距离步进量":设置钻削式加工时相邻两钻削路径之间的距离。

(5)"允许最小步进量":选中该复选框,将在刀具路径的某些位置(如转弯处)适当增加钻削点。

3. 环绕等距精加工

环绕等距精加工是指刀具在加工多个曲面零件的时候,刀具路径沿曲面环绕并且相互等距,即残留高度固定。它与流线加工类似,是根据曲面的形态决定切除深度,而不管毛坯是何形状。环绕等距精加工产生的刀具路径在平缓的曲面及陡峭的曲面的刀间距相对较为均匀,适用于曲面斜度变化较大的零件的半精加工和精加工,多用于当毛坯已经很接近零件时。相对于流线加工,环绕等距允许沿一系列不相连的曲面产生刀具路径。该组参数的设置与前面介绍过的对应参数设置方法相同。

单击主菜单【刀具路径】→【曲面精加工】→【精加工环绕等距加工】命令,在绘图区选择需要加工的曲面,单击 按钮或者按 Enter 键确认,系统弹出"刀具路径的曲面选取"对话框,根据需要选择相应图素,设置边界范围,单击 按钮,系统弹出"曲面精加工环绕等距"对话框,单击"环绕等距精加工参数"标签,显示"环绕等距精加工参数"选项卡,如图 7-51 所示。特有参数如下:

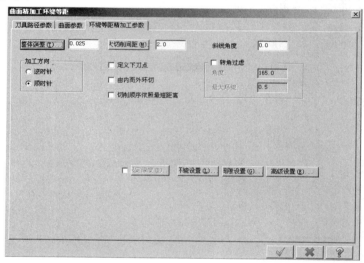

图 7-51　"曲面精加工环绕等距"对话框

(1)"斜线角度":用于设置生成的刀具切入运动轨迹和刀具在加工轨迹间横向移动时的移动轨迹与 X 轴的夹角。

(2)"转角过滤":可以将刀具路径在转角处的尖角过渡变为平滑的曲线过渡。

4. 熔接精加工

熔接精加工是指针对由两条曲线决定的区域,将两条曲线内形成的刀具路径投影到曲面上形成的精加工刀具路径。需要选取两条曲线作为熔接曲线。常用于包含两个或者多个混合过度曲面的零件加工。

单击主菜单【刀具路径】→【曲面精加工】→【精加工熔接加工】命令,在绘图区选择需要加工的曲面,单击 按钮或者按 Enter 键确认,系统弹出"刀具路径的曲面选取"对话框,单击"选择熔接曲线"选项下的箭头,在绘图区选择熔接曲线,单击 按钮,系统弹出"曲面精加工　熔接"对话框,选择"熔接精加工参数"选项卡,如图 7-52 所示。

(1)熔接线的选取

选取的两条熔接曲线可以是开放式串联,也可以是封闭式串联;其中之一还可以是一个点。

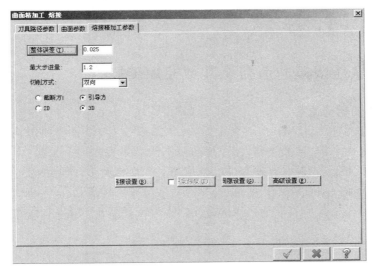

图 7-52 "熔接精加工参数"选项卡

（2）熔接精加工参数的设置

①"切削方式"：有"螺旋线""双向"以及"单向"三种切削方式。

②"截断方向/引导方向"：用于设置熔接加工刀具路径沿曲面运动的融合形式。其中"截断方向"用于控制熔接方向垂直于串联的方向。设置刀具路径与截断方向同向，即生成一组横向刀具路径；"引导方向"用于控制熔接方向平行于串联的方向。设置刀具路径与引导方向相同，即生成一组纵向刀具路径。

（3）"2D/3D"：当选择生成纵向刀具路径时，出现此选项。可选择二维或三维纵向刀具路径。

（4）"熔接设置"：选择"引导方向"时，"熔接设置"被激活。单击其按钮，系统弹出"引导方向熔接设置"对话框，如图 7-53 所示，用于引导方向熔接设置。

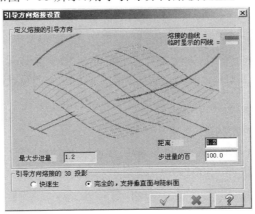

图 7-53 "引导方向熔接设置"对话框

①"最大步进量"：可以设置刀具沿引导方向移动的步进量。

②"引导方向熔接的 3D 投影"：当选择"快速生成"时，可以加快生成刀具路径的速度；当选择"完全的，支持垂直面与陡斜面"时，可保证刀具以适当的运动对垂直面或陡斜面进行加工。

知识拓展

一、香皂盒盖凹模的造型及其数控加工

1. 香皂盒盖凹模的造型

（1）打开附盘文件"7_CAD"文件夹中"7-24. MCX"文件，设置俯视图构图面，打开实体层，关闭其他图层。单击"转换平移"命令将凸模实体沿 Z 方向向上平移"19"。

（2）单击主菜单【实体】→【修剪】命令，选取 XY 平面修剪去凸模底座。

（3）设置构图面为前视图，用"旋转"命令将绘图区中实体旋转180°，如图 7-54 所示。

（4）删除原有实体及多余曲面。单击主菜单【实体】→【抽壳】命令向外抽壳，"厚度"为"2"，如图 7-55 所示。

图 7-54　旋转后实体　　　　　　　图 7-55　抽壳后实体

（5）绘制以（0，0，0）为中心的"90×80"的矩形，单击主菜单【实体】→【挤出】命令，串联矩形，向下"挤出距离"为"30"，挤出实体如图 7-56 所示。

（6）单击主菜单【实体】→【布尔运算-切割】命令对两实体进行布尔运算，切割结果如图 7-57 所示。香皂盒盖凹模 CAD 建模完毕。

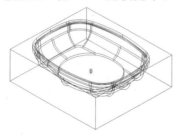 

图 7-56　挤出矩形实体　　　　　　图 7-57　香皂盒盖凹模

2. 香皂盒盖凹模的数控加工

香皂盒盖凹模的数控加工请参照前面章节完成以下内容：

（1）分析零件的工艺性，拟订零件加工方案（包括毛坯定位与夹紧）。

（2）编制工序卡。

（3）合理选择刀具，编制刀具卡。

（4）选择合理加工刀具路径，编制加工程序，生成 G 代码。

（5）利用仿真软件，选择合理设备，完成零件仿真加工并进行精度检测。

二、MasterCAM 刀具路径

MasterCAM 刀具路径总结见表 7-10。

表 7-10　　　　　　　　　　　**MasterCAM 刀具路径总结**

加工方式	粗加工	精加工	刀具路径	特点
平行铣削加工	√	√	对曲面进行平行、分层切削，加工出的工作表面呈平行条纹状	适用于较平坦的曲面加工，但由于提刀次数多，刀路计算时间长，粗加工效率较低，一般很少采用。而精加工平行铣削适用范围广，通常作为精加工的首选
放射状加工	√	√	以指定点为径向中心，进行放射状分层切削粗加工，加工出的工作表面呈放射状	适用于圆形曲面加工，但由于刀路径向加工，重叠刀路多，提刀次数多，刀路计算时间长，粗加工效率低，精加工与粗加工相似
投影加工	√	√	将存在的刀具路径或几何图形投影到曲面上产生粗切削刀具路径	适用于产品的装饰加工。投影加工的精加工与粗加工相似
流线加工	√	√	顺着曲面流线方向产生粗切削刀具路径	适用于曲面流线非常明显的曲面加工。曲面流线精加工往往能获得很好的加工效果。当曲面较陡时，加工质量明显好于一般的平行加工
等高外形加工	√	√	刀具沿着曲面等高曲线逐层切削曲面	适用于具有较大坡度的曲面加工，对于复杂曲面加工效果显著，是曲面粗加工的常用方法之一。精加工与粗加工相似
残料加工	√	√	刀具对加工不到的凹槽、拐角区域进行加工	一般采用较小刀具，但由于刀具路径生成比较慢，一般不常采用，而用挖槽代替。精加工与粗加工相似
挖槽加工	√		与二维挖槽加工相似，按照指定挖槽方式进行加工	设置操作简单，刀路计算时间短，刀具负载均匀，工作效率高，几乎将曲面所需要加工的都清除干净，是曲面粗加工首选刀路
钻削式加工	√		刀具连续的在毛坯上采用类似于钻孔的方式来去除材料	加工速度快，但对刀具和机床的要求比较高，用于工件材料宜采用钻削加工的场合
平行陡斜面加工		√	对粗加工后较陡的曲面上留下的残留材料进行加工	适用于较陡曲面的残料清除，适合与其他加工方法配合使用
浅平面加工		√	与等高外形加工相似	在大多数精加工时，往往会对平坦部分的加工不够，因此需要在后面使用浅平面精加工来保障加工质量，适用于坡度较小的曲面加工
交线清角加工		√	对曲面间的交角处的残余材料进行加工	用于清除曲面间交角处的残余材料，它相当于在曲面间增加一个倒圆面
环绕等距加工		√	刀具在加工多个曲面零件时，刀具路径沿曲面环绕并且相互等距，即残留高度固定	适用于曲面变化较大的零件，多用于当毛坯已经很接近零件时。其刀路均匀，但计算时间长，效率较低
熔接加工		√	生成一组横向或纵向的精加工路径	适用于对两个混合边界区域进行加工

任务检查

香皂盒盖凸模造型设计与数控加工项目考核指标见表 7-11。

表 7-11　　　　香皂盒盖凸模造型设计与数控加工项目考核指标

任务名称	序号	任务内容	任务标准	分值	得分
香皂盒盖凸模造型设计与数控加工	1	香皂盒盖凸模造型设计	(1)快速、准确地阅读零件图； (2)高效完成香皂盒及其凸、凹模造型设计	15	
	2	工艺过程	(1)分析零件的工艺性，拟订零件加工方案(包括毛坯定位与夹紧，编制工序卡)； (2)合理选择刀具，编制刀具卡	15	
	3	刀具路径	选择合理加工刀具路径，编制加工程序，生成 G 代码，编制数控加工程序说明书	40	
	4	仿真结果	利用仿真软件，选择合理设备，完成零件仿真加工并进行精度检测	10	
	5	文件资料	按照任务单准时、齐全、正确地提交相关文件	15	
	6	工作效率及职业操守	工作效率及时间观念、责任意识、工作主动性强	5	

 情 境 设 计 ----------------------------▶

情境描述

如图 8-1 所示薄壁配合零件，材料为 45 钢，已经获得其三维造型（8.iges），为了提高工作效率，不需要重新构建三维模型，采用 MasterCAM 进行数控加工程序编制。该零件为小批量生产，建议在数控铣床上进行加工

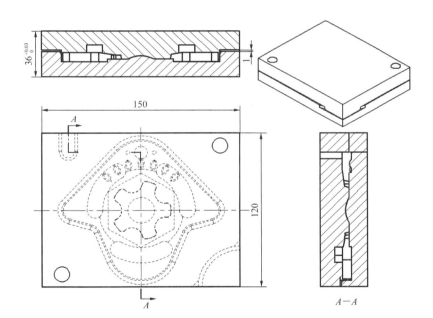

(a)装配图

图 8-1　薄壁配合零件图 1

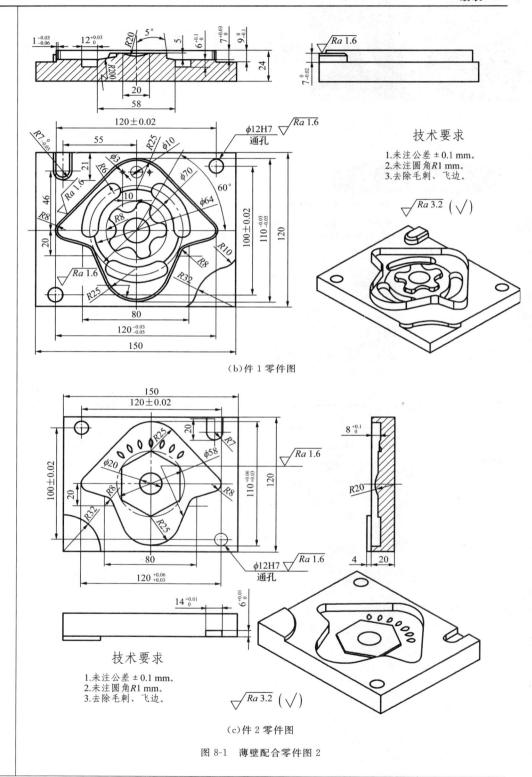

（b）件1零件图

技术要求

1.未注公差±0.1 mm。
2.未注圆角R1 mm。
3.去除毛刺、飞边。

（c）件2零件图

技术要求

1.未注公差±0.1 mm。
2.未注圆角R1 mm。
3.去除毛刺、飞边。

图 8-1　薄壁配合零件图 2

续表

学习任务	1.查阅机械加工工艺手册、加工中心编程及操作手册等,分析零件信息,确定毛坯,规划加工路线。 2.分析技术要求,确定加工工艺,编制工艺文件。 3.运用 MasterCAM 完成实体造型。 4.编制刀具路径,生成加工程序,并填写程序卡。 5.运用仿真软件加工模拟
学习目标	知识目标: 　1.熟悉 CAD/CAM 编程的一般步骤。 　2.掌握 CAD 软件之间典型数据的交换与应用。 　3.灵活、熟练地运用 MasterCAM 完成三维造型设计与数控自动编程。 能力目标: 　1.能够选择设备、刀具、夹具、量具与切削用量,能编制数控加工工艺卡。 　2.能够正确编制程序并进行程序的调试与检验。 　3.掌握 CAD/CAM 的基本知识,能够应用 CAD/CAM 软件进行自动编程、完成中等复杂程度零件的后置处理。 素质目标: 　1.具有较强的自我控制能力和团队协作能力,有较强的责任感和认真的工作态度。 　2.做到安全文明生产。 　3.具有查找资料、文献获取信息的能力,具有较好的分析和解决问题的方法能力
教学资源	1.零件图、刀具卡、数控加工工序卡、加工程序说明书、机械加工工艺的手册、切削用量手册等。 2.MASTERCAM 等 CAD/CAM 软件、投影设备、网络化教学环境。 3.通用计算机、课件、黑板、多媒体及视频文件
教学方法	具体方法:任务驱动法、讲授法、引导文法、讨论教学法、案例分析法。 组织形式:创设学习情境,分析学习任务,自愿分工;获取资讯的方法;相关知识学习、任务实施,结果检查与交流
学习方法	1.资讯:分析零件信息、技术要求、工艺与程序编制方法、设备技术参数及特点等信息。 2.计划:三维造型方法确定,数控加工工艺规程的制定、数控加工程序的编制、仿真校验、数控加工工艺文件编制,制订总体工作计划等。 3.决策:确定加工设备,零件的装夹方法,刀具的选用,毛坯的大小,确定数控加工工艺。 4.实施:运用 MasterCAM 完善 CAM 模型,完成零件的数控编程,输出加工程序并校验。 5.检查:三维造型的准确性检查,数控加工刀具路径的合理性检查,数控加工仿真。 6.评估:小组成果展示。反思工作过程并交流

学习成果	序号	名称	数量	格式	内容及要求
	1	薄壁零件三维造型文件	1	.MCX	熟练、正确地完成盖板零件造型设计
	2	薄壁零件的数控加工工序卡	1	.doc	数控加工工艺经济、合理、详细
	3	薄壁零件加工刀具卡		.doc	刀具选用合理、高效
	4	薄壁零件刀具路径文件		.MCX	合理编制薄壁零件的刀具路径
	5	加工程序说明书		.doc	程序精练,准确反映数控加工工艺
	6	薄壁零件仿真加工结果文件	1	.pj 或 .vpj	准时完成仿真,编辑优化 NC 程序
	7	任务学习小结	1	.doc	检查学习成果,书面总结学习过程中的得失、体会

注:资讯、计划、决策、实施、检查、评估根据实际情况取舍,但应体现教学过程。

工作任务

一、薄壁配合零件的加工工艺分析

1. 结构分析

如图 8-1(a)、图 8-1(b)所示,该零件带有薄壁特征,要求两零件能够实现薄壁配合和高度方向配合,零件特征包括直线以及圆弧轮廓、凸台、孔、腔槽以及一些曲面特征。

2. 技术要求

该薄壁配合件尺寸公差为 0.02~0.03 mm,要求较高,凸台薄壁厚度为 1 mm,容易变形。件 1 凸台上表面、薄壁侧面以及通孔表面粗糙度要求 $Ra\ 1.6\ \mu m$,件 2 孔以及腔槽侧壁表面粗糙度要求 $Ra\ 1.6\ \mu m$,其余部位表面粗糙度要求均为 $Ra\ 3.2\ \mu m$。工件加工部位较多,工件材料为 45 钢,没有热处理要求。

3. 设备选择

该零件在普通铣床上完成了半成品加工。由于加工部位较多,所需刀具较多,为了减少换刀次数,选择数控加工中心进行精加工,刀具选择硬质合金刀具。为了保证薄壁以及配合精度,总体按照先里后外、先粗后精、先面后孔的原则划分工序。薄壁部分的加工,首先去除受力较大部位的余量,获得相对均匀的加工余量,再实施粗、精加工。选用较小的刀具,选择高转速、小切深、中进给的切削用量进行分层加工,采用圆弧切向进、退刀,轮廓切向进刀,以减小薄壁轮廓受力变形。零件的加工工艺路径参考机械加工工艺卡。

4. 装夹方案

件 1、件 2 轮廓规则,采用机用平口虎钳一次装夹。装夹时需要找正钳口,合理选择垫铁,保证工件至少高出钳口 10 mm。

5. 机械加工工艺卡(表 8-1、表 8-2)

6. 数控加工工序卡(表 8-3、表 8-4)

7. 数控加工刀具卡(表 8-5)

表 8-1 件 1 机械加工工艺卡

××学院	机械加工工艺卡		产品型号		零件图号		8-1(a)		
			产品名称		零件名称	件 1	共 1 页	第 1 页
材料	45 钢	毛坯种类	型材	毛坯尺寸/mm	152×122×25	每毛坯可制件数	1	每台件数	备注
工序号	工序名称	工序内容		车间	设备	工艺装备		工时/min	
								准终	单件
10	铣	铣六方,保证 152 mm×122 mm×25 mm		机加车间	X5032A				
20	铣	精铣四方,保证毛坯外形尺寸 150 mm×120 mm,高度方向留 1 mm 余量		机加车间	X5032A	平口钳、游标卡尺、游标深度尺、硬质合金铣刀			
30	铣	粗铣薄壁内、外轮廓。凸台轮廓以及曲面特征,余量 0.3 mm		数控车间	VMC 850	平口钳、游标卡尺、游标深度尺、硬质合金铣刀			

××学院		机械加工工艺卡		产品型号		零件图号		8-1(a)		
				产品名称		零件名称	件 1		共 1 页	第 1 页
材料	45 钢	毛坯种类	型材	毛坯尺寸/mm	152×122×25	每毛坯可制件数	1	每台件数		备注
工序号	工序名称	工序内容		车间	设备	工艺装备		工时/min		
								准终	单件	
40	铣	半精铣薄壁内、外轮廓、凸台轮廓以及曲面特征,留余量 0.1 mm		数控车间	VMC 850	平口钳、游标卡尺、游标深度尺、硬质合金铣刀				
50	铣	精铣凸台轮廓、腔槽以及曲面特征		数控车间	VMC 850	平口钳、游标卡尺、游标深度尺、硬质合金铣刀				
60	铣	精铣薄壁		数控车间	VMC 850	平口钳、游标卡尺、游标深度尺、硬质合金铣刀				
70	铰	钻 φ10 mm 的孔,铰 φ12 mm 的孔		数控车间	VMC 850	平口钳、游标深度尺、铰刀				
80	钳	去除全部毛刺		钳工车间		虎钳、锉刀等				
90	检	按零件图要求全面检验		钳工车间		游标卡尺、深度尺等				
					设计（日期）	校对（日期）	审核（日期）	标准化（日期）		会签（日期）
标记	处数	更改文件号	签字	日期	标记	处数	更改文件号	签字	日期	

表 8-2　　　　　　　　　　　　　件 2 机械加工工艺卡

××学院		机械加工工艺卡		产品型号		零件图号		8-1(b)		
				产品名称		零件名称	件 2		共 1 页	第 1 页
材料	45 钢	毛坯种类	型材	毛坯尺寸/mm	152×122×25	每毛坯可制件数	1	每台件数		备注
工序号	工序名称	工序内容		车间	设备	工艺装备		工时/min		
								准终	单件	
10	铣	铣六方,保证 152 mm×122 mm×25 mm		机加车间	X5032A	平口钳、游标卡尺、游标深度尺、硬质合金铣刀				
20	铣	粗铣四方表面,保证毛坯外形尺寸 150 mm×120 mm,高度方向留余量 1 mm		机加车间	X5032A	平口钳、游标卡尺、游标深度尺、硬质合金铣刀				
30	铣	精铣槽内、外轮廓以及曲面特征		数控车间	VMC 850	平口钳、游标卡尺、游标深度尺、硬质合金铣刀				
40	铣	精加工槽底面和曲面特征		数控车间	VMC 850	平口钳、游标卡尺、游标深度尺、硬质合金铣刀				
50	铣	精铣腔槽侧面		数控车间	VMC 850	平口钳、游标卡尺、游标深度尺、硬质合金铣刀				

续表

××学院	机械加工工艺卡		产品型号		零件图号	8-1(b)		
			产品名称		零件名称	件2	共1页	第1页

材料	45钢	毛坯种类	型材	毛坯尺寸/mm	152×122×25	每毛坯可制件数	1	每台件数		备注

60	铰	铰 φ12 mm 的孔	数控车间	VMC 850	平口钳、游标卡尺、游标深度尺、硬质合金铣刀
70	钳	去毛刺	钳工车间		虎钳、锉刀等
80	检	按零件图要求全面检验	钳工车间		游标卡尺、深度尺等

					设计(日期)	校对(日期)	审核(日期)	标准化(日期)	会签(日期)

标记	处数	更改文件号	签字	日期	标记	处数	更改文件号	签字	日期	

表 8-3   **件 1 数控加工工序卡**

××学院	数控加工工序卡		产品型号		零件图号	8-1(a)		
			产品名称		零件名称	件1		

材料牌号	45钢	毛坯种类		型材	毛坯尺寸		备注			
工序号	工序名称	设备名称		设备型号	程序编号	夹具代号	夹具名称	冷却液	车间	
30～70	精铣	加工中心		VMC 850			平口钳	乳化液	数控车间	

工步号	工步内容	刀具号	刀具	量、检具	主轴转速/(r·min⁻¹)	进给速度/(mm·min⁻¹)	背吃刀量/mm	备注
1	精铣零件上表面	T01	φ80 mm 面铣刀	游标卡尺	600	80	0.5	
2	粗铣薄壁内、外轮廓、凸台以及曲面特征，留余量0.3 mm	T03	φ10 mm 圆鼻刀	游标卡尺	3 000	1 200	0.2	
3	半精铣薄壁内轮廓、腔槽及其曲面特征，留余量0.1 mm	T04	φ8 mm 圆鼻刀	游标卡尺	3 000	1 500	0.2	
4	精铣曲面特征	T05	φ6 mm 球铣刀	游标卡尺	2 500	1 000	0.1	
5	精铣腔槽	T11	φ3 mm 立铣刀	游标卡尺	1 500	400	0.2	
6	精铣凸台	T09	φ8 mm 立铣刀	游标卡尺	3 000	1 500	0.2	
7	精铣薄壁内轮廓	T11	φ3 mm 立铣刀	游标卡尺	1 500	400	0.2	
8	精铣薄壁外轮廓	T09	φ8 mm 立铣刀	游标卡尺	3 000	1 500	0.2	
9	钻 φ10 mm 孔	T08	φ10 mm 麻花钻	游标卡尺	300	60	5	
10	铰 φ12 mm 孔	T10	φ12 mm 铰刀	游标卡尺	300	75	0.15	
编制		审核					共 页 第 页	

表 8-4　　　　　　　　　　　　　　**件 2 数控加工工序卡**

××学院		数控加工工序卡		产品型号			零件图号		8-1(b)	
				产品名称			零件名称		件 2	
材料牌号	45 钢	毛坯种类		型材	毛坯尺寸			备注		
工序号	工序名称	设备名称	设备型号	程序编号		夹具代号		夹具名称	冷却液	车间
30～60	精铣	加工中心	VMC 850					平口钳	乳化液	数控车间
工步号	工步内容	刀具号	刀具	量、检具	主轴转速/ (r·min⁻¹)		进给速度/ (mm·min⁻¹)		背吃刀量/ mm	备注
1	精铣零件上表面	T01	φ80 mm 面铣刀	游标卡尺	600		80		0.5	
2	粗铣内轮廓、凸台轮廓、六边形凸台及其曲面特征	T03	φ10 mm 圆鼻刀	游标卡尺	3 000		1 200		0.2	
3	精铣凸台轮廓	T04	φ8 mm 圆鼻刀	游标卡尺	3 000		1 500		0.2	
4	精铣凹槽	T04	φ8 mm 圆鼻刀	游标卡尺	3 000		1 500		0.2	
5	半精铣腔槽侧壁	T02	φ10 mm 立铣刀	游标卡尺	1 500		500		0.1	
6	精铣腔槽及其底面	T02	φ10 mm 立铣刀	游标卡尺	1 500		500		0.1	
7	精铣曲面特征	T05	φ6 mm 球铣刀	游标卡尺	1 200		150		0.1	
8	φ12 mm 孔粗加工	T07	φ11.8 mm 麻花钻	游标卡尺	300		60		5	
9	φ12 mm 孔精加工	T10	φ12 mm 铰刀	游标卡尺	350		75		0.15	
编制			审核				共　页　第　页			

表 8-5　　　　　　　　　　　　**件 1、件 2 数控加工刀具卡**

××学院		数控加工刀具卡		产品型号			零件图号		8-1	
				产品名称			零件名称		薄壁配合零件	
材料	45 钢	毛坯种类		型材	毛坯尺寸	152×122×25		备注		
工序号	工序名称	设备名称	设备型号	程序编号		夹具代号	夹具名称	冷却液		车间
50	精铣	加工中心	VMC850				3 爪卡盘	乳化液		数控加工
工步号	刀具号	刀具名称	刀具规格/mm	刀具参数		刀柄型号	刀补地址			换刀方式
				直径/mm	长度/mm		半径/mm		长度/mm	
1	T01	D80R0 面铣刀	φ80	80	60	BT40、ER32	D1		H1	手动
2	T02	D10 R0 立铣刀	φ10	10	45	BT40、ER32	D2		H2	手动
3	T03	D10 R05 圆鼻刀	φ10	10	70	BT40、ER32	D3		H3	手动
4	T04	D8 R04 圆鼻刀	φ8	8	65	BT40、ER32	D4		H4	手动
5	T05	D6R3 球铣刀	φ6	6	60	BT40、ER32	D5		H5	手动
6	T06	中心钻	φ6	6	40	钻夹头				手动
7	T07	麻花钻	φ11.8	11.8	110	钻夹头				手动
8	T08	麻花钻	φ10	10	75	钻夹头				手动
9	T09	D8R0 立铣刀	φ8	8	70	BT40、ER32	D9		H9	手动
10	T10	铰刀	φ12	12	45	BT40、ER32				手动
11	T11	D3R0	φ3	3	60	BT40、ER32	D11		H11	手动
编制			审核		批准		共　页		第　页	

二、模型数据的读取

1. 读取文件

单击主菜单【文件】→【打开文件】命令,打开附盘文件"8_CAD"文件夹,将"文件类型设置"为"＊．x_t",选中"8-1．x_t"文件,单击 ☑ 按钮确认,即可打开"8-1．x_t"文件。按"Alt＋S"键对零件着色并按 F9 键显示坐标系及原点,结果如图 8-2 所示。

说明:转换过来的图形有时候有一些多余的线条,需要使用删除命令删除多余的线条。

图 8-2　打开并着色零件

2. 设置图层

单击状态栏"图层"按钮,在 1 号图层后"层别名称"文本框中输入"solid",创建 2 号图层,命名为"surf",新建 3 号图层,名称为"aux"。

三、模型的分析与修整

1. 翻转零件

导入的零件所处位置一般不会正好处在所需的工作坐标系原点,这时需对零件进行平移和旋转。

设置构图模式为"3D",单击主菜单【绘图】→【边界盒】命令,设置长、宽方向的"延伸量"为"5",单击 ☑ 按钮确定,将图层设为 3 层,利用直线命令绘制边界盒上表面的对角线。单击主菜单【转换】→【3D 平移】命令,选取所有图素,按 Enter 键确认,在"3D 平移选项"对话框中选择合适的选项,单击 ☑ 按钮确定,完成所有图素的翻转。

2. 平移零件

单击"转换平移"按钮 ⊡,选择所有图素,按 Enter 键,弹出"平移"对话框,选择"移动"选项,选择从一点到另一点的"第一点" ⊞,设置点选择方式为"中点" ⯌,选择上表面对角线,选择要平移到的终点,设置点选择方式为"原点",单击 ☑ 按钮确定,清除颜色,结果如图 8-3 所示。

3. 抽取曲面并修补

为了便于编程,一般需要将文件转换过程中残缺的面以及无须加工的特征孔以曲面的形式进行修补。件 1 零件上两个 $\phi 3$ mm 的小孔特征需要用其他工艺手段加工,本工序只对凸台、薄壁、腔槽及其曲面特征进行加工,所以事先需要将这些孔进行补面填充。

（1）单击主菜单【绘图】→【曲面】→【由实体生成曲面】命令,在绘图区选择导入的实体零件,单击 ⬭ 按钮确定,单击 ☑ 按钮确认,完成曲面的抽取。

（2）单击操作栏"修整至曲面 ⬡"下拉箭头,选择"填充曲面内孔 ▦",选择需要填充的孔所在曲面,依提示选择要填补内孔的边界,确认是否选择填补所有内孔,这里选择"否",单击"应用"按钮 ⊞。同样选择第二个要填补孔的面,选择边界,选择"否"不填充该平面上的所有内孔,单击 ☑ 按钮,完成小孔的填充。用同样的方法分别填充其他孔,结果如图 8-4 所示。

图 8-3　翻转平移后的零件　　　　　　　　图 8-4　填充完孔的零件

四、件 1 的 CAM 编程

1. 选择机床类型
单击主菜单【机床类型】→【铣床】→【默认】命令，选择铣床（加工中心）作为加工设备。

2. 设置毛坯材料
在"刀具操作管理器"中"刀具路径"选项卡下，展开"属性"选项，单击"素材设置"，弹出"机器群组属性"对话框。在"素材设置"选项卡中单击"所有图素"按钮，由于毛坯前期已经完成了六方加工，只是在 Z 方向留了 1 mm 的余量，因此这里修改毛坯尺寸为"152×122×25"，单击 按钮，完成毛坯设置。

3. 精铣上表面
选用二维刀具路径"平面铣"完成零件上表面精加工。

4. 粗铣薄壁内、外轮廓、凸台以及曲面特征
（1）单击主菜单【刀具路径】→【曲面粗加工】→【粗加工挖槽加工】命令，系统提示"输入新的 NC 名称"，输入名称"8_1"，选取所有曲面作为加工对象，单击 按钮确认，在"刀具路径的曲面选取"对话框，单击"边界范围"选项下的 按钮，在绘图区选择边界盒作为加工范围边界线，单击 按钮确定，弹出"曲面粗加工挖槽"对话框。

（2）单击右侧列表框中"刀具路径参数"选项卡，定义 $\phi 10$ mm 的圆鼻刀，"刀长"为"120"，"刀角半径"为"0.5"，"进给率"为"1200"；"主轴转速"为"3000"；"下刀速率"为"500"。单击 Coolant... (*) 按钮，在弹出的"Coolant..."对话框中设置"Flood"选项为"on"。

（3）单击"曲面参数"选项，设置"参考高度"为"相对工件上表面 5"，"下刀高度"为"相对工件表面上方 2"，"加工面预留量"为"0.3"。

（4）单击"粗加工参数"选项卡，设置"加工误差"为"0.02"，单击"整体误差（T）"按钮，在弹出的"整体误差设置"对话框中，设置"过滤比率"为"2∶1"，勾选"产生 XZ 平面圆弧"和"产生 YZ 平面圆弧"，设置"最小和最大圆弧半径"，单击 按钮返回"粗加工参数"选项卡；设置"Z 轴最大进给量"为"0.2"。勾选"螺旋式下刀"并单击该按钮，在弹出的"螺旋/斜插式下刀参数"对话框中设置"最小半径"和"最大半径"等螺旋参数，取消选择"只在螺旋失败时采用"复选按钮，勾选"沿着边界斜降下刀"复选按钮，单击 按钮返回"粗加工参数"选项卡；单击"切削深度"，在弹出的"切削深度"对话框中，设置第一刀的相对位置为"1"，其他深度的预留量为"0"，单击 按钮返回"粗加工参数"选项卡；单击"间隙设置"，弹出"刀具路径的间隙设置"对话框，勾选"切削顺序最佳化"，单击 按钮返回"粗加工参数"选项卡。

（5）单击"挖槽参数"选项卡，选择"粗切方式"为"双向"，"切削间距"为"50％"，勾选"刀具路径最佳化"，其余参数选用默认值，单击☑按钮，完成刀具路径的创建，如图 8-5 所示。

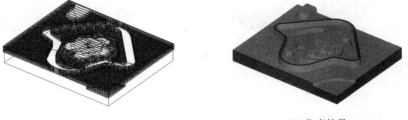

（a）刀具路径　　　　　　　　　　　　　　（b）仿真结果

图 8-5　粗铣薄壁内、外轮廓、凸台以及曲面特征

5.半精铣腔槽及其曲面特征

（1）填充腰形沟槽。

单击操作栏"修整至曲面🔲"下拉箭头，选择"填充曲面内孔🔲"，选择需要填充的孔所在曲面，依提示选择要填补的腰形孔边界，选择填补所有内孔，单击☑按钮，完成腰形孔的填充，如图 8-6 所示。

（2）抽取边界曲线

新建图层并且设置为当前图层。单击主菜单【绘图】→【曲面曲线】→【所有曲线边界】命令，如图 8-7 所示选取曲面，生成边界曲线。删除不需要的曲线，修整后保留用作切削范围的线条，如图 8-8 所示。

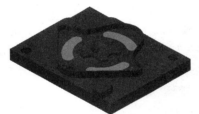
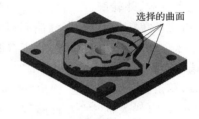

图 8-6　填充腰形孔　　　　　　　　　　图 8-7　选择曲面 1

（3）半精铣腔槽及其曲面特征

选择"曲面精加工平行铣削"刀具路径，如图 8-9 所示选择加工曲面，选择图 8-8 所示曲线"1"作为边界范围，单击☑按钮。

创建 φ8 mm 的圆鼻刀，修改切削参数。单击"曲面参数"选项卡，设置"参考高度"为"工件表面上方相对 5"，"进给下刀位置"为"工件表面上方相对 2"，"加工面预留量"为"0.1"，在刀具范围选项下设置"刀具位置"为"内"。单击"精加工平行铣削参数"选项卡，"设置误差"为"0.02"，单击"整体误差（T）"，选择"过滤比例"为"2∶1"，勾选"创建 XZ 平面的圆弧"和"创建 YZ 平面的圆弧"，设置"最小和最大圆弧半径"，单击☑按钮回到"精加工平行铣削参数"对话框。"最大切削间距"为"0.5"，单击"间隙设定"，弹出"刀具路径的间隙设置"对话框，在"当位移小于间隙时，不提刀"下拉列表中，选择"过渡方式"为"平滑"过渡，勾去"间隙的位移用下刀及提刀速率"，单击☑按钮确定，生成刀具路径，仿真结果如图 8-10 所示。

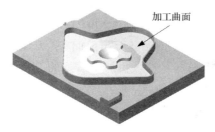

图 8-8 修整后的曲线　　　　图 8-9 选择加工曲面和边界范围　　　　图 8-10 半精铣腔槽及其曲面特征

6. 精铣曲面特征

单击主菜单【刀具路径】→【曲面精加工】→【精加工放射状】命令,选择如图 8-11 所示要加工平面,单击⬤按钮确定,在弹出的"刀具路径的曲面选取"对话框中单击"选取放射中心按钮"🔧,在绘图区选取工件上表面中心为放射点,选择图 8-8 所示曲线"2"作为边界范围,单击☑按钮,弹出"曲面精加工放射状"对话框。

创建 $\phi 6$ mm 的球刀,修改切削参数。单击"曲面参数"选项卡,设置"参考高度"为"工件表面上方相对 5","进给下刀位置"为"工件表面上方相对 2","加工面预留量"为"0",在"刀具范围"选项下设置"刀具位置"为"内"。单击"放射状精加工参数"选项卡,设置"误差"为"0.02",单击"整体误差(T)",选择"过滤比例"为"2∶1",勾选"创建 XZ 平面的圆弧"和"创建 YZ 平面的圆弧",设置"最小和最大圆弧半径",单击☑按钮回到"放射状精加工参数"对话框。设置"最大角度增量"为"1","切削方式"为"双向","起始补正距离"为"0","起始角度"为"0","扫掠角度"为"360","起始点设置"为"由内向外",单击☑按钮确定,生成刀具路径并仿真,结果如图 8-12 所示。

图 8-11 选择曲面 2　　　　　　　图 8-12 精铣曲面特征 2

7. 精铣腔槽

单击主菜单【刀具路径】→【曲面精加工】→【精加工平行铣削】命令,选择如图 8-13 所示曲面,单击⬤按钮确定,弹出"刀具路径的曲面选取"对话框,在绘图区选择图 8-8 所示曲线"1"和曲线"5"作为边界范围,单击☑按钮,弹出"曲面精加工平行铣削"对话框。创建一把直径为"3"的立铣刀,单击"曲面参数"选项卡,设置"参考高度"为"工件表面上方相对 25","进给下刀位置"为"工件表面上方相对 5","加工面预留量"为"0",在"刀具范围"选项下设置"刀具位置"为"内",设置"额外的补正"为"0.1"。单击"精加工平行铣削参数"选项卡,设置"误差"为"0.02",单击"整体误差(T)",选择"过滤比例"为"2∶1",勾选"创建 XZ 平面的圆弧"和"创建 YZ 平面的圆弧",设置"最小和最大圆弧半径",单击☑按钮回到"精加工平行铣削参数"对话框;设置"切削方式"为"双向","最大切削间距"为"0.1","加工角度"为"45",单击☑按钮确定,生成刀具路径,仿真结果如图 8-14 所示。

单击主菜单【刀具路径】→【曲面精加工】→【残料清角精加工】命令,选择如图 8-11 所示加工平面,单击 按钮确定,弹出"曲面精加工残料清角"对话框,选用直径为"3"的立铣刀,在"残料清角精加工参数"选项卡,设置"最大切削间距"为"0.2",选择"残料清角的材料参数"选项卡,输入粗加工刀具直径"6",输入粗加工刀具的刀角半径"0.5","重叠距离"为"0",单击 按钮确定,生成刀具路径并仿真。

8. 精铣腰形沟槽

单击主菜单【刀具路径】→【2D 挖槽】命令,在弹出的"串联选项"对话框中,确认选择"串联"选项,选择如图 8-8 所示曲线"4",单击 按钮,弹出"2D 刀具路径-2D 挖槽"对话框。选择直径为"3"的立铣刀,单击右侧列表框中"切削参数"选项,选择"顺铣","挖槽加工方式"为"标准","壁边预留量"为"0","底面预留量"为"0","粗加工方式"为"双向","切削间距"为"50%",勾选"刀具路径最佳化","精加工次数"为"1","间距"为"0.5",勾选"精修外边界"和"不提刀",其余参数选择默认。单击"共同参数"选项,确认"参考高度"为"25.0","进给下刀位置"为"5.0","工件表面"为"25","深度增量坐标"为"0",单击"冷却液"选项,设置"Flood"选项为"on",单击 按钮,完成腔槽精加工刀具路径的创建,仿真结果如图 8-15 所示。

  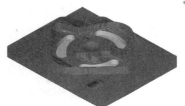

图 8-13 选择曲面 3   图 8-14 精铣腔槽   图 8-15 腰形槽精加工

9. 精铣凸台

单击主菜单【刀具路径】→【曲面精加工】→【精加工等高外形】命令,选择如图 8-16 所示加工平面,单击 按钮确定,弹出"曲面精加工等高外形"对话框,创建一把直径为"8"的立铣刀,设置"进给率"为"1500";"主轴转速"为"3000";"下刀速率"为"500"。单击"曲面参数"选项卡,设置参考高度为"工件表面上方相对 5","进给下刀位置"为"工件表面上方相对 2"。单击"等高外形精加工参数"选项卡,设置"误差"为"0.02",单击"整体误差(T)",选择"过滤比例"为"2:1",勾选"创建 XZ 平面的圆弧"和"创建 YZ 平面的圆弧",设置"最小和最大圆弧半径",单击 按钮回到"等高外形精加工参数"对话框。设置 Z 轴最大进给量为"0.1",勾选"定义下刀点"和"切削顺序最佳化",勾选"高速回圈",其余参数默认,单击 按钮,生成刀具路径并仿真。

图 8-16 凸台加工曲面选择   图 8-17 凸台精铣曲面选择

10. 生成凸台曲面精铣刀具路径

选择第 7 步生成的"曲面精加工平行铣削"刀具路径,单击鼠标右键,选择"复制",再次单击鼠标右键选择"粘贴"命令,单击修改要加工曲面,如图 8-17 所示,选择边界盒曲线和图 8-8 所示曲线"3"为加工范围,其余参数不变,生成刀具路径并仿真,结果如图 8-18 所示。

图 8-18　凸台及表面精加工

说明:进行下面两步操作前,建议检测薄壁厚度,必要时调整刀具半径补偿。

11. 精铣薄壁内轮廓

单击主菜单【刀具路径】→【曲面精加工】→【精加工流线加工】命令,依系统提示选择流线加工所需曲面,单击 按钮确定,在弹出的"刀具路径曲面选择"对话框中,单击"干涉面"选项卡 按钮,在绘图区选择干涉面,如图 8-19 所示。单击 按钮,弹出"曲面流线设置"对话框,调整"补正方向""切削方向""步进方向""起始点"等,单击 按钮,返回"刀具路径曲面选择"对话框,单击 按钮,弹出"曲面精加工流线"对话框,选择直径为"3"的立铣刀,设置"进给率"为"400";"主轴转速"为"3000";"下刀速率"为"500"。单击"曲面参数"选项卡,设置"参考高度"为"工件表面上方相对 5","进给下刀位置"为"工件表面上方相对 2"。单击"曲面流线精加工参数"选项卡,设置"误差"为"0.02",单击"整体误差(T)",选择"过滤比例"为"2∶1",勾选"创建 XZ 平面的圆弧"和"创建 YZ 平面的圆弧",设置"最小和最大圆弧半径",单击 按钮回到"等高外形精加工参数"对话框。设置"环绕高度"为"0.1",其余参数默认,单击 按钮确定,生成刀具路径,仿真结果如图 8-20 所示。

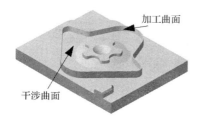

图 8-19　选择加工曲面与干涉曲面 1

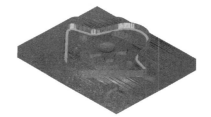

图 8-20　精加工内轮廓

12. 精铣薄壁外轮廓

选择上一步生成的"曲面精加工平行铣削"刀具路径,单击鼠标右键,选择"复制",再次单击鼠标右键选择"粘贴"命令,单击修改要加工曲面和干涉面,如图 8-21 所示,选择直径为"8"的立铣刀,其余参数不变,生成刀具路径并仿真。

13. 创建外边界轮廓缺口处曲面刀具路径

参考上一步,选择图 8-22 所示曲面为加工曲面,完成外边界轮廓缺口处曲面刀具路径的编制,仿真结果如图 8-23 所示。

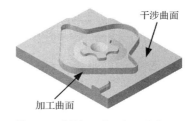

图 8-21　选择加工曲面与干涉曲面 2

图 8-22　选择加工曲面

图 8-23　仿真结果 1

14. 钻中心孔

单击主菜单【刀具路径】→【钻孔】命令,选择 $\phi10$ mm, $\phi12$ mm 圆弧的圆心,在系统弹出的"2D 刀具路径-钻孔/全圆铣削　深孔钻-无啄钻"对话框中,创建"直径"为"6"的中心钻,设置"钻孔深度"为"相对坐标－3",设置"循环方式"为"Drill/Counterbore",其余参数不变,单击☑按钮,生成钻中心孔刀具路径。

15. 钻 $\phi12$ mm 的孔

单击主菜单【刀具路径】→【钻孔】命令,选择 $\phi12$ mm 圆弧的圆心,在系统弹出的"2D 刀具路径-钻孔/全圆铣削　深孔钻-无啄钻"对话框中,选择"直径"为"11.8"的麻花钻,设置"钻孔深度"为"相对坐标－3",设置"循环方式"为"深孔啄钻(G83)",其余参数不变,单击☑按钮,生成钻中心孔刀具路径。

16. 铰孔

参考前一步骤,选择 $\phi12$ mm 圆弧的圆心,在系统弹出的"2D 刀具路径-钻孔/全圆铣削　深孔钻-无啄钻"对话框中,选择"直径"为"12"的铰刀,设置"钻孔深度"为"相对坐标－3",设置"循环方式"为"Drill/Counterbore",其余参数不变,单击☑按钮,生成铰孔刀具路径。结果如图 8-24 所示。

图 8-24　仿真结果 2

17. 输出 NC 程序,生成加工报表

由于零件形状的复杂多变以及加工环境的复杂性,为了确保程序的安全,必须对生成的刀具路径进行检查。检查的主要内容是加工过程中的过切或欠切、刀具与机床和工件的碰撞问题。如果不满意,可以利用刀具轨迹与图形、加工参数的关联性,进行局部修改,并立即生成新的刀具轨迹。创建刀具路径后,可以利用软件实体验证功能模拟全部切削过程,确认无误后,生成 NC 加工代码。

单击"刀具操作管理器"中"刀具路径"选项下"选取全部操作"按钮 ，选择生成的全部刀具路径,单击"验证选择的操作"按钮 ，弹出"验证"对话框,单击"选项"按钮 ，在弹出的"验证选项"对话框中勾选"与 STL 文件比较"复选框,单击☑返回,单击▶按钮进行实体切削模拟。模拟结束后,系统弹出"STL 比较"对话框,可以用来比较设计曲面和加工曲面的吻合程度。单击 按钮,可以输入存储的用来比较的 STL 格式文件;单击 按钮,显示加工曲面,即仿真结果;单击 按钮,显示输入的设计曲面 STL 文件;单击 按钮,同时显示加工材料和读入的 STL 文件;单击 按钮,可以得到已经加工过的材料和 STL 文件的比较结果图,根据曲面上的各种颜色,可以判定曲面上不同位置的加工精度,例如,本例中如果曲面颜色为绿色,说明加工曲面与设计曲面完全吻合,如图 8-25 所示。

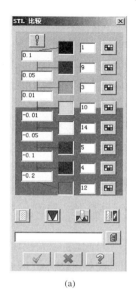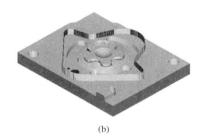

(a)　　　　　　　　　　　　(b)

图 8-25　仿真结果及不同颜色表示的精度等级图

NC 程序的输出以及加工报表的生成请参考前述步骤。

在 CAD/CAM 编程过程中,编程人员的工作主要集中在加工工艺分析、工艺规划和参数设置,其中加工工艺分析和工艺规划决定了生成刀具路径轨迹的质量,而参数设置则构成了软件操作的主体。参数设置的内容较多,主要包括:

(1)切削方式设置:用于指定刀具路径的类型及相关参数。

(2)加工对象设置:是指通过交互手段选择被加工的几何体或其中的加工分区、毛坯、避让区域等。

(3)刀具及机械参数设置:是对每一个加工工序选择适合的加工刀具并在 CAD/CAM 软件中设置相应的机械参数,包括主轴转速、切削进给,切削液控制等。

(4)加工程序参数设置:包括进/退刀位置及方式、切削用量、行间距、加工余量、安全高度等。这是 CAM 软件参数设置中最主要的一部分内容。

本案例选择普通 CNC 机床进行加工,旨在讲解编程过程。在实际工作中要结合本公司具体的机床、加工材料、刀具、冷却等加工条件,适当调整转速、进给速度、切削深度、步距等切削参数,以求发挥刀具最大或设备的切削效能。

五、件 1 数控仿真加工

1. 启动 VNUC5.0 数控仿真软件

选择 FANUC 0i M 数控系统,打开急停按钮,选择回参考点模式,单击"X＋、Y＋、Z＋",回参考点。

2. 设置并装夹毛坯(150 mm×120 mm×25 mm)

单击主菜单【工艺流程】→【毛坯】命令,弹出"毛坯零件列表"对话框,设置毛坯。夹具选择虎钳,在弹出的"夹具"对话框中调整工件装夹位置,对中装夹。单击"确定"按钮退出对话框,完成设置。

3. 刀具设置

单击主菜单【工艺流程】→【铣床刀具库】命令,弹出"刀具库"对话框,输入刀名,选择刀具类型,选择主轴旋转方向,添加备注,设置刀具具体尺寸,单击"新建刀具"按钮,完成刀具创建。在列表中选择需要安装的刀具,单击"安装"按钮,即可把该刀装入主轴。

注意:添加刀具到机床刀库时的顺序必须和在 CAM 软件中编程时设置的顺序一样,添加的刀位号要对应刀具号,完成设置后单击"确定"按钮。

4. 选择基准工具,完成对刀

5. 导入程序

(1)选择数控机床编辑模式,单击"程序"按钮,新建程序。

(2)单击主菜单【文件】→【加载 NC 代码文件】命令,选择从 CAM 软件中生成的数控加工程序,单击"打开"按钮,即可传送程序到仿真软件中。

6. 自动加工

设置完成后,选择"自动加工"模式,单击"循环启动"按钮,数控机床自动加工。本例最后的加工结果参见附盘文件。

❄ 相 关 知 识

一、MasterCAM 数据交换与通信功能

随着 CAD/CAM(计算机辅助设计/计算机辅助制造)技术的快速发展和在工程领域的广泛应用,越来越多的 CAD/CAM 数据需要在不同的用户之间交流。目前工业设计和制造业广泛应用的主流 CAD/CAM 软件有 UnigraphicsNX、AutoCAD、Pro/Engineer、Solidworks、Inventor、CATIA、MasterCAM、CAXA 等。各用户之间所使用应用软件的差异,要实现各用户之间设计和制造数据的共享,就需要把他们的数据文件在不同 CAD/CAM 软件系统之间交换。不同 CAD/CAM 软件所用的开发语言不同,软件数据记录与处理方式也不同。因此如何根据各个软件的特点,进行数据转换,实现数据共享,对于提高设计、编程效率大有益处。各个软件之间的数据交换功能的熟练应用,也是业界就业岗位的技能要求之一。

MasterCAM 以其强大的加工功能闻名于世,是目前我国加工领域应用最多的软件之一。MasterCAM 提供强大的格式转换器,支持 IGES、ACIS、DXF、DWG 等流行文件格式。通过系统本身提供的标准图形转换接口,可与任何 CAD 系统交换数据的相互转换,可以进行企业间可靠的数据交换。而且通过 MasterCAM 开放的 C-hook 接口,用户还可以将自编的工作模块与软件系统实现无缝连接。

MasterCAM 还可以与数控机床直接进行通信,将生成的 G 代码文件直接传入数控机床,为 FMS(柔性制造系统)和 CIMS(计算机集成制造系统)的集成提供了支持。

二、MasterCAM 与常用图形软件的数据转换

1. 图形转换的可行性

不同软件的开发商使用不同的几何数据库和算法来存储图形文件,故不同软件之间不

能直接读取图形文件,必须通过图形数据交换来完成转换。针对不同 CAD/CAM 软件系统之间数据的有效转换,实现数据的共享,国外对数据交换标准做了大量的研制工作并产生了许多标准,如美国的 DXF、IGES、ESP、PDES,德国的 VDAIS、VDAFS,法国的 SET,ISO 的 STEP 等。这些数据转换标准的制定对 CAD/CAM 技术的推广应用起到了很大的推动作用。

常用的数据交换格式有 IGES、CGM、STEP、STL、PARASOLID、DXF 等,其中 IGES (initial graphics exchange specification)是最早的图像数据交换格式,也是目前使用范围最广泛的数据交换格式之一。它支持曲线、曲面和一些实体的表达,可以转换曲面、曲线等二维、三维的图像文件,文件的扩展名是 igs。CGM 是 ANSI 标准格式的二维图像文件,可以被许多绘图软件识别。CGM 很容易在不同的操作系统中迁移,因为是二维图像文件,不能应用于三维图像文件,故其应用范围也受到了一点的限制。STEP 是一种比较新的数据交换格式,由国际标准化组织 ISO 制定,可以很好地支持实体数据转换,是目前数据转换的标准,文件的扩展名为 stp。STL 为小平面模型的文件格式,用于快速成型。利用模型的测量点数可以直接转换生成小面模型,然后可以直接加工这个小面模型。PARASOLID 是软件建模系统的一种格式标准,支持实体建模、单元建模和自由形状建模,许多软件使用该系统,包括 MasterCAM、PRO/E、UG 等,该格式文件的扩展名为 x_t。DXF(draw ing exchange file)是图形交换文件格式,主要用于 AutoCAD 和其他 2D 的 CAD 系统,是大部分二维 CAD 系统所必备的图形接口。

2. CAD/CAM 文件数据交换格式的选择

由于 CAD/CAM 软件之间还没有完全统一的数据交换格式,数据文件在格式的转换过程中经常遇到转换格式后无法打开的情况。因此,在数据格式转换时,要尽量选择软件间比较通用的数据交换格式,如 IGES、STEP 等。在进行文件数据格式转换时,应遵循一些基本的方法,例如应用 STEP 格式转换实体和曲面,基本上不会出现掉面和图像信息不齐全的现象;对于点和各类曲线的文件数据转换尽量选用 IGES 格式;MasterCAM、UG、PRO/E 等以 PARASOLID 为内核的软件之间转换实体文件格式时,最好使用 PARASOLID 格式。选择适当的数据转换格式,可实现数据文件在不同 CAD/ CAM 软件之间无缝共享,保证了数据的完整性和数据模型的一致性。

3. 将 AutoCAD 文件导入 MasterCAM 中

AutoCAD 具有强大的绘图和编辑功能,普及率较广,很多用户已能熟练运用该软件绘图。因此用 AutoCAD 绘制二维图形,或利用已有的 AutoCAD 图样,导入 MasterCAM 中编制刀具路径,不失为一种提高效率的方法。可以通过 Autodesk 接口完成数据转换。

(1)在 AutoCAD 中绘制或打开图形文件,并保存为.dwg 文件。在 AutoCAD 中绘制图形时,一般不设置坐标零点,但考虑到 MasterCAM 中工件坐标系零点是编程人员设定的编程坐标零点,因此最好在保存前将选定的工件零点,利用 Move 命令移动到原点 O 处,如图 8-26 所示。

(2)打开 MasterCAM 软件,单击主菜单【文件】→【打开文件】命令,在"打开"对话框中选择"文件类型"为"AutoCAD 文件(＊.dwg;＊.dxf;＊.dwf;＊.dwfx)",找到 AutoCAD 文件所在的文件夹,单击 ☑ 按钮即可将 AutoCAD 图形导入 MasterCAM 中。导入 MasterCAM 中的图形如图 8-27 所示,图形坐标系位置不变,图层不变,并能继承原图形的颜色和线型,但将丢失线宽、剖面线等对象。若图中含有文字信息,则能按原属性导入,但文字作为实体存在。导入后的图形,根据需要将图形稍作修改,如删除中心线等后,可以串联构建合适的刀具路径。但在串联时可能出现串联无法自动完成的情况,一种情况是串联中出现了分歧点,系统不知应该继续向哪个方向前进,需要用鼠标单击应该串联的图形元素;另一种情况是图形中出现了重复元素,某一元素在图中重复绘制了一次以上,可以单击主菜单【编辑】→【删除】→【删除重复图素】命令删除重复元素即可。由于在 MasterCAM 中没有多义线信息,因此在转换前应将 AutoCAD 中多义线分解成直线和圆弧,然后再转换。该接口不但能导入 .dwg 文件,也能导入 .dxf 文件,方法相似。

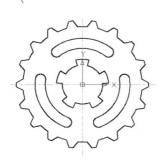

图 8-26 AutoCAD 中的图形   8-27 导入 MasterCAM 中的图形

4. 将 MasterCAM 文件导入 AutoCAD 中

MasterCAM 能够利用三维实体零件直接产生二维工程图。单击主菜单【实体】→【工程图】命令,弹出如图 8-28 所示"实体图纸布局"对话框,可以设置图纸大小、方向、是否显示投影方向上被遮挡部分的虚线、缩放比例等。单击□按钮,指定工程图所在图层,定义视图即选择前视图、俯视图、左视图、左视图等,也可以利用实体模型生成剖视图,如图 8-29 所示三视图。可以看出生成的各个视图不是很理想,可以导入 AutoCAD 中进行编辑和修整。

在 MasterCAM 中,单击主菜单【文件】→【另存文件】命令,在"另存为"对话框中,可以选择"保存类型"为"AutoCAD DWG 文件(* . dwg)"或者"AutoCAD DXF 文件(* . dxf)",单击对话框"选项"按钮,可以选择 AutoCAD 文件的版本信息。

图 8-28 "实体图纸布局"对话框

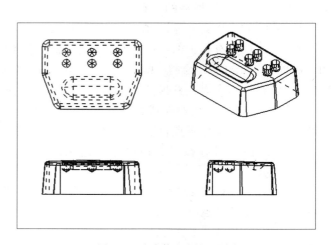

图 8-29 由实体生成的工程图

5. SolidWorks 文件导入 MasterCAM 中

Solidworks 是目前应用广泛的机械设计软件之一,功能强大,简单易学。其三维建模的思路和过程完全符合设计人员的思维过程,Solidworks 和 MasterCAM 分别具有强大、实用的设计功能和加工功能。从目前企业的应用状况来看,设计人员常用 Solidworks 完成三维造型,数控编程人员喜欢 MasterCAM 的加工功能。如果分别利用其优势,采用 Solidworks 进行三维实体造型,利用模型转换功能,导入 MasterCAM 的 CAM 模块进行加工,形成一体化的设计加工可以缩短零件设计及制造周期,减少编程人员的工作量,提高生产率,保证零件的加工品质,容易满足产品性能要求。可以通过 Parasld 接口转换。

(1)在 Solidworks 中完成零件的造型,并保存文件,如图 8-30 所示

(2)打开 MasterCAM 软件,单击主菜单【文件】→【打开文件】命令,在"打开"对话框中选择"文件类型"为"SolidWorks 文件(* . sldprt; * . sldasm)",找到 SolidWorks 文件所在的文件夹,单击 ✔ 按钮即可将 SolidWorks 中三维图形导入 MasterCAM 中,如图 8-31 所示。

(3)如果在"打开"对话框中选择"文件类型"为"SolidWorks Drawing 文件(* . slddrw)",还可以将 SolidWorks 工程图文件导入 MasterCAM 中,如图 8-32 所示。

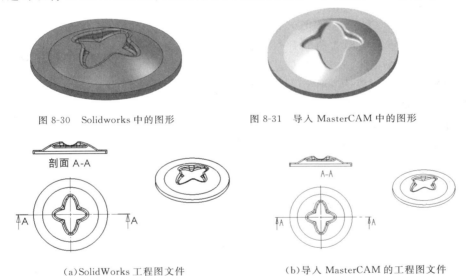

图 8-30 Solidworks 中的图形　　　　　图 8-31 导入 MasterCAM 中的图形

(a)SolidWorks 工程图文件　　　　　(b)导入 MasterCAM 的工程图文件

图 8-32 SolideWorks 文件导入 MasterCAM

6. 将 Pro/E 文件导入 MasterCAM 中

MasterCAM 和 Pro/E 都是集计算机辅助设计与制造于一体的软件,都能利用 CAD 进行图形和造型设计,可通过 CAM 模块编制刀具路径,生成加工程序。但 MasterCAM 在加工方式、下刀方式、下刀点设置和切削模拟等方面比 Pro/E 更方便实用,故有必要熟悉 Pro/ E 和 MasterCAM 的数据交换方法。

(1)通过 Pro/E 接口转换

①在 Pro/E 中创建要输出的文档,并保存,如图 8-33 所示。

②启动 MasterCAM 软件,单击主菜单【文件】→【打开】命令,在"打开"对话框中选择"文件类型"为"ProE/Creo files(* . prt; * . asm; * . prt. * ; * . asm. *)",选取保存的文

件,单击"选项"按钮,弹出"Proe/Creo Read Parameters"对话框,如图 8-34 所示,根据原对象的构图类型,可以选择"实体"或"修剪曲面",确定转换的单位或比例。该方法适用于构图方式相对简单的对象。

图 8-33 Pro/E 文件

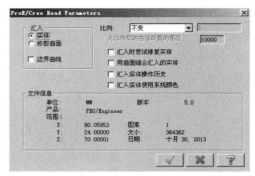

图 8-34 "Proe/Creo Read Parameters"对话框

(2)通过 IGES 接口转换

在 Pro/E(Creo)中,单击主菜单【文件】→【保存副本】命令,在保存类型中选择 IGES,输入文件名。在"导出 IGES "对话框中进行相应参数设置,选择默认选项"曲面"时将 Pro/E 中 3D 模型输出为曲面数据,选择"实体"选项时将 3D 模型输出为实体,选择"壳"选项时将 3D 模型输出为薄壳实体,选择"线框边"选项仅时输出 3D 模型的边界线,选择"基准曲线和点"选项时仅输出 3D 模型上的基准点和基准曲线、基准轴。利用"面组"按钮选择需要输出 3D 模型上的曲面,可以仅输出含有该曲面的 IGES 数据。在完成相应参数设置后,单击"确定"按钮,文件保存完毕,如图 8-35 所示。

图 8-35 Pro/E 中导出 IGES 对话框

打开 MasterCAM 软件,单击主菜单【文件】→【打开】命令,在"打开"对话框中选择"文件类型"为"IGES 文件(*.igs; *.iges)",选取上一步转换生成的 IGES 文件,在弹出的对话框中采用默认值或进行相应参数设置后,单击 ✓ 按钮,即完成文件导入。实际上导入 MasterCAM 软件中的 Pro/E 中 3D 模型,不论在输出 IGES 中是选择"曲面"还是"实体",输入 MasterCAM 中,都是以曲面形式存在的。如果需要转换为实体,必须进行转换。单击主菜单中【实体】→【由曲面生成实体】命令,将由若干曲面形成一个封闭体或开放的薄壳实体。

(3)通过 STEP 接口转换

在 Pro/E(Creo)中,单击主菜单【文件】→【保存副本】命令,在保存类型中选择 STEP,输入文件名。打开 MasterCAM 软件,单击主菜单【文件】→【打开】命令,在"打开"对话框中选择"文件类型为"为"STEP 文件(*.stp; *.step)",打开上一步转换生成的 STEP 文件,单击 ✓ 按钮,即完成文件导入。

7. 将 CAXA 制造工程师文件导入 MasterCAM 中

CAXA 制造工程师软件是由北京数码大方有限公司开发的全中文 CAD/CAM 软件。CAXA 制造工程师的 CAD 功能提供线框造型、曲面造型方法来生成 3D 图形。采用 NURBS 非均匀 B 样条造型技术，能更精确地描述零件形体。有多种方法来构建复杂曲面。包括扫描、放样、拉伸、导动、等距、边界网格等。对曲面的编辑方法有：任意裁剪、过渡、拉伸、变形、相交、拼接等。可生成真实感图形。其 CAM 功能具有轮廓粗车、精切、切槽、钻中心孔、车螺纹功能。可以用参数修改功能对轨迹的各种参数进行修改，以生成新的加工轨迹；可输出 G 代码的后置格式；2～5 轴铣加工，提供轮廓，区域，三轴和四到五轴加工功能。区域加工允许区域内有任意形状和数量的岛。可分别指定区域边界和岛的拔模斜度，自动进行分层加工。系统还提供丰富的工艺控制参数，多种加工方式（粗加工、参数线加工、限制线加工、复杂曲线加工、曲面区域加工、曲面轮廓加工）、刀具干涉检查、真实感仿真功能模拟加工、数控代码反读、后置处理功能等。CAXA 制造工程师的文件后缀为 .mxe，它提供了丰富的数据接口，包括直接读取 CATIA、Pro/ENGINEER 等软件的数据接口；基于曲面的 DXF 和 IGES 标准图形接口，基于实体的 STEP 标准数据接口；Parasolid 几何核心的 x_T、x_B 格式文件等。这些接口保证了与流行 CAD 软件进行双向数据交换，如图 8-36 所示。

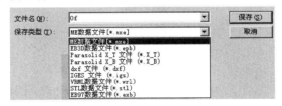

图 8-36　CAXA 制造工程师文件类型

如前所述，在 CAXA 制造工程师中保存数据为适当格式，即可导入 MasterCAM 中。

8. 将 CAXA 电子图版文件导入 MasterCAM 中

CAXA 电子图版的文件后缀为 .exb，在 MasterCAM 中没有专用的文件接口，但可以通过 IGES 通用数据接口或 .dxf 等接口完成，如图 8-37 所示。同样，在 CAXA 电子图版中绘制或打开图形文件，单击主菜单【文件】→【另存为】命令，选择适当的文件格式，例如 IGES，单击"保存"按钮。

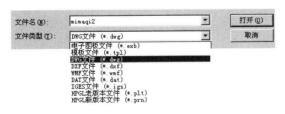

图 8-37　CAXA 电子图版文件格式

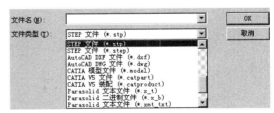

图 8-38　UG 文件格式

在 MasterCAM 软件中即可通过单击主菜单【文件】→【打开】命令导入 CAXA 电子图版文件。而且导入 MasterCAM 中的图形不改变图形坐标，即原 CAXA 中坐标系和 MasterCAM 中坐标系重合，但原 CAXA 中分布在各图层的实体，导入 MasterCAM 后，将全部合并到当前层，丢失线宽。原 0 层的对象继承当前层的属性，原非 0 层对象，保留原系统颜色。

9. UG 文件导入 MasterCAM

UG(Unigraphics)是集 CAD/CAM/CAE 于一体的大型集成软件系统。其三维复合造型、特征建模、装配建模、装配间隙与干涉检查、机构运动分析、结构有限元分析以及 CAM 功能,使产品设计、分析和加工一次完成,实现了 CAD/CAM/CAE 技术的有机集成。该软件支持的数据格式很多,例如 STEP 文件(∗.stp;∗.step)、DXF、IGES、STEP、STL、Parasolid(∗.x_t,∗.x_b)、CGM 等,如图 8-38 所示。MasterCAM 不能直接打开 UG 文件,必须先在 UG 里转成 IGES 或 step 等适当文件格式,然后可以导入 MasterCAM 中。

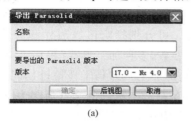

(a)　　　　　　　　　　(b)

图 8-39　UG 装配体文件

在 UG 软件中,单击主菜单【文件】→【另存为】命令或者【文件】→【导出】命令,选择文件类型,例如 Parasolid 文本文件(∗.x_t),在绘图区选择要输出的实体模型,如图 8-39 所示装配体模型,确定后,保存文件。

在 MasterCAM 软件中即可通过单击主菜单【文件】→【打开】命令导入。导入 MasterCAM 中的部件分布在不同图层中,如图 8-40 所示。

随着 CAD/CAM 技术的不断发展,3D 的数控编程一般很少采用手工编程,而使用商品化的 CAD/CAM 软件。CAD/CAM 是计算机辅助编程系统的核心,主要功能有数据的输入/输出、加工轨迹的计算及编辑、工艺参数设置、加工仿真、数控程序后处理和数据管理等。前文介绍了目前在我国应用比较广泛的若干软件等。各软件对于数控编程的原理、图形处理方法及加工方法都大同小异,但各有特点。只有取长补短,应用自如,才能不断提高工作效率。

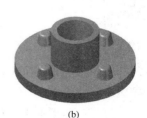

(a)　　　　　　　　　　(b)

图 8-40　导入 MasterCAM 的 UG 装配体文件

三、薄壁配合零件加工工艺

薄壁零件由于受材料、壁厚、刚性、装夹定位、切削热、切削力以及设备等多种因素的影响,极易产生变形。因此在进行薄壁零件加工时,应该采取合理的工艺措施,选择合理的刀具路径,以期提高生产率,保证加工质量。

1.减小薄壁零件变形的工艺路线调整

研究表明,薄壁零件的变形主要是应力变形,而应力主要是由热处理和铣削造成的。例如某结构对称的零件在热处理中经加热再经快速冷却和高温回火,完成对零件的调质。在此过程中,零件经过热→冷→热→冷多个状态,受热膨胀,遇冷收缩。热胀冷缩程度及受热和冷却速度不统一,靠近外表处热胀快,冷缩也快;靠近中心处热胀慢,冷缩也慢。这种速度差在毛坯的内、外过渡区域内形成相互作用的内应力。内应力在对称结构的毛坯内部是相互平衡的,但当零件被切开以后,内应力需要寻找新的平衡,这样零件就会发生变形。铣削加工时主要由切削热和切削力产生内应力,但由于冷却液的作用,切削热产生的内应力相对较小,对零件变形影响不大;铣削产生的内应力主要是由切削力和夹紧力决定。为此,除了合理拟订装夹方案,选择定位基准等措施外,应该首先从工艺路线的调整着手。

(1)增加时效处理

将工件在热处理后进行时效处理,其他工艺路线不变,可以减少变形。

(2)插入热处理

这种方法是先将零件切开,再进行热处理,使工件可以充分变形,最大限度地减小内应力。然后将两件结合在一起加工。改变了工艺路线后能有效地消除变形误差。在后续加工时,再将余量去除,本身结构不作大的变动,因此内应力的平衡也不会被打破,不会再因内应力而引起变形。这种在工艺路线上采用先分开后热处理并且两件合一的加工方法,能够较好地解决薄壁零件加工中的实际变形问题。

2.薄壁配合零件数控加工时减少变形的主要策略

(1)在数控铣或加工中心加工内腔时,一般在拐角处进/退刀,选用小于拐角半径的刀具。在拐角处尽量保证圆弧轨迹,以使拐角处的内圆弧过渡圆滑,避免换向时产生短暂的停顿现象和刀具振动。

(2)在腔体无预钻孔时,采用螺旋下刀或者是斜插下刀。

(3)粗加工采用逆铣,精加工采用顺铣,以减小出现喇叭口的概率。在装夹上尽可能地压在薄壁零件的长边方向,尽量避免因装夹带来的零件变形。

(4)采用高速、小吃刀量(单边 0.1～0.5 mm)、多刀的精加工方式,在精加工结束后,原尺寸再光一刀,避免因让刀而引起的尺寸误差。

(5)在粗加工时,尽量避免使用波浪形粗加工刀具,因波浪形粗加工刀具加工薄壁腔体后,往往会造成应力集中的现象。

(6)在粗、精加工之间,安排一次时效处理,进一步消除应力变形,如有可能,尽量安排半精加工工序,并再次时效处理。

(7)尽量采用简单刀路。尽量选用 0°或者 90°的切削方向。因为单轴插补加工其物理意义上不存在轮廓误差;两轴或两轴以上插补加工,在两轴位置增益不同的情况下,存在轮廓误差。

(8)数控铣床加工零件,尽量使零件的直线轮廓平行或垂直于坐标轴,而且平行刀路要选择较长边作为进给方向,以提高零件的加工精度。

(9)合理处理拐点,避免采用直角过渡。在外角加工中选用圆角过渡,走刀方向不会因突然改变而损坏刀具,零件的拐角轮廓误差也得以有效控制。如果确需直角过渡的,可在轮廓交接处加入 G04 指令,延时数十至数百毫秒,在这段时间里前段轮廓加工时的跟随误差会迅速得以修正。

(10)均匀去除材料,减小冲击。切削量的突然改变会对刀具和机床产生冲击,特别是在留精加工余量时更应该注意,尤其在使用类似复合固定循环指令切削时,更容易出现这种现象。

薄壁配合零件的数控加工,还要综合考虑刀具、工序划分、切削用量的选择等众多工艺因素。

知识拓展

实际应用 MasterCAM 时应综合考虑数控铣削加工的工艺特点以及适应性要求,针对工件结构特点以及技术要求,结合各刀具路径的特点,灵活加以应用。MasterCAM 加工方法及其特点见表 8-6。

表 8-6   **MasterCAM 加工方法及其特点**

类型	表面	加工方法	加工特点	注意事项
2D 加工	平面	面铣	可以选择一个或多个封闭区域进行加工	单向铣削有利于提高加工质量,双向铣削有利于提高工作效率
		挖槽	可以对某个封闭区域进行平面加工	设置好合理的切削深度
	轮廓	外形铣削加工	可以进行内、外轮廓的加工	1.加工内、外轮廓时要将串联方向和补偿方向结合起来考虑; 2.加工内轮廓时要设置进/退刀向量; 3.加工内、外轮廓时要选用控制器补偿

类型	表面	加工方法	加工特点	注意事项
3D加工	沟槽	挖槽	可以对多个封闭区域进行挖槽加工并允许挖槽区域存在岛屿	1.使用岛屿深度挖槽时,要打开岛屿上方的预留量,这样岛屿上方铣削整个区域,岛屿下方则可以绕开岛屿; 2.加工内、外轮廓时要将串联方向和补偿方向结合起来考虑; 3.要设置进/退刀向量
	孔	钻孔	可以利用循环指令进行孔的加工	根据孔的深度与钻头直径选择合理的钻削方式
	圆孔	全圆铣削	对圆孔进行铣削加工	需要选择螺旋进刀的方式进行铣削
	刻字	挖槽	可以刻阳文和阴文	注意选择合适的字体
		外形铣削加工	沿字体轮廓线的加工	注意选择合适的字体
	平面	等高(粗)+挖槽(精)	对选定范围进行平面加工	如果余量较小,可不必进行粗加工
		挖槽(粗)+挖槽(精)	对选定范围进行平面加工	如果余量较小,可不必进行粗加工
	平缓曲面	等高/挖槽(粗)+浅平面	加工平缓曲面	1.可以选定角度范围进行加工; 2.如果余量较小,可不必进行粗加工
		等高/挖槽(粗)+环绕等距	加工平缓曲面	对选定范围进行曲面加工
	陡曲面	等高线加工	加工陡曲面	利用 Z 方向的间距对加工精度进行控制
		陡斜面加工	加工陡曲面	利用角度范围对加工区域进行控制
	球面	等高/挖槽(粗)+放射线	加工凹、凸球面	合理设置角度增量
	扫描面(2.5D)	平行铣削加工	加工路径相互平行	1.允许连续下刀的提刀; 2.允许沿面下降($-Z$)和沿面上升($+Z$); 3.对平面和陡曲面达不到要求
	流线面	平行铣削(粗)+曲面流线	沿曲面进行参数线加工	1.长箭头表示切削方向,短箭头表示步进方向; 2.选择表面必须相连,曲面方向一致
	角落残料	外形铣削加工	可以沿轮廓线的加工	可以指定深度
		残料清角加工	清除上一工序的余量	需要指定上一工序刀具尺寸
		交线清角	对表面交线清角	需要选择合适的刀具
	雕刻	投影加工	在工件表面雕刻	注意选择合适的刀具

任 务 检 查

薄壁零件造型设计与数控加工项目考核指标见表 8-7。

表 8-7　　　　薄壁零件造型设计与数控加工项目考核指标

任务名称	序号	任务内容	任务标准	分值	得分
薄壁零件造型设计与数控加工	1	通过适当方法创建件1、件2的STL文件	(1)快速、准确地阅读零件图; (2)生成件1、件2的STL模型	15	
	2	工艺过程	(1)分析零件的工艺性,拟订零件加工方案(包括毛坯定位与夹紧); (2)编制工序卡; (3)合理选择刀具,编制刀具卡	15	
	3	刀具路径	选择合理加工刀具路径,编制加工程序,生成G代码,编制数控加工程序说明书,利用"和STL文件比较"功能检查精度	40	
	4	仿真结果	利用仿真软件,选择合理设备,完成零件仿真加工并进行精度检测	10	
	5	文件资料	按照任务单准时、齐全、正确地提交相关文件	15	
	6	工作效率及职业操守	工作效率及时间观念、责任意识、团队合作、工作主动性强	5	

参考文献

1. 胡宗政. 模具 CAD/CAM 应用技术. 3 版. 大连：大连理工大学出版社，2013.

2. 曹岩. MasterCAM X 精通篇. 北京：化学工业出版社，2008.

3. 周磊，周鸿斌. MasterCAM X 基础教程. 北京：清华大学出版社，2006.

4. 陈红江，庄文玮. MasterCAM X 实用教程. 北京：人民邮电出版社，2008.

5. 刘铁铸，阎伍平. MasterCAM X4 中文版数控加工基础与典型范例. 北京：电子工业出版社，2011.

6. 詹友刚. MasterCAM X4 数控加工教程. 北京：机械工业出版社，2011.

7. 杨志义. MasterCAM X3 数控编程案例教程. 北京：机械工业出版社，2009.

8. 诸守云. MasterCAM 项目式实训教程. 北京：科学出版社，2010.

9. 詹友刚. MasterCAM X6 数控加工教程. 北京：机械工业出版社，2012.

10. 王细洋. MasterCAM X5 从入门到精通. 北京：国防工业出版社，2012.

11. 何满才. MasterCAM X4 基础教程. 北京：人民邮电出版社，2010.

12. 杨海琴. MasterCAM X2 数控加工精讲. 西安：西安交通大学出版社，2009.

13. 零点工作室. MasterCAM X3 数控加工行业应用实践. 北京：机械工业出版社，2010.

14. 寇文化. MasterCAM X5 数控编程技术实战特训. 北京. 电子工业出版社，2012.

15. 葛秀光. MasterCAM X3 数控加工项目教程. 武汉：华中科技大学出版社，2009.

16. 邓奕. MasterCAM 数控加工技术. 北京：清华大学出版社，2004.

17. 吴长德. MasterCAM 9.0 系统学习与实训. 北京. 机械工业出版社，2006.

18. 张云杰. MasterCAM X5 从入门到精通(中文版). 北京：清华大学出版社，2013.

19. 王卫兵. MasterCAM 数控编程实用教程. 2 版. 北京：清华大学出版社，2011.

20. 胡仁喜. MasterCAM X6 中文版标准教程. 北京：科学出版社，2013.